F. Trojer, K.-H. Obst, W. Münchberg

Mineralogie basischer Feuerfest-Produkte

Springer-Verlag

Wien New York 1981

Dr. phil. Felix Trojer
Univ.-Professor, Vorstand des Institutes für Gesteinshüttenkunde und feuerfeste Baustoffe an der Montanuniversität Leoben (vormals Leiter des Zementforschungsinstitutes in Wien und der Versuchsanstalt der Österreichisch-Amerikanischen Magnesit AG, Radenthein), Österreich

Dr. Ing. Karl-Heinz Obst
Honorarprofessor an der Technischen Universität Clausthal, Geschäftsführer der Contherm Industrie- und Hüttenbedarf GmbH, Krefeld, Bundesrepublik Deutschland, Vorsitzender des Verwaltungsrates der La Continentale S.A., Bascharage, Luxemburg

Dr. rer. nat. habil. Wolfgang Münchberg
apl. Professor an der Universität Freiburg, Leiter Forschung Mineralogie bei den Dolomitwerken Wülfrath, Hagen, Bundesrepublik Deutschland

Mit 191 Abbildungen

CIP-Kurztitelaufnahme der Deutschen Bibliothek

Trojer, Felix:
Mineralogie basischer Feuerfest-Produkte / F. Trojer; K.-H. Obst;
W. Münchberg. – Wien, New York: Springer, 1981.
  (Applied mineralogy; 12)
  ISBN-13:978-3-7091-8623-7

NE: Obst, Karl-Heinz:; Münchberg, Wolfgang:; GT

ISSN 0066-5487
ISBN-13:978-3-7091-8623-7   e-ISBN-13:978-3-7091-8622-0
DOI: 10.1007/978-3-7091-8622-0

Vorwort

Die feuerfesten Baustoffe müssen bestimmte physikalische, chemische, mineralogische und texturelle Eigenschaften aufweisen, damit sie als solche bezeichnet werden können. Die Träger dieser Eigenschaften sind die aufbauenden Kristalle und Glasphasen, also die mineralogische Zusammensetzung.

Die Mineralogie, die sich bis vor nicht allzulanger Zeit mit den natürlich vorkommenden Mineralen und Gesteinen allein befaßte, gewann seit einigen Jahrzehnten nun auch für technische Produkte an Bedeutung. Es mag wohl sein, daß der Einzug der Mineralogie in die Technik zunächst über die Rohstoffe erfolgte. Heute kommt das große Wissensgut der Mineralogie und Physik, insbesondere der physikalischen Chemie, dem gesamten Zweig der technischen Mineralogie sehr zugute. Kaum ein größeres Industrieunternehmen verzichtet in Forschung und Betriebskontrolle auf das Studium der Struktur und Textur seiner Zwischen- und Fertigprodukte wie auch der Erzeugnisse, die schon im Einsatz gestanden sind. Viele Unternehmungen und wissenschaftliche Gesellschaften unterhalten heute zu diesem Zwecke größere Forschungsabteilungen, in denen durchaus auch Grundlagenforschung auf diesem Gebiet betrieben wird. Bei allen diesen Arbeiten ist es ungemein wichtig, daß der betreffende Forscher selbst in der Lage ist, die technische Bedeutung der gewonnenen Erkenntnisse zu erfassen und seine Erkenntnisse zu verwerten, damit sich der Aufwand lohnt.

Die im Text angeführten Produkte werden zum Teil durch neue Untersuchungen beschrieben. Die hierfür nötigen Materialien stammen aus Materialsammlungen der Dolomitwerke GmbH Wülfrath, der Österreichisch-Amerikanischen Magnesit AG und der Veitscher Magnesitwerke AG. Den genannten Firmen wird auch hier der besondere Dank ausgesprochen.

Dank zu sagen haben wir ferner für die Durchsicht des Manuskriptes und die Korrekturarbeiten den Herren Prof. Dr. R. Blaschke, Münster, Dipl.-Ing. Dr. mont. L. Reitmann, Dipl.-Ing. Dr. mont. W. Pistora und für die Mitarbeit am Rasterelektronenmikroskop und der Elektronenmikrosonde den Herren Prof. Dr. R. Blaschke und W. Roßmann.

Leoben/Wülfrath/Hagen, Mai 1981

Felix Trojer
Karl-Heinz Obst
Wolfgang Münchberg

Inhaltsverzeichnis

1. Einleitung

Die basischen feuerfesten Baustoffe sind wegen ihrer Feuerfestigkeit und Beständigkeit gegen basische Schlacken und Metallschmelzen ein unentbehrliches Hilfsmittel der Stahlindustrie, der Zement- und Metallhüttenindustrie, in bestimmten Teilen der Glasschmelzöfen u. a.

Mitte des 19. Jahrhunderts entdeckten Eisenhüttenleute des Landes Steiermark in der ehemaligen Österreichisch-Ungarischen Monarchie die schwere Schmelzbarkeit des Magnesites und verwandten das Rohgestein zur Auskleidung von Holzkohle-Hochöfen. Dadurch konnte die Ofentemperatur und Schmelzleistung erhöht werden. An ein Brennen dachte man damals allerdings noch nicht. Anfang der 60iger Jahre schlug Peter Tunner erstmals gebrannten Magnesit für Konverter-Auskleidungen vor. P. Tunner waren aber die metallurgischen Zusammenhänge in Richtung basische Schmelzverfahren nicht bekannt. 1878 nahmen die feuerfesten Dolomitbaustoffe durch Sidney G. Thomas (Patentschrift vom 5. 10. 1878) und Percy C. Gilchrist und mit 1881 die feuerfesten Magnesiabaustoffe durch Carl Spaeter aus Koblenz und 1909 durch H. Emil Winter Einzug in die Konverter- und Siemens-Martin-Ofen-Auskleidungen. Die beiden letzteren stützten sich auf Magnesitvorkommen in Österreich. Die ersten Magnesitwerke entstanden auch dort.

Die basischen feuerfesten Baustoffe nahmen also mit Dolomit und Magnesit als Rohstoffe ihren Anfang. Sie unterlagen einer ständigen Weiterentwicklung vor allem durch die immer steigenden Beanspruchungen in den Industrieöfen und auch durch enorme Entwicklung der oben aufgezeigten Industrien. Nach dem Ersten Weltkrieg kamen die Erzeugungsverfahren für synthetische Sintermagnesia auf. Sie hatten ihre Vorlage in dem englischen Patent 9102 aus dem Jahre 1841. Die synthetische Sintermagnesia basierte auf den Rohstoffen Dolomit + Abraumsalzen oder Meerwasser. Für die letztere Sintermagnesia bürgerte sich allgemein der Name Seewassermagnesia ein. Ihre Vorprodukte sind $Mg(OH)_2$, $MgCO_3 \cdot 3H_2O$ oder $MgCl_2$ nach dem Amanverfahren. Auch die Erzeugnisse aus Seewassermagnesia entwickelten sich nach dem Zweiten Weltkrieg „stürmisch". Durch das Meerwasser und den sehr häufig auftretenden Dolomit und Kalkstein erweiterte sich die Rohstoffbasis hochreiner Magnesiabaustoffe außerordentlich.

Zahlreiche betriebsinterne und später auch offizielle Normen erleichterten die Einhaltung gleichmäßiger Produkte und eine schrittweise Qualitätsverbesserung. Dies geschah zunächst noch ohne Nutzung bereits entstandener wissenschaftlicher Erkenntnisse auf dem Gebiete der physikalischen Chemie, vor allem der Schmelzgleichgewichte und der Mineralogie. Man begann erst nach dem Zweiten Weltkrieg davon Notiz zu nehmen. Vor allem vom Geophysical Laboratory der Carnegie Institution in Washington und vielen anderen amerikanischen und europäischen

Forschungsinstituten wurden mit großem finanziellen Aufwand diesbezügliche Grundlagen geschaffen. Ähnlich verhielt es sich auch mit der Nutzung der Methoden und Erkenntnisse der Mineralogie. Die Mikroskopie betreffend erbrachten die Methoden der Pulverpräparate wesentlich mehr Erfolg als jene mittels Dünnschliffen. Ganz besonders befruchtend wirkten aber die Methoden der Erzmikroskopie, die es durch H. Schneiderhöhn schon seit dem Ersten Weltkrieg gab, die aber erst seit etwa 45 Jahren in den Forschungslaboratorien der Feuerfest-Industrie angewandt werden. Weitere Methoden, z. B. der Kristallstrukturbestimmung, der Infrarotspektroskopie, der Differentialthermoanalyse und der Elektronenmikroskopie mit der Mikroanalyse, führten schließlich die wissenschaftlichen Erkenntnisse auf dem Gebiete der feuerfesten Baustoffe auf dieselbe Höhe, wie wir dies bei der Metallurgie, der Metallkunde, der Zementtechnik und anderen technischen Wissenschaften beobachten können.

Man hat erkannt, daß sich die feuerfesten Baustoffe mit Hilfe physikalischer Prüfwerte und chemischer Bruttoanalysen allein nicht charakterisieren lassen, da es auch auf den mineralogischen Aufbau der Erzeugnisse ankommt, denn diese sind heterogen zusammengesetzt und befinden sich bei bestimmten Produkten noch nicht im physikalisch-chemischen Gleichgewicht. Das Interesse der Feuerfest-Hersteller richtet sich des weiteren seit längerer Zeit auf die Veränderungen ihrer Erzeugnisse während ihres Einsatzes in den Verwendungsöfen. Man zog daraus Rückschlüsse für Verbesserungen der Produkte und eine gezielte Entwicklung neuer Erzeugnisse.

Ziel dieses Buches ist es, anhand der erwähnten Untersuchungsmethoden den mineralogischen Aufbau basischer feuerfester Baustoffe und der gebrauchten Steine an Beispielen darzulegen. Eine Vollständigkeit anzustreben, wäre jedoch vermessen.

2. Methodisches

2.1 Mikroskopie

Allgemein liegen in den feuerfesten Baustoffen und deren gebrauchten Reststükken die Phasen in sehr kleinen Dimensionen vor. Sie bildlich zu sehen und auch bestimmen zu können, bieten sich im wesentlichen drei Methoden an: Lichtmikroskopie, Transmissions- und Rasterelektronenmikroskopie mit Mikrobereichsanalyse. Zum erfolgreichen Gebrauch dieser Methoden ist wohl eine gründliche Ausbildung in der Mineraloptik und eine ausreichende Kenntnis der einschlägigen physikalisch-chemischen Zusammenhänge erforderlich.

2.1.1 Lichtmikroskopie

Mehr denn je interessiert die Feuerfest-Industrie der Phasenaufbau ihrer Produkte und damit zusammenhängend der mineralogische Aufbau ihrer Rohstoffe. Das Interesse wird durch den hohen Konkurrenzdruck gesteigert.

Von verschiedenen Untersuchungsmethoden bietet die Lichtmikroskopie wohl die größte Ausbeute bezüglich Mineraldiagnose. Man darf aber nicht annehmen, daß die Lichtmikroskopie über alle möglichen Fragen Auskunft geben könnte. Zum Beispiel liefert sie unter Umständen keine präzisen Informationen über die chemische Zusammensetzung von Mischkristallen, wenn in diesen mehrere isomorph austauschbare Atome beteiligt sind. Des weiteren liegt die Erfassungsgrenze bei Teilchengrößen von 1 μm. Darunter liegende Phasen können nur mehr bestimmt werden, wenn ihre optischen Eigenschaften sehr ausgeprägt sind, wie etwa bei den Karbonaten durch hohe Anisotropie. Bei etwa 0,4 μm liegt aber auch hier die Grenze. Eine quantitative Phasenbestimmung ist mikroskopisch zeitraubend, sie gelingt mit der Röntgendiffraktometrie weitaus rascher.

In der Lichtmikroskopie gibt es zwei Methoden: die Durchlicht- und die Auflichtmikroskopie. Beide Methoden sind für die technische Mineralogie von großer Bedeutung.

Zur Kristalldiagnose im Auflicht

Für die Beobachtung im Auflicht benötigt man Anschliffe. Im Anschliff kann man auch opake Minerale untersuchen. Bei den kleineren Kristallkomponenten (siehe Abb. 87 des Kapitels 3.3.2.3), wie sie in technischen Produkten häufig auftreten, gibt es keine Überlagerungen und daher scharfe Kristallgrenzen. Je besser der Anschliff in bezug auf Relief und Ausbrüche ist, desto weniger übersieht man auch spurenhaft auftretende, vielleicht wesentliche Mineralphasen. Über die Herstellung von Anschliffen mögen einige wichtige Angaben gemacht werden.

Bei porösen, schwierig bearbeitbaren Produkten stellt man mittels der Diamantsäge einen Würfel mit etwa 15 bis 20 mm Kantenlänge her und bettet das getrocknete Stück in Polyester- oder Epoxydharz ein, setzt diese Probe mit dem noch flüssigen Harz zur Entfernung des größten Teils der eingeschlossenen Luft unter Vakuum einer Wasserstrahlpumpe und härtet anschließend das Harz bei 40–100 °C aus. Dann sägt man von dieser so behandelten Probe eine etwa 1 mm dicke Platte ab und bettet diese erneut so in die Gießform (leicht konischer Eisenzylinder mit ausstoßbarem Boden), daß die neue Schnittfläche nach oben zu liegen kommt. Darauf kommt etwas Harz, dann ein mit Nummern und nötigen Bemerkungen versehenes Etikett und darauf wieder Harz. Das Ganze wird wieder unter Vakuum gesetzt und gehärtet. Dadurch erreicht man, daß in 1 mm dünnen Proben bei der ersten Behandlung noch nicht getränkte Poren über den frischen Anschnitt mit Harz erfüllt werden. Ähnlich verfährt man in der Anschliffherstellung von Pulverpräparaten, etwa von Siebklassen körniger Produkte. Man rührt die einzelnen Kornklassen für sich mit Gießharz an, gießt die Masse in kleine Formen (etwa 8 mm Durchmesser), evakuiert mitgeschleppte Luft, härtet und bettet die kleinen Harzkörper in eine große Form unter Auffüllung mit Gießharz und entsprechender Weiterbehandlung. Die entformten Harzkörper mit der Probe oder den Proben werden nun in der üblichen Weise auf gewöhnlichen Fensterglasscheiben (öfter wechseln) mit loser, laufend feiner werdender SiC-Körnung und Wasser oder Alkohol oder Petroleum feingeschliffen. Die letzte Schleifkörnung soll bei 5 μm liegen.

Die anschließende Politur kann über verschiedene Methoden erfolgen, je nachdem man eingerichtet ist oder sich einzurichten gedenkt. Man soll immer auf harten, rotierenden Unterlagen arbeiten, die entweder aus Metall (z. B. Blei) [1], Kunstharz, Hartpapier oder Holz bestehen können [2], [3]. Die weitaus bequemste und billigste Methode ist wohl jene mit Unterlagen aus Zedernholz-Furnier [3]. Man kann auf Zedernholz-Furnier jede beliebige Polierflüssigkeit, auch Alkohol, verwenden. An Poliermitteln gibt es im Handel Chromoxid, Tonerde und Diamant. Letzteres wird in Pastenform geliefert. Bei sehr verschiedenartigen Materialien (Rohgestein, Sinterprodukte, wasserempfindliche Erzeugnisse wie Branntkalk usw.) ist die Politur von Hand einer sonst üblichen serienmäßigen Maschinenpolitur vorzuziehen.

Die Grundlagen für die Kristallbestimmung im Auflicht sind der Erzmikroskopie zu entnehmen [4–10]. Darüber hinaus werden noch einige Ergänzungen gebracht. Die Kristallphasen der Rohstoffe und Fertigprodukte besitzen im Auflicht mit wenigen Ausnahmen ein niedriges Reflexionsvermögen und keine ausgeprägten Farben. Zarte Farbunterschiede können am besten an Korngrenzen beobachtet werden. Ist die Anisotropie einer Kristallphase genügend groß, kann man sie im Auflicht an einer Bireflexion erkennen, wenn man mit polarisiertem Auflicht arbeitet, was man sich zur Gewohnheit machen soll. Für schwach oder nicht absorbierende Kristallphasen gilt die folgende Beziehung zwischen Lichtbrechung und dem Reflexionsvermögen

$$R = \left(\frac{n-1}{n+1}\right)^2 \cdot 100\%.$$

Die Zahl 1 bedeutet die Lichtbrechung der Luft. Daraus berechnen sich für eine Phasenauswahl die folgenden Reflexionswerte:

Phase	n_D	%R	mittleres R
C *	1,837	8,7	8,7
M	1,736	7,2	7,2
C_3S	$\omega 1,717$	6,96	7,0
	$\varepsilon 1,722$	7,03	
β-C_2S	$\gamma 1,736$	7,24	7,1
	$\alpha 1,717$	6,96	
C_3A	1,710	6,9	6,9
„$C_{12}A_7$"	1,608	5,5	5,5
C_4AF	$\gamma 2,04$	11,70	11,1
	$\alpha 1,96$	10,52	
C_3A_2M	$\gamma 1,678$	6,41	6,4
	$\alpha 1,675$	6,37	
CA	$\gamma 1,663$	6,20	6,1
	$\alpha 1,643$	5,92	
C_3MS_2	$\gamma 1,724$	7,06	7,0
	$\alpha 1,708$	6,83	
MA	1,718	7,0	7,0
MF	2,39	16,8	16,8
CMS	$\gamma 1,653$	6,06	6,0
	$\alpha 1,639$	5,86	
M_2S	$\gamma 1,669$	6,28	6,1
	$\alpha 1,636$	5,82	

* In der Zementchemie und Keramik ist es seit Jahrzehnten üblich, für die Oxydsymbole sogenannte Kürzel zu verwenden, wie beispielsweise

$$SiO_2 = S, \quad Fe_2O_3 = F, \quad MgO = M, \quad P_2O_5 = P,$$
$$TiO_2 = T, \quad FeO = f, \quad Na_2O = N, \quad B_2O_3 = B,$$
$$Al_2O_3 = A, \quad CaO = C, \quad K_2O = K, \quad \text{Alk für } K_2O + Na_2O.$$

Diese Kürzel werden im weiteren Text angewendet. Es ist auch bisweilen üblich, gemischte Formeln wie $2C_2S \cdot CaSO_4$ zu gebrauchen. Der Leser wird durch den textlichen Zusammenhang sicher keinen Verwechslungen unterliegen.

Für die visuelle Unterscheidung zwischen zwei verschieden reflektierenden Kristallphasen müssen bei den niederen Reflexionswerten die Unterschiede im

Reflexionsvermögen der Erfahrung nach mindestens 10 rel.-% betragen. C ist von M gut zu unterscheiden (3.2.1.2, Abb. 48). M wäre neben C_3S aufgrund des Reflexionsvermögens nicht zu erkennen. Hier helfen aber Unterschiede im Relief, in den Ätzeigenschaften, der Kristallgestalt usw. (darüber später). Ähnliches gilt für die Bireflexion. Von den vorhin aufgeführten Kristallphasen läßt keine eine Bireflexion erkennen. Ölimmersion setzt das Reflexionsvermögen stark herab, wobei sich die Unterschiede zwischen zwei verschiedenen Reflexionswerten vergrößern, so daß nun im Falle des C_4AF die Bireflexion an den Korngrenzen erkennbar wird:

$$R\gamma = 1{,}97\%, \qquad R\alpha = 1{,}45\% \qquad \text{bei } n_D = 1{,}538 \text{ der Ölimmersion.}$$

Eine quantitative Messung des Reflexionsvermögens durchsichtiger Kristallphasen ist in der Regel bei kleinen Kristallgrößen wegen der immer auftretenden Innenreflexe nicht möglich.

Anisotropieeffekte in Luft zwischen gekreuzten Polarisatoren sind leichter zu erkennen, wenn man die Nicols oder Polarisatoren ganz wenig um die 90°-Stellung hin und her bewegt. Die karbonatischen Rohstoffe können hier als Musterbeispiele angeführt werden (Abb. 24 und 25 des Kapitels 3.1.1).

Deutlich höheres Reflexionsvermögen, auffallende Farberscheinung und gegebenenfalls ausgezeichnete Anisotropieeffekte weisen stark absorbierende oder opake Kristallphasen auf, die in unserem Falle im wesentlichen nur in gebrauchten Produkten anzutreffen sind (Fe_2O_3, FeS, $KFeS_2$, CuO, $CuFeO_2$, Graphit ...). Im Falle der kubischen Phasen berechnet sich das Reflexionsvermögen nach der Formel

$$R = \frac{(n-1)^2 + n^2\varkappa^2}{(n+1)^2 + n^2\varkappa^2} \cdot 100\% \qquad (\varkappa = \text{Absorptionsindex}).$$

Hierbei bedient man sich aber am besten der Literaturwerte oder ermittelt sich die Reflexionswerte an reinen Testproben.

Bei opaken Kristallphasen läßt sich über lichtelektrische Photometer das Reflexionsvermögen und gegebenenfalls vorhandene Bireflexion messen. Dabei bekommt man Einblick in das Kristallsystem und kann so Mikrosonden-Untersuchungen sehr gut ergänzen. Die Schliffffläche erfaßt die Kristalle in verschiedener Orientierung. Für die Messung anisotroper Kristallphasen sind jedoch bestimmte Kristallschnitte erforderlich. Man prüft vorher die Schnittlagen konoskopisch zwischen gekreuzten Polarisatoren mit Objektiven höherer Apertur und Glasplättchen im Opakilluminator. Bei quasiisotropen Schnittlagen und kubischen Mineralphasen öffnet sich ein „Isogyren-Kreuz" (ähnlich dem Isogyren-Kreuz optisch einachsiger Kristalle im Durchlicht, jedoch ohne Isochromaten), beim Drehen des Mikroskoptisches nicht. Diese Schnittflächen liegen bei anisotropen Phasen entweder senkrecht zur optischen oder einer der optischen Achsen und geben den Reflexionswert für R_ω bzw. $R\beta$. Die Messung muß mit Hilfe des dreifach reflektierenden Glasprismas im Opakilluminator nach Berek erfolgen. Öffnet sich beim Drehen des Mikroskoptisches das „Isogyren-Kreuz", dann liegt Anisotropie vor. Schnitte mit maximaler Anisotropie findet man durch Aufsuchen der größten Trennung des „Isogyren-Kreuzes" in zwei „Isogyren-Balken", ähnlich optisch zweiachsigen Kristallen im Durchlicht, jedoch wieder ohne Isochromaten.

Die daraufhin orthoskopisch zu messenden Reflexionswerte in den Auslöschungslagen zwischen gekreuzten Polarisatoren liefern dann R_ω und R_ε bzw. $R\alpha$ und $R\gamma$. Es ist damit angedeutet, daß diese Erscheinung sowohl einachsig als auch niedriger symmetrische Kristallphasen zeigt. Es versteht sich, wenn das Reflexionsvermögen der quasiisotropen Schnitte zwischen den Extremwerten liegt, daß es sich um eine niedrig-symmetrische Kristallphase handelt. Die Reflexionsmessungen sind im monochromatischen Licht auszuführen. Durch Messung in verschiedenen Lichtwellenlängen zwischen blau und rot kann man auch eine Charakterisierung der Reflexionsfarben erhalten ($KFeS_2$) [11].

Anschliffe zeigen je nach Polierhärte der Kristallphasen ein mehr oder minder starkes Relief, auch wenn sie nur aus einer Phase in feinkristallinem Verband bestehen, denn auch kubische Kristallphasen können eine Härteanisotropie aufweisen (Periklas in Abb. 47 des Abschnittes 3.2.1.1). Mit Hilfe der Schneiderhöhnschen Lichtlinie läßt sich die Polierhärte der einzelnen Phasen beurteilen. Sie erlaubt nur die Unterscheidung, ob eine Phase härter als die andere ist. Nachdem der größte Teil der hier beschriebenen Produkte Sinter- oder Schmelzvorgänge durchmachte, liegen in diesen Fällen keine wahllos zusammengesetzten Kristallgesellschaften, sondern meist Gleichgewichtszustände, zumindest an den Kristallgrenzen, vor. An komplett untersuchten und damit bekannten Kristallgesellschaften, z. B. Sinterdolomit, stellt man sich Tabellen für die Polierhärte auf und kann damit bei neu zu untersuchenden Materialien im Verein mit anderen Methoden die Kristalldiagnose erleichtern.

Ätzeigenschaften nach 5 sec Einwirkdauer

Phase	Polierhärte in Alkohol	H_2O	1%-HNO_3	$(NH_4)_2Sx$	$0{,}2n$-KOH
M	$\gtrless + + + + +$	$-$	$-$	$-$	$-$
C	$+$	FF	$FFFFF$	$FFFFF$	$-$
C_3S	$+ +$	$-$	FF	FF	FF
C_3A	$\gtrless + +$	F	$-$	$-$	FF
C_4AF	$+ + +$	$-$	x	F	$-$

Die Zahl der Zeichen bedeutet die Intensitäten, F = Anlaufätzung, x = lösende Ätzung.

Die Polierhärte hängt sehr von der Polierflüssigkeit ab. Bei Wasserpolitur wird C_2S stärker abgetragen als bei 95%igem Alkohol als Polierflüssigkeit. Eine quantitative Härtemessung ist bei Kristallgrößen $< 20\,\mu m$ unsicher.

Zahlreiche Kristallphasen lassen sich mit Säuren, Laugen und Salzlösungen geringer Konzentration ätzen. Interessant sind aber nur solche Ätzmittel, die selektiv wirken. Die Ätzmittel für diagnostische Zwecke soll man erst nach vollständiger Untersuchung des Anschliffes anwenden. Von den Ätzmethoden sind zwei wichtig: die rein lösende und die Anlaufätzung. Die Anlaufätzung möge nur bis zu den Farben der 1. Ordnung geführt werden, dann verläuft die Ätzung sauber und gibt gute Kontraste. Eine bestimmte Farbe der Anlaufätzung für die Diagnose heranzuziehen ist schwer möglich. Die Ätzgeschwindigkeit und damit die Farbe hängt von der kristallographischen Lage der Kristalle zur Schliffläche ab. Auch beeinflussen Mischkristallkomponenten die Ätzbarkeit. Zum Beispiel setzt FeO in fester Lösung die Empfindlichkeit des CaO gegenüber den Ätzmitteln herab. Es ist vorteilhaft, eine ausgesuchte Schliffstelle zuerst ungeätzt und dann nach Ätzung zu photographieren. Man entdeckt beim Vergleich der Photos manchmal wichtige Details, die bei der Untersuchung übersehen wurden. Man nehme dabei den Schliff zur Ätzung nicht vom Mikroskop (nur bei aufrechten, nicht gestürzten Mikroskopen möglich), sondern bringe nach dem Senken des Mikroskoptisches auf die ausgesuchte Stelle mittels Glasstab einen Tropfen der Ätzlösung. Nach etwa 2 sec Ätzdauer saugt man die Tropfen mittels Filterpapier ab, wäscht mit einem Tropfen Alkohol nach und kann nach Absaugung des Alkohols die Schliffstelle wieder beobachten. Man kann an einem Anschliff an verschiedenen Stellen mehrere Ätzungen vornehmen, ohne den Anschliff nachpolieren zu müssen. Auch hier notiert man sich wieder die Ätzeigenschaften von den sich im Gleichgewicht befindlichen Kristallgesellschaften, wie dies in der vorangegangenen Tabelle gleichzeitig mit der Polierhärte geschehen ist. Beispiele für Ätzungen der angeführten Art geben die Abb. 114, 115 des Abschnittes 3.4.1.4 und Abb. 36 des Abschnittes 3.2.1.1.

Einblick erhält man durch die Ätzung auch bei Entmischungen, die sich im Reflexionsvermögen vom Wirtkristall nicht unterscheiden, bei Verzwillingung, bei zonarer Bauweise der Kristalle und in die Kristalltextur bei monomineralischen Produkten, wenn die Härteanisotropie oder die Bireflexion zu gering ist bzw. fehlt.

Vorwiegend werden im Text Bilder von Anschliffen gebracht, Abweichungen davon werden gesondert vermerkt.

Ist eine quantitative Analyse erforderlich, so bieten sich verschiedene Methoden an:

a) *Planimetrische Bestimmung* nach Rosival über eine Längenmessung mit Hilfe des Integrationstisches [12] (nicht günstig für kleine Kristallitgrößen).

b) *Punktzählung* mit Hilfe eines Integrationsokulars und mechanischem Zählgerät [15], [16], [17]. Dieses Verfahren hat sich u. a. bei Zementklinkeranschliffen bewährt. Es wird bei einer starken Vergrößerung gezählt, so daß auch sehr kleine Phasen erfaßt werden können. Erforderlich sind etwa 1000 Treffer, so daß bei 25 Punkten im Okular etwa 40 Einstellungen erforderlich sind. Anschließend erfolgt durch Multiplikation mit der Reindichte der jeweiligen Phase die Errechnung der Gewichtsprozente.

c) *Elektronische Bildanalyse* [18], [19]. Sie besitzt den Vorteil der Objektivität, Schnelligkeit und Reproduzierbarkeit und gestattet die Bestimmung einer ganzen Reihe von Parametern, wie Anzahlbestimmung, Flächenmessung, Projektion, Längenverteilung und Größenklassierung. Voraussetzung sind allerdings entsprechende Kontraste zwischen den einzelnen Phasen, die gegebenenfalls erst durch Ätzen oder Kontrastieren hergestellt werden müssen. Ferner können auch Positivbilder (z. B. REM-Photos) mit entsprechenden Zusätzen ausgewertet werden.

Zur Kristalldiagnose im Durchlicht

Die Untersuchungen im Durchlicht sind eine unbedingte notwendige Ergänzung der Auflicht-Methoden. Sie kann mittels Dünnschliff oder Pulverpräparation erfolgen und ist selbstverständlich nur bei durchsichtigen Phasen anwendbar. Die

Herstellung von Dünnschliffen erfordert große Geschicklichkeit, während die Herstellung von Pulverpräparaten denkbar einfach ist. Letztere bilden überdies bessere Untersuchungsmöglichkeiten in bezug auf die Lichtbrechung und alle Details der Kristalloptik. Man gewinnt rascher eine Vorstellung von der Kristallart. Man ist im Anschliff nicht in der Lage, einen Olivin mit geringen FeO-Gehalten von einem reinen Forsterit zu unterscheiden. Wohl gelingt dies leicht im Pulverpräparat an Hand der Brechungsindizes und des Winkels der optischen Achsen. Im weiteren Verlauf der Ausführung ist daher nur von der Untersuchung der Pulverpräparate im Durchlicht die Rede.

Die Bestimmung der Lichtbrechung ist bei optisch isotropen Phasen einfach, da sie für eine Lichtsorte nur einen Brechungsindex aufweisen. Gewöhnlich beginnt man mit einer Immersionsflüssigkeit, deren Lichtbrechung gleich der der vermuteten oder auch schon bekannten Kristallphase ist, und beobachtet im weißen Licht die Ränder der Kristallsplitter. Farbsäume beim Heben oder Senken des Mikroskoptubus oder -tisches über oder unter der Scharfstellung zeigen an, daß sich die Lichtbrechung des Immersionsmediums schon nahe der des Kristalles für Na-Licht befindet. Um Gleichheit für Na-Licht zu bekommen, empfiehlt es sich, geeignete Immersionsmedien tropfenweise auf dem Objektträger zu mischen. Zur Feststellung der Gleichheit für Na-Licht verwende man Interferenzfilter mit den ungefähren Durchlässigkeitsbereichen von etwa 10 nm über und unter $\lambda \sim 589$ nm. Ist der Kristall für $\lambda = 579$ nm etwa im gleichen Maße tiefer brechend als für $\lambda = 599$ nm höher brechend (gleiche Stärke des Lichtsaumes), ist Gleichheit für $\lambda = 589$ nm besser festgestellt als bei Verwendung von Na-Filter. Es ist kaum möglich, einen Unterschied oder Gleichheit der Lichtbrechung in engeren Bereichen mit Sicherheit festzustellen. Sinngemäß verfährt man mit einem Interferenz-Verlauffilter. In der Regel wird nur die Lichtbrechung für $\lambda = 589$ nm benötigt. Ist also Gleichheit zwischen Immersionsmedien und Kristallphasen festgestellt, zieht man das Deckglas ab, sammelt einen Tropfen der Flüssigkeit in der Deckglasspitze und bringt diesen in den Schlitz des Jelley-Refraktometers zur Messung der Lichtbrechung. Mitgeschleppte Kristallsplitter stören nicht. Das Refraktometer gestattet die Lichtbrechung ohne Temperaturkontrolle auf $\pm$ 0,001 zu bestimmen. Bei optisch einachsigen Kristallphasen ist die Bestimmung des n_ω genauso einfach, diese Brechzahl ist in jeder Kornlage feststellbar! Bei optisch positiven Kristallen ist n_ω der kleinere, bei optisch negativen Kristallen der größere Brechungsindex. Das n_ε ist, wenn nicht geeignete Spaltplättchen vorliegen, statistisch zu bestimmen (man kann das Kristallkorn durch Bewegung des Deckglases mittels Zahnstocher unter Umständen in ein geeignete Lage bringen). Ob n_ω der größere oder kleinere Brechungsindex ist, ist bei stärker gefärbten Kristallen mittels Gipsplättchen nicht bestimmbar, wohl gelingt dies aber durch den Berek-Kompensator, indem man während des Drehens des Mikroskoptisches den Öffnungssinn des Isogyren-Kreuzes beobachtet (dasselbe gilt auch für die optisch zweiachsigen Kristalle). Bei optisch zweiachsigen Kristallen suche man zuerst Kornlagen auf, deren eine optische Achse parallel der mikroskopischen Achse liegt. Diese Kornlagen sind zwischen gekreuzten Polarisatoren quasiisotrop, zeigen während der Drehung des Mikroskoptisches um 360° eine verhältnismäßig gleichbleibende Grau-Blau-Färbung und bei konoskopischer Betrachtung nur einen Isogyren-Balken, dessen Krümmung vom Winkel der optischen Achsen abhängt. Solche Kornlagen ergeben $n\beta$! $n\alpha$ und $n\gamma$ liefern orientierte Kornlagen (gegebenenfalls Spaltplättchen). Unter Umständen müssen sie an Kornlagen maximaler Anisotropie statistisch bestimmt werden. Für den Bereich $n = 1{,}406$ bis $1{,}292$ gibt es Immersionsflüssigkeiten mit geringem Dampfdruck, nämlich Perfluortributylamin $= (C_4F_9)N$ mit $n_D = 1{,}292$ und Chlortrifluorethylen $= $ Cl-$(CF_2\text{-}CFCl)_5\text{-}Cl$ mit $n_D = 1{,}406$ bei 25°C [12], [13]. Diese Flüssigkeiten sind gerade für wasserlösliche Kristallarten von Bedeutung. Ferner gibt es farblose Immersionsmedien bis 2,06, bestehend aus Phosphor, Schwefel und CH_2J_2. Sie sind aber höchst feuergefährlich. Der Umgang mit ihnen ist genauso einfach wie mit allen anderen, aber mit großer Vorsicht zu begleiten. Zur Bestimmung des Winkels der optischen Achsen mittels Universal-Drehtisch verwende man am besten auch wieder Pulverpräparate, aber mit festen Immersionsmedien! Bei genügendem Zerkleinerungsgrad werden die Mineralkörner freigelegt, und bei genügend dünner Streuung gibt es während des Kippens des Universal-Drehtisches keine Überlagerungen. Die festen Immersionsmedien sollen in ihrer Brechzahl mit dem $n\beta$ der zu bestimmenden Kristallphase übereinstimmen, um keiner Ablenkung des Strahlenganges bei den nie planparallel begrenzten Kristallkörnern ausgesetzt zu sein. Glasig erstarrende, wenig bis stark gefärbte Immersionsmedien gibt es bis etwa $n \sim 1{,}80$ (Piperin $+$ SbJ_3 $+$ AsJ_3). Für Lichtbrechungen von $n = 1{,}52$ bis $n = 1{,}68$ sind Schmelzen aus Diphenylcarbazid $+$ Piperin brauchbar. Selbstverständlich sind entsprechende Halbkugelsegmente zu wählen. Die Bestimmung des Achsenwinkels ist ortho- oder konoskopisch möglich.

In Pulverpräparaten vermag man unter Verwendung von echten Schwereflüssigkeiten, auch orientierende Zahlen für die Dichte der Kristallphasen zu gewinnen. Man beobachtet, ob das betreffende Kristallkorn unter dem Deckglas schwimmt oder auf dem Objektträger aufliegt, und variiert einengend mit zwei Schwereflüssigkeiten die Dichte des Immersionsmediums. Ein ideales Flüssigkeitspaar ist Methylenjodid und α-Monobromnaphthalin.

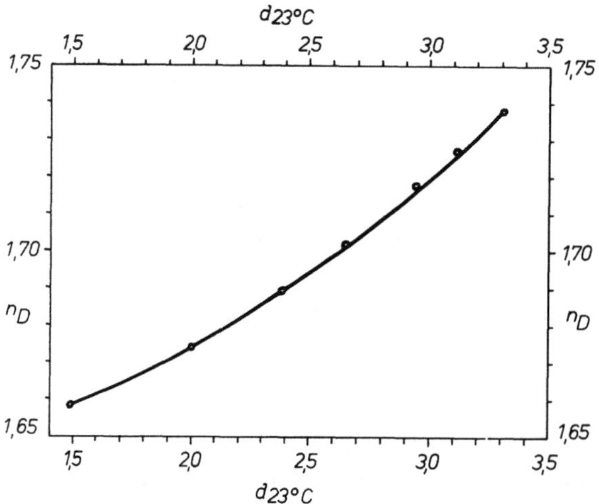

Abb. 1. Zusammenhang zwischen Lichtbrechung und Dichte von Gemischen aus Methylenjodid und α-Monobromnaphthalin

Abb. 1 zeigt den Zusammenhang der Lichtbrechung mit der Dichte der Flüssigkeitsgemische.

Man kann gleich wie bei der Bestimmung der Lichtbrechung die Flüssigkeiten auf dem Objektträger tropfenweise mischen und bestimmt dann im geeigneten Moment über die Lichtbrechung die Dichte der Flüssigkeit. Diese Methode ist jedenfalls auf eine Einheit der zweiten Dezimale genau.

Schließlich kann man im Pulverpräparat mit flüssigen Immersionsmedien prüfen, ob eine Mineralphase eine merkbare magnetische Suszeptibilität aufweist. Man führt über dem Deckglas, nahe dem Objektiv, einen kleinen starken Magnet hin und her und beobachtet eine eventuell gleichförmige Bewegung einzelner Teilchen. Zum Beispiel Graphit, Magnetkies und Magnetit verhalten sich dabei verschieden. Auch solche Hinweise sind unter Umständen wertvoll.

Literatur

1. Ramdohr, P., Rehwald, G.: Handbuch der Mikroskopie in der Technik I/2 (1960).
2. Trojer, F.: Der Karinthin, Folge 19, S. 150 – 153 (1952); Schneiderhöhn, H.: Erzmikroskopisches Praktikum, S. 67, 77, 86. Stuttgart 1952.
3. Siegel, W.: Anschliffherstellung mit Holzfolien. Berg- und Hüttenm. Mh. 111, 187 – 190 (1966).
4. Berek, M.: Zbl. Miner. 16 (1931).
5. Berek, M.: Fortschr. Miner. Krist. Petr. 22, 1 – 104 (1937).
6. Cameron, E. N.: Econ. Geol. Hefte 45 und 46 (1950 und 1951).
7. Cameron, E. N., Hutchinson, R. H., Green, L. H.: Econ. Geol. 48, 574 – 590 (1953).
8. Schneiderhöhn, H.: Erzmikroskopisches Praktikum. Stuttgart 1952.
9. Galopin, R., Henry, N. F. M.: Microscopic study of opaque minerals. Cambridge: W. Heffer and Sons, Ltd. 1972.
10. IMA/COM Quantitative Data File; herausgegeben von der Commission on Ore Microscopy der International Mineralogical Association.
11. Trojer, F.: $KFeS_2$ in Zementbrennöfen. Radex-Rundschau H. 2 (1961) und Ber. dtsch. keram. Ges., H. 1, S. 101 – 102 (1966).
12. Weaver, C. F., McVay, T. N.: Amer. Miner. 45, 469 – 470 (1960).
13. Meyrowitz, P.: Amer. Miner. 37, 853 – 856 (1952).
14. Berek, M., Rinne, F.: Anleitung zu optischen Untersuchungen mit dem Polarisationsmikroskop, S. 147 – 151. Stuttgart: Schweizerbartsche Verlagsbuchhandlung. 1953.
15. Krämer, H.: Zement-Kalk-Gips 14, 207 – 212 (1961).
16. Blaschke, R.: Leitz-Mitteilung Wiss. und Technik, Bd. IV, Nr. 1/2, 44 – 49 (1967).
17. Gahm, J.: Zeiß Informationen 16, Nr. 69 (1968).
18. Druckschrift MA/IV 73 A 000; Zeiß Oberkochen Micro-Vidiomat.
19. Druckschrift VI/76/AX/SD; Leitz Wetzlar TAS (Textur-Analyse-System).

2.1.2 Elektronenmikroskopie

Die Lichtmikroskopie ist in ihrem Auflösungsvermögen durch die Wellenlänge des sichtbaren Lichtes bei etwa 0,5 μm begrenzt.

Die Elektronenstrahlen besitzen je nach Beschleunigungsspannung wesentlich geringere Wellenlängen (0,12 — 0,04 Å), so daß man im Auflösungsvermögen um Zehner-Potenzen besser liegt. Darüber hinaus kann man aber auch mit sehr niedrigen Vergrößerungen arbeiten. Im Prinzip gibt es die zwei Methoden: Transmissionselektronenmikroskopie und die Rasterelektronenmikroskopie.

2.1.2.1 Transmissionselektronenmikroskopie

Diese klassische elektronenoptische Methode fand bislang — bis auf Ausnahmen — in der Mineralogie feuerfester basischer Produkte keine Anwendung. Vermutlich liegt das einmal an den komplizierten Präparationstechniken, zum anderen an den relativ großen Kristalliten dieser Stoffgruppe.

Eine neue Möglichkeit bietet jetzt die Beobachtung von ionengedünnten Schichten u. a. mit Hochspannungsmikroskopen vom Typ EM7 (1 MeV). Damit können neben der Feinstruktur einzelner Phasen auch deren Beugungsbilder zur Identifizierung herangezogen werden. Mit einem angeschlossenen Mikroanalysator können noch zusätzlich die anwesenden Elemente bestimmt werden.

2.1.2.2 Rasterelektronenmikroskopie

Zu den Anwendungsgebieten dieser relativ jungen elektronenoptischen Methode gehört selbstverständlich die Mineralogie mit ihren natürlichen und synthetisch-technischen Produkten. L. Reimer und G. Pfefferkorn [1] geben in ihrem Buch „Rasterelektronenmikroskopie" = REM eine umfassende Darstellung dieses Gebietes, so daß auf Einzelheiten der Grundlagen, Gerätebedienung, Beobachtungsarten und Präparation verzichtet werden kann.

Betont werden müssen hier noch einmal die hervorragenden Möglichkeiten der Beobachtung von Bruchflächen und die sehr große Tiefenschärfe der Rasterbilder.

Schwiete und Rehfeldt [2] setzten 1968 als erste das REM zur Beurteilung feuerfester Stoffe erfolgreich ein. Sie untersuchten Oberflächen eines Mulliteinkristalls und die Gefügeänderungen eines Chrommagnesiasteines beim Tempern in verschiedenen Gasatmosphären. Inzwischen sind eine Vielzahl von Arbeiten auf dem Feuerfestgebiet, speziell auch auf der basischen Seite, erschienen, [3] bis [8].

Da es sich bei feuerfesten Oxiden um schlechte bis Nichtleiter handelt, müssen ihre Oberflächen durch Bedampfen oder Besputtern mit Kohlenstoff oder Schwermetallen vor der Beobachtung elektrisch leitend gemacht werden. Will man zusätzlich noch analytische Informationen erhalten, muß man statt Metallschichten solche aus Kohlenstoff aufbringen, da sonst leichte Elemente gar nicht oder in ihrer Konzentration zu niedrig erfaßt werden.

Für das gebrannte hydratationsanfällige Dolomitmaterial ist das im REM herrschende Hochvakuum sehr günstig. Hier muß allerdings dafür gesorgt werden, daß Bruchflächen möglichst unmittelbar vor der Untersuchung erzeugt werden und wie Anschliffe bzw. Kornpräparate über Kalziumchlorid aufbewahrt werden.

Für die Untersuchung gibt es folgende Möglichkeiten vom Präparat her:

1. Bruchflächen (mit und ohne Ätzung)
2. polierte Oberflächen (Anschliffe mit und ohne Ätzung)
3. Pulver bzw. isolierte Bindemittelkomponenten

vom Gerät her:

Sekundärelektronenbild
Rückstreuelektronenbild
Kathodenlumineszenzbild
Mikrobereichsanalyse mit Wellenlängen- bzw. energiedispersivem System.

In Abb. 2 ist die Bruchfläche eines eisenarmen Magnesiasinters dargestellt. Die beiden Periklaskristalle heben sich durch ihre glatte Oberfläche gegenüber der dazwischen liegenden, mehr „hackig" gebrochenen Silikatphase (C_2S) deutlich ab.

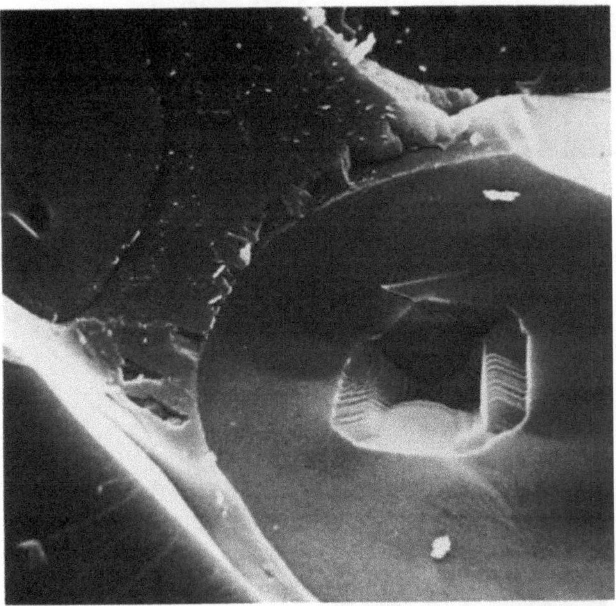

Abb. 2. 5200 ×. Bruchfläche eines eisenarmen Magnesiasinters im REM

Das untere Individuum besitzt eine Pore in Form eines Negativkristalls mit Terrassenwachstum. Bei der energiedispersiven Punktanalyse zeigt der Periklaskristall Mg, die für die Analyse günstig gelegene Silikatfläche dagegen Ca und Si im Verhältnis 2:1.

Etwas komplizierter bietet sich dagegen die Bruchfläche eines Magnesiakohlenstoffsteins (PMT-Typ) für Elektrolichtbogenöfen dar, Abb. 3.

Vier Bereiche sind auszumachen: die Sintermagnesia (rechts im Bild), etwa 60 μm große blättrige Aggregate aus Graphit und in der Bildmitte auch als kugelige Individuen von 5 μm $\varnothing$ (bevorzugt im Feinanteil), der Ruß und verkoktes Pech als Bindemittel.

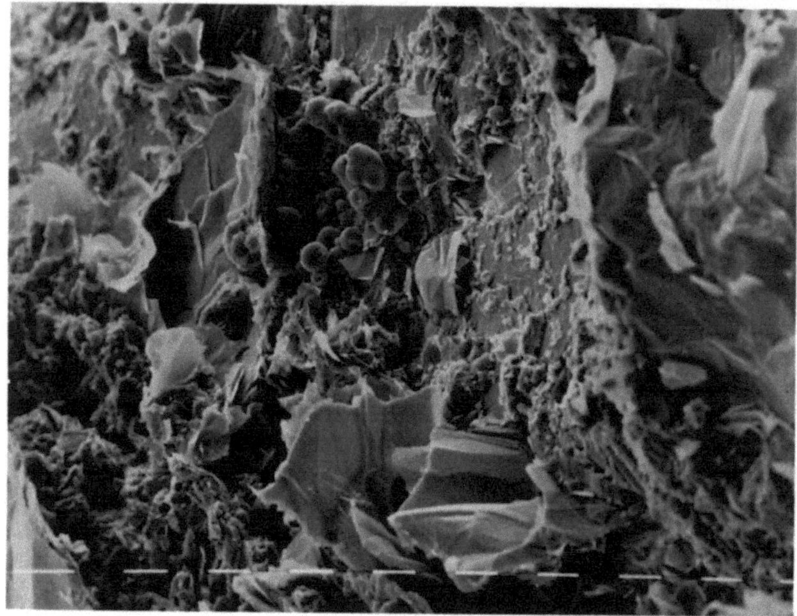

Abb. 3. REM-Aufnahme der Bruchfläche eines Magnesiakohlenstoffsteines für Elektro-lichtbogenöfen. 1 Teilstrich ist gleich 10 μm

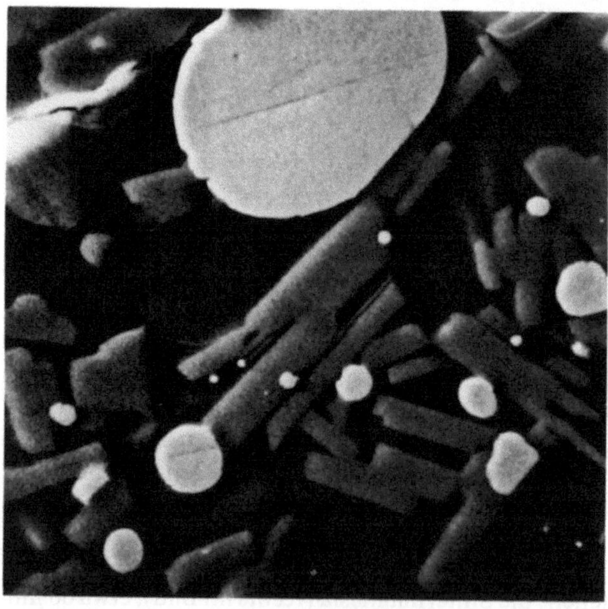

Abb. 4. 900×, REM-Bild eines Anschliffs eines im AOD-Konverter verschlackten Dolomitsteines. Helle Metalltropfen und graue Kalziumchromitleisten liegen eingebettet in C_2S

Da Kohlenstoff als leichtes Element mit der energiedispersiven Analyse nicht nachgewiesen werden kann, ist man hier zur Identifikation auf Erfahrung und Vergleiche angewiesen.

Reicht die Auflichtmikroskopie nicht aus, weil die Vergrößerung zu gering ist und Mischkristalle oder glasiges Material vorliegt, so bietet die Beobachtung des Anschliffes im REM in Verbindung mit der Mikroanalyse weitere wertvolle Informationen.

Abb. 4 gibt den verschlackten Teil eines Dolomitsteins aus einem AOD-Konverter wieder.

Die Legierungstropfen bestehen aus Eisen, Chrom und Nickel, die Leisten aus Kalzium und Chrom (Kalziumchromit) und die Grundmasse aus Dicalsiumsilikat. Dabei besticht vor allem die Möglichkeit der Elementanalyse der $3-7$ μm dicken Leisten.

Einen Vergleich zwischen der klassischen Auflichtmikroskopie und der modernen Rasterelektronenmikroskopie stellten Krönert und Zednicek [7], [8] anhand ihrer Untersuchungen von Magnesia- und Magnesiachromprodukten vor und nach ihrem Einsatz auf: Das REM ermöglicht an Bruchflächen zusätzlich eine räumliche Beobachtung von Phasen und Porenräumen. Bei höherer Tiefenschärfe sind bei gleicher Vergrößerung mehr Details erfaßbar. Außerdem findet durch den fehlenden Schleifprozeß keine Oberflächenzerstörung statt, soweit Bruchflächen vorliegen. Für die Identifizierung der einzelnen Phasen ist die Kombination REM/Mikroanalysator aber eine unabdingbare Voraussetzung. Entmischungen sind jedoch im REM nicht immer klar erfaßbar. Bei gebrauchten Steinen sind bestimmte Zonen im REM besonders mit Neukristallisationen besser zu beurteilen. Wünschenswert ist der Einsatz eines wellenlängendispersiven Analysators für die leichteren Elemente.

Schließlich sei auf eine neue Arbeit von R. Blaschke [9] verwiesen, in der die analytische Elektronenmikroskopie mit ihren gesamten Möglichkeiten am Beispiel eines schmelzgegossenen Korund-Baddeleyitsteins nach seinem Einsatz in einer Glaswanne demonstriert wird. Dieses Beispiel stammt zwar aus dem sauren feuerfesten Gebiet, ist aber auf die basische Gruppe voll übertragbar.

Literatur

1. Reimer, L., Pfefferkorn, G.: Rasterelektronenmikroskopie. Berlin-Heidelberg-New York: Springer. 1973.
2. Schwiete, H. E., Rehfeld, G.: Ber. dtsch. keram. Ges. **45**, 352−354 (1968).
3. van Gilbert, Batchelor, J. D.: Amer. ceram. Soc. Bull. **50**, 156−159 (1971).
4. Obst, K. H., Münchberg, W., Blaschke, R.: Beitr. Elektronenmikroskopie Direktabb., Oberfl. **4/1**, 103 (1971).
5. Obst, K. H., Münchberg, W., Malissa, H.: Elektronenstrahl-Mikroanalyse zur Untersuchung basischer feuerfester Stoffe. In: Applied Mineralogy, Vol. 2, S. 7−13. Wien-New York: Springer. 1972.
6. Marr, R. J., Treffner, W. S.: Amer. ceram. Soc. Bull. **51**, 582−587 (1972).
7. Krönert, W., Zednicek, W.: Radex-Rundschau H. 3, 160−203 (1974).
8. Krönert, W., Zednicek, W.: Radex-Rundschau H. 4, 328−393 (1977).
9. Blaschke, R.: Mineralogie und Technik Nr. 4, S. 5. Stuttgart: Schweizerbartsche Verlagsbuchhdlg.

2.2 Mikrobereichsanalyse

Die Mikrobereichsanalyse = MBA gehört mit zu den aussagekräftigsten Untersuchungsmethoden in der heutigen Mineralogie. Sie ergänzt die Durch- und Auflichtmikroskopie ideal durch die Ermittlung der chemischen Zusammensetzung von einzelnen Phasen im Mikrobereich. In den ersten Jahren stand als einziges Gerät die Mikrosonde mit einem Wellenlängen-Dispersions-Analysensystem = WDA (Kristallspektrometer) zur Verfügung. Die 1972 erschienene Monographie von Obst, Münchberg und Malissa [1] war die erste Zusammenfassung dieser Art über oxidische Systeme. Als Beispiele dienten bereits damals feuerfeste basische Materialien vor und nach ihrem Einsatz in verschiedenen Industriezweigen. Informationen über die Meßtechniken, wie Flächen-, Linien- und Punktanalysen, sind dort den einschlägigen Kapiteln zu entnehmen, ebenso das Standardproblem und die Korrekturmethoden bei der quantitativen Analyse.

Inzwischen hat sich das energiedispersive Analysensystem = EDA (Festkörperdetektor) in Verbindung mit dem Rasterelektronenmikroskop für Elemente ab Fluor aufwärts einen großen Anteil bei der MBA erobert. Der Vorteil des EDA-Systems ist die — gegenüber der Lichtmikroskopie — rasche qualitative und halbquantitative Übersichtsanalyse von Phasen geringster Abmessungen nicht nur an polierten Anschliffen, sondern auch an rauhen Bruchflächen. Der Nachteil gegenüber WDA liegt in der noch fehlenden Analysenmöglichkeit für leichte Elemente.

Seit Drucklegung der Monographie 1971 sind eine Vielzahl von Veröffentlichungen zum Thema MBA an basischen feuerfesten Stoffen [2] bis [9] erschienen, von denen hier nur eine kleine Auswahl aufgeführt sei. Bemerkenswert ist dabei, daß auch die Reaktionspartner der feuerfesten Stoffe, die Schlacken der Hochofen- und Stahlerzeugungsprozesse, mit einbezogen wurden. Neben der Identifizierung von einzelnen Phasen — zu verstehen als Unterstützung der Mikroskopie und der Röntgenbeugungsanalyse — wurden Erfolge besonders auf dem Gebiet noch unbekannter Phasen an Mischkristallen und glasig erstarrter Matrix erzielt. Die Aufstellung von Diffusionsmechanismen wird dadurch sehr erleichtert. Als Beispiel sei die Mikrobereichsanalyse mit dem EDA-System von der verschlackten Zone eines pechgebundenen Dolomitsteins aus einem Aufblaskonverter angeführt, Abb. 5.

Die Entmischungen im Periklas bestehen nicht nur aus Magnesiumferrit, sondern führen auch Mn. Die in der Schlacke vorhandenen geringen Mengen Phosphor sind im Dikalziumsilikat, das Ti, Mn und Al dagegen im Kalziumferrit eingebaut.

Bei Untersuchung von Konkurrenzprodukten bietet die Mikrobereichsanalyse mit der EDA eine hervorragende Möglichkeit zur Identifizierung von hydraulisch abbindenden und chemisch wirkenden Bindemitteln in feuerfesten Massen der Systeme mit Na_2O, K_2O, B_2O_3, P_2O_5, Cr_2O_3, Al_2O_3 und SiO_2.

Bei Mikrobereichsanalysen ist stets der Einfluß der Beschleunigungsspannung auf die relativen Peakhöhen zu beachten. So sind die meisten MBA-Diagramme (ESMA) im weiteren Text zur Hervorhebung der leichteren Elemente mit 10 kV

Beschleunigungsspannung aufgenommen worden. Man vergleiche hierzu Abb. 98 mit dem Diagramm für C_2S in Abb. 5.

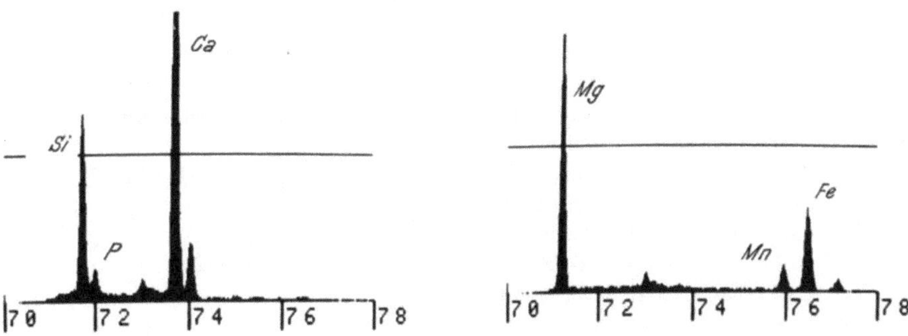

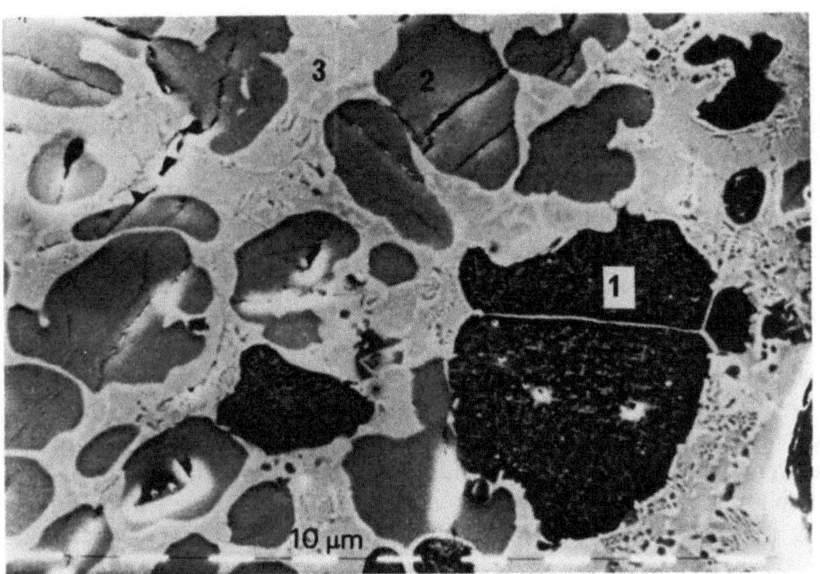

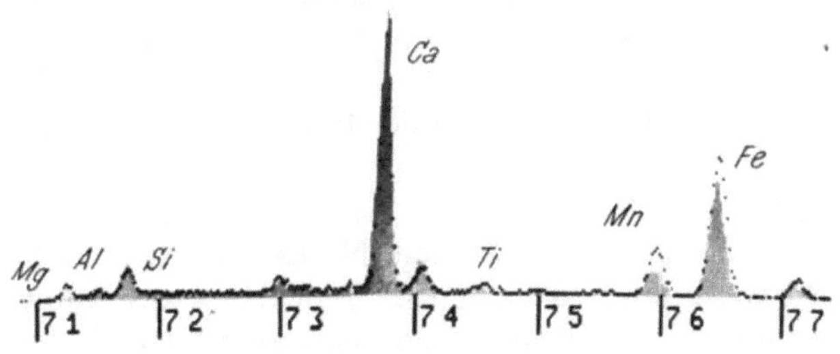

Abb. 5. REM-Sekundärelektronenbild einer verschlackten Zone eines pechgebundenen Dolomitsteines aus einem Aufblaskonverter. *1* Periklas mit Magnesiumferrit, *2* Dikalziumsilikat, *3* Kalkferritphase und die dazugehörigen MBA-Punktanalysen, 20 kV

Literatur

1. Obst, K. H., Münchberg, W., Malissa, H.: Elektronenstrahl-Mikroanalyse zur Untersuchung basischer feuerfester Stoffe. In: Applied Mineralogy, Vol. 2. Wien-New York: Springer. 1972.
2. Obst, K. H., Münchberg, W., Comes, H.: Arch. Eisenhüttenw. **47**, 77 – 84 (1976).
3. Münchberg, W., de Jong, J. G. M.: Ber. dtsch. keram. Ges. **52**, 108 – 111 (1975).
4. Münchberg, W., Benczek, K., Obst, K. H., Stradtmann, J.: Techn. Mitteilungen Essen, H. 3, S. 177 – 182 (1977).
5. Obst, K. H., Münchberg, W., Comes, H., Walter, M.: Sprechsaal **111**, H. 2, S. 82 (1978).
6. Baum, R., et al.: Interceram. **27**, Spec. Iss., 258 (1978).
7. Krönert, W., Zednicek, W.: Radex-Rundschau H. 8, 160 – 203 (1974).
8. Krönert, W., Zednicek, W.: Radex-Rundschau H. 4, 328 – 393 (1972).
9. Trojer, F.: Radex-Rundschau H. 2, 108 (1974).

2.3 Röntgendiffraktion

Die Rohstoffe, Halb- und Fertigprodukte der basischen feuerfesten Erzeugnisse sind in der Regel fest oder locker, texturlos und feinkristallin. Glasphasen treten nicht oder ganz minimal in verschlackten Erzeugnissen auf. Schon die Lichtmikroskopie gibt darüber im Durch- und Auflicht eine sehr breite Information. Auf völlig anderer Basis kann man den Phasenbestand mit Hilfe der Röntgendiffraktometrie ermitteln. Zudem erhält man über die Röntgendiffraktometrie die quantitative Phasenzusammensetzung schneller als mit der Lichtmikroskopie. Für die untergeordneten Bestandteile wird dies nur schwierig, wenn keine Anreicherungsmöglichkeit besteht. Die Kristallgrößen der zu beschreibenden Produkte und Materialien liegen oft $< 1\,\mu$m, ein Bereich, in dem die Lichtmikroskopie ihre Anwendbarkeit verliert, die Röntgendiffraktometrie hier aber auch mit Erfolg angewendet werden kann, insbesondere bei Untersuchungen von Dissoziationsvorgängen, Neubildungen bei der Zerstörung der chemischen Bindung während der Verwendung der Erzeugnisse und Phasenumwandlungen bei polymorphen Verbindungen.

Es werden heute sehr leistungsfähige Röntgendiffraktometer angeboten, die die Intensitäten der vom Kristall reflektierten Strahlung entweder mittels Schreiber aufzeichnen oder durch direkte Zählung registrieren und ein bequemes Auswerten ermöglichen.

Die Aufzeichnung der Röntgenreflexe erfolgt nach der Braggschen Gleichung

$$n\lambda = 2d_{(hkl)} \cdot \sin\vartheta,$$

wobei $d_{(hkl)}$ der Gitterabstand für die verschiedenen Netzebenen ist, ϑ der Glanzwinkel der Reflexionen bzw. Interferenzen, λ die Wellenlänge des monochromatischen Röntgenlichtes und n die Ordnung der Reflexe bedeuten. Für Gitterabstände bis 30 Å sind keine zusätzlichen Verfahren erforderlich. Die Nachweisgrenze der zu identifizierenden Phase hängt sehr von der Probenzusammensetzung sowie der Präparation ab und liegt bei Phasen mit komplizierten

Strukturen oder mit niedrigen Symmetrien bei etwa 4 bis 6 Gew.-%, bei höher symmetrischem und einfach gebautem Kristallgitter etwa 1 bis 3 Gew.-%. Für die Erfassung der mit dem Szintillationszähler nicht registrierbaren geringen Gehalte, empfiehlt sich, wenn keine Anreicherungsmöglichkeit gegeben ist, die photographische Methode nach Debye-Scherrer, die beliebige Belichtungszeiten und damit die Erfassung von sehr kleinen Mineralphasengehalten ermöglicht. Üblicherweise wird mit der Kupfer-$K\alpha$-Strahlung der Wellenlänge $\lambda = 1,54051$ Å gearbeitet, für stärker absorbierende Mineralphasen sind kürzerwellige Fe- oder Co-$K\alpha$-Strahlungen besser. Unentbehrlich sind schließlich bei der Auswertung der Diffraktometeraufnahmen die reichlichen Literaturangaben über die d-Werte bei entsprechenden Aufnahmebedingungen, die zum großen Teil in der Röntgenkartei des Joint Committee on Powder Diffraction Standards = JCPDS (früher American Society for Testing Materials) zu finden sind.

In den Abb. 6 und 7 sind die einzelnen Röntgenreflexe schon identifiziert. Auf der Basis sind die Beugungswinkel linear aufgetragen und entsprechend den d-Werten die Mineralphasen dazu notiert.

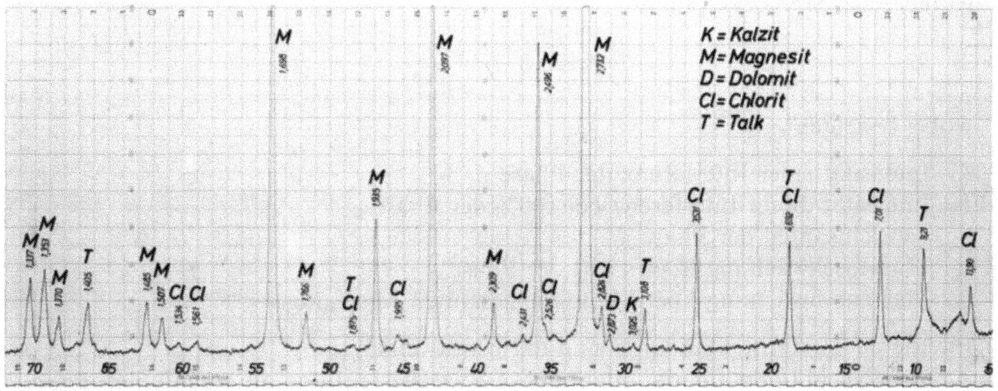

Abb. 6. Röntgendiffraktometer-Diagramm von Rohmagnesit der Millstätteralpe (Kärnten)

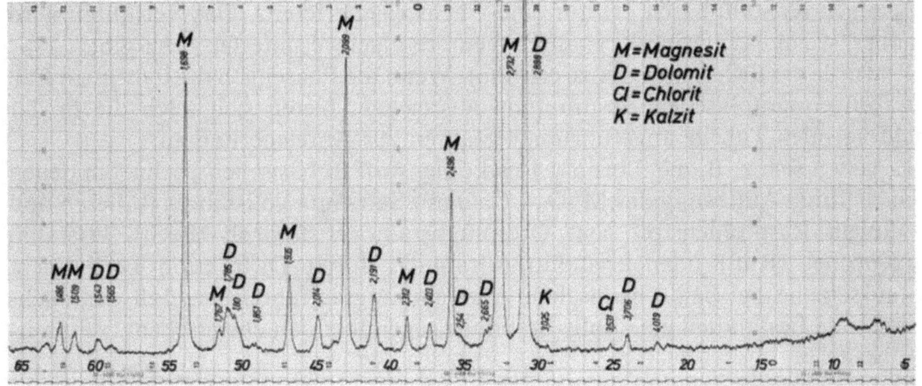

Abb. 7. Röntgendiffraktometer-Diagramm von Rohmagnesit der Weißensteineralpe (Tirol)

Die beiden Bilder stammen von Handstücken der Lagerstätten Millstätteralpe (Kärnten) und der Weißensteineralpe (Tirol). Da die Stücke willkürlich genommen wurden und nicht aufbereiteten Rohmagnesit darstellen, sind auch deren Verunreinigungen reichlicher vorhanden und daher leicht zu identifizieren. Man erkennt aus beiden Aufnahmen sehr unterschiedliche Magnesitarten. Gleichzeitig gewährt der Vergleich der beiden Aufnahmen auch schon einen ungefähren Einblick in die quantitative Mineralzusammensetzung.

Für Serienuntersuchungen (z. B. auch Qualitätsüberwachung) stehen heute automatische Probenwechsler zur Verfügung, die bis zu 35 Präparate hintereinander in den Strahlengang einschieben, um die vorgegebenen Winkelbereiche abzufahren. Durch diese Einrichtung, die bei allen neueren Gerätetypen als Zusatzteil eingebaut werden kann, wird die zeitliche Ausnutzung eines Röntgendiffraktometers erheblich gesteigert. Berücksichtigt werden sollte allerdings die Hydratationsempfindlichkeit freikalkhaltiger Stoffe (also im Falle gebrannter Erzeugnisse).

Durch Messen der Reflexionshöhen oder Planimetrieren der Reflexionsflächen kann man den Mineralphasenanteil quantitativ erfassen. Hiezu gilt die Grundformel nach Smolczyk [1]

$$I_i = I_i o \cdot \chi_i \cdot \frac{\mu_i}{\mu_G},$$

wobei bedeuten

I_i Intensität einer Interferenz der Phase $_i$.
$I_i o$ Intensität dieser Interferenz bei 100% der Phase $_i$.
χ_i Gewichtsanteil der Phase $_i$.
μ_i Massenschwächungskoeffizient der Phase $_i$.
μ_G Massenschwächungskoeffizient der gesamten Mischung.

Interne oder externe Standards sind dafür notwendig.

Smolczyk [1] gibt für die quantitative Phasenermittlung an technischen Produkten nähere Anweisungen. Für die quantitative Erfassung dürfen natürlich nur reine, nicht mit anderen überlagerte Interferenzen verwendet werden. Solche Überlagerungen treten bei Phasengesellschaften jedoch häufig auf. Es gibt daher bei einigen Kristallphasen oft nur eine Nachweisinterferenz. Das Verfahren wird genauer, wenn es für eine Kristallart mehrere Nachweisinterferenzen gibt.

Es wurde die Erfassungsgrenze erwähnt. Wenn die Phasengehalte in keinem Fall zur röntgenographischen Bestimmung ausreichen, bieten sich auch die in der nachfolgenden Tabelle angeführten Verfahren zur Anreicherung an.

Es lassen sich z. B. die 3 bis 5% Restkohlenstoff in basischen pechgebundenen Steinen durch Auflösung des $MgO + CaO$ mit Salzsäure vollständig isolieren und in diesem Restkohlenstoff sein Ordnungsgrad, ob amorph (Pech), kristallin vorgeordnet (Ruß) oder kristallin (Graphit), durch Diffraktion bestimmen. Voraussetzung bei dem chemischen Anreicherungsverfahren ist, daß der nachzuweisende Bestandteil eine hohe Stabilität gegenüber den chemischen Trennmitteln besitzt.

Man lasse gegebenenfalls auch die Methoden der naßchemischen Analyse nicht außer acht, die z. B. das Vorhandensein von Wasserglas, Natriumphosphat, einer

Trennungstyp	Methodik	Beispiel	Nachweis von
Korngrößen- trennung	Absieben unter 0,04 mm	γ-C$_2$S in Magnesiasteinen	γ-C$_2$S
Chemische Behandlung	Lösen in verdünnter HCl, abfiltrieren	Nebengemengteile in Rohdolomit;	Quarz, Glimmer, Tonminerale, Hornblenden, Schwefelkies;
		Restkohlenstoff in pechgeb. basischen Steinen	Graphit, Ruß;
Trennung nach der Reindichte und Rohdichte	Windsichten, Schwebe-Sink- Methode	Ermittlung des Bindemittels in Spritz- und Flickmassen	Wasserglas, Na-Phosphate, Sorelzement- bindung, Tonerdezemente
Trennung nach magnetischen Eigenschaften	Magnettrenner	Eisenoxidphasen in Sinterdolomit, Sintermagnesia, Magnesiachrom	Magnetische Phasen MF, MCr

Sorelzementbindung usw. oft rascher aufzuklären vermögen als mühevolle mikroskopische oder röntgenographische Untersuchungen.

Literatur

1. Smolczyk, H. G.: Zement-Kalk-Gips **9**, 391 (1961).

2.4 Differentialthermoanalyse

Bei der Mineraldiagnose, insbesondere der feineren Korngrößen, ist es ratsam, mehrere ganz verschiedene Untersuchungsmethoden anzuwenden, auch wenn die Aussagekraft einzelner Methoden begrenzt ist. Dies trifft z. B. für die Differentialthermoanalyse = DTA zu.

Das Prinzip der DTA beruht auf thermischen Effekten durch Enthalpieänderungen, im besonderen auf der Messung von positiven und negativen Wärmetönungen beim Aufheizen oder Abkühlen bestimmter Proben. Es werden die zu untersuchende Substanz und eine inerte Vergleichsprobe gleichzeitig aufgeheizt. Die Vergleichsprobe soll in dem interessierenden Temperaturintervall keine Reaktion zeigen, also thermisch „inert" sein und soll etwa gleiche thermische Eigenschaften wie die zu untersuchende Substanz besitzen. Auf diese Art und Weise wird jede

Reaktion der zu untersuchenden Substanz als eine Temperaturdifferenz gegenüber der Inertsubstanz registriert und die daraus resultierende Thermospannung in Abhängigkeit von der Zeit geschrieben. Thermische Effekte, wie etwa durch Wärmeverbrauch (endotherm) oder durch Wärmeabgabe (exotherm), zeigen nur Substanzen, die entweder einer Phasenumwandlung oder einer Dissoziation unterliegen oder mit anderen Komponenten zu neuen Verbindungen reagieren. Die thermischen Effekte können auch zur Bestimmung der ungefähren Phasengehalte ausgenutzt werden.

Auf den Inhalt des Buches bezogen ist die DTA mit Vorteil bei der Untersuchung folgender Substanzen anwendbar: karbonatische Rohstoffe wie Kalk, Dolomit, Magnesit, ferner Bruzit bzw. Magnesiahydrate der verschiedenen Produktionsstufen der Seewassermagnesia-Erzeugung, Hydrat- oder Karbonat-Gehalte von Sinterprodukten, hydraulisch erhärtende Mörtel und Massen, bei C_2S- und C_3S-haltigen Erzeugnissen, natürlich nur, wenn von den Phasen genügend starke thermische Effekte abgegeben werden und entsprechende Mengenanteile vorhanden sind.

Die bekanntlich wichtigsten Einflußgrößen, die hier zu besprechen wären, sind: der Temperaturanstieg, die Ofenatmosphäre, die Einwaage, die Teilchengröße, die Vergleichssubstanz.

Eine Erhöhung der Aufheizgeschwindigkeit verursacht durch einen größeren Substanzumsatz pro Zeiteinheit höhere DTA-Peaks und schärfere Knickpunkte der Kurve. Je langsamer jedoch die Temperatur ansteigt, umso flacher und breiter, auf die Zeiteinheit bezogen, werden die Peaks. Außerdem verschieben sich Peaks chemischer Reaktionen mit steigender Heizrate in Richtung höherer Temperaturen. Das gilt vor allem für Reaktionen, die mit Entwässerungen oder Entsäuerungen verbunden sind, während Modifikationsänderungen fast unabhängig von der Erhitzungsgeschwindigkeit sind. Im allgemeinen wird mit einem Temperaturanstieg von $5-15°C/min$ gearbeitet.

Der Einfluß der Ofenatmosphäre ist insofern gegeben, als z. B. die Gleichgewichtstemperatur reversibler Umwandlungen durch den Druck der Ofenatmosphäre bestimmt wird. Darüber hinaus können zwischen den Gasen der Ofenatmosphäre und der Probensubstanz oder ihren flüchtigen Zersetzungsprodukten chemische Reaktionen stattfinden. Proben dieser Art erfordern das Arbeiten in inerter oder kontrollierter Atmosphäre.

Eine Einflußgröße, die von der Konzeption des Gerätes vorgegeben und nur unwesentlich verändert werden kann, ist die Probenmenge. Infolge der endlichen Wärmeleitfähigkeit der Proben stellt sich ein räumlicher Temperaturgradient von der Wand der Probenhalterung zum Probeninneren ein. Dadurch werden die thermischen Effekte größerer Probenmengen über einen breiteren Bereich verschmiert.

Mit abnehmender Korngröße vergrößert sich die spezifische Oberfläche der Probe, und die Reaktionen werden beschleunigt bzw. setzen bei niederen Temperaturen ein. Andererseits wird die Gasdiffusion in einer Packung feinerer Teilchen in viel stärkerem Maße behindert. Des weiteren steht die Breite eines aufgezeichneten thermischen Effektes in enger Beziehung zum Körnungsaufbau: Je größer der Korngrößenbereich einer Substanz ist, umso breiter erscheint der Effekt auf der DTA-Kurve, während sich bei Vorliegen einer bestimmten Kornklasse nur ein ganz schmaler Effekt zeigt. Heute wird häufig gebrannter Kaolin oder reine Tonerde als Vergleichssubstanz herangezogen.

Im folgenden werden einige Beispiele gebracht, welche mit einer automatischen DTA-Apparatur der Fa. Netzsch aufgenommen wurden. Als Probenhalterung diente ein Normalmeßkopf derselben Firma, welcher mit einem geschlossenen Schutzrohr versehen war.

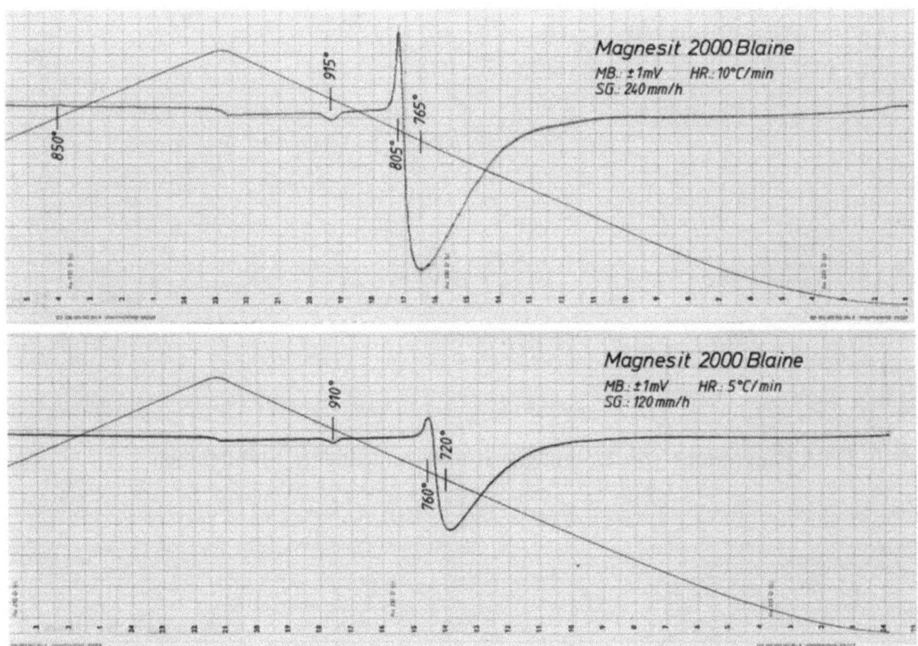

Abb. 8. DTA-Diagramme von Rohmagnesit bei zwei verschiedenen Aufheizraten

Abb. 8 zeigt die Entsäuerungskurven von Magnesit gleicher Mahlfeinheit. Wie schon erwähnt, werden die Peaks mit steigender Heizrate nicht nur höher und schmäler, sondern sie verschieben sich auch, wie das Diagramm zeigt in Richtung höherer Temperaturen. Der unmittelbar an der Zersetzung anschließende exotherme Effekt bei 760° bzw. 805°C ist auf die Oxidation des FeO-Gehaltes des Magnesites zu Fe_3O_4 bzw. $MgFe_2O_4$, der darauffolgende endotherme Peak auf die Zersetzung des $CaCO_3$ wegen geringer Dolomitgehalte des Rohmagnesites zurückzuführen. Bei der nachfolgenden Abkühlung kommt es bei 850°C zur Rekarbonatisierung des CaO zu $CaCO_3$.

Der Einfluß der Mahlfeinheit ist aus Abb. 9 zu entnehmen. Demnach verschiebt sich das Peak-Maximum beim feiner gemahlenen Produkt in Richtung geringerer Temperaturen.

Einen Vergleich der Differentialthermoanalyse-Kurven von Marmor und Dolomit zeigt Abb. 10. Nach H. Lehmann und K. H. Müller [5] entsäuert bei normalem Luftdruck zunächst der gesamte Dolomit. Gleichzeitig kommt es jedoch zu einer Rekarbonatisierung des freigesetzten CaO, dadurch entstehen zwei Peaks bei 775°

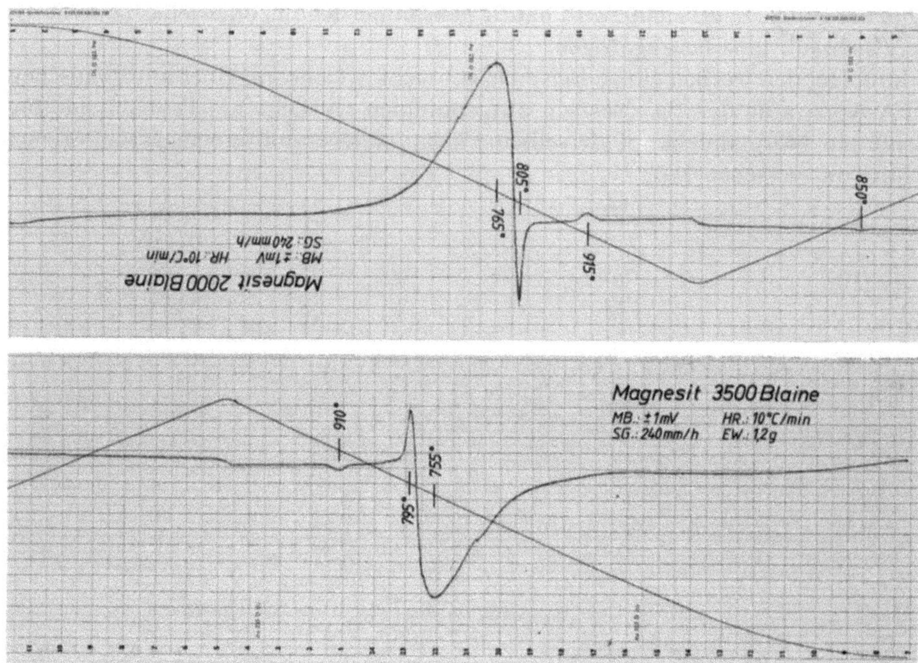

Abb. 9. DTA-Diagramme von Rohmagnesit unterschiedlicher Mahlfeinheit

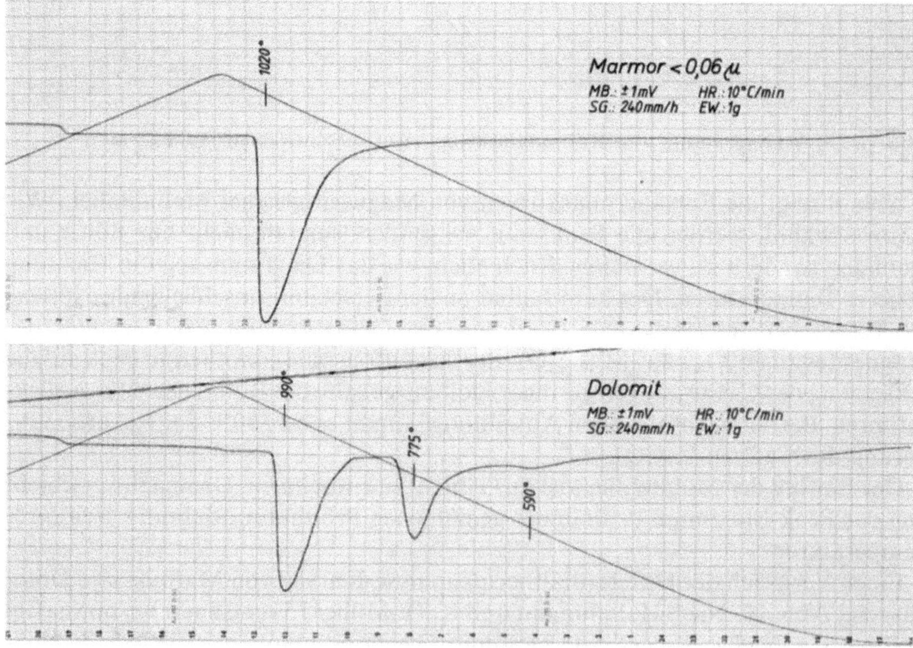

Abb. 10. DTA-Diagramme von Marmor und Dolomit

und 990°C. Unter Vakuum dagegen wird das frei werdende CO_2 abgeführt, das heißt, es bildet sich kein $CaCO_3$ mehr. Daher wird im Vakuum nur ein endothermer Peak bei 775°C auftreten.

Wie problematisch es ist, bei unterschiedlicher Empfindlichkeitseinstellung nur die Temperaturen der Peak-Maxima zu vergleichen, geht aus Abb. 11 hervor. In diesem Falle ist es günstiger, die Temperatur, bei der die Abweichung der DTA-Kurve von der Basislinie beginnt, zu betrachten. Das Beispiel in Abb. 11 soll aufzeigen, wie groß die Empfindlichkeit dieser Methode bei quantitativen Aussagen ist [1] bis [10].

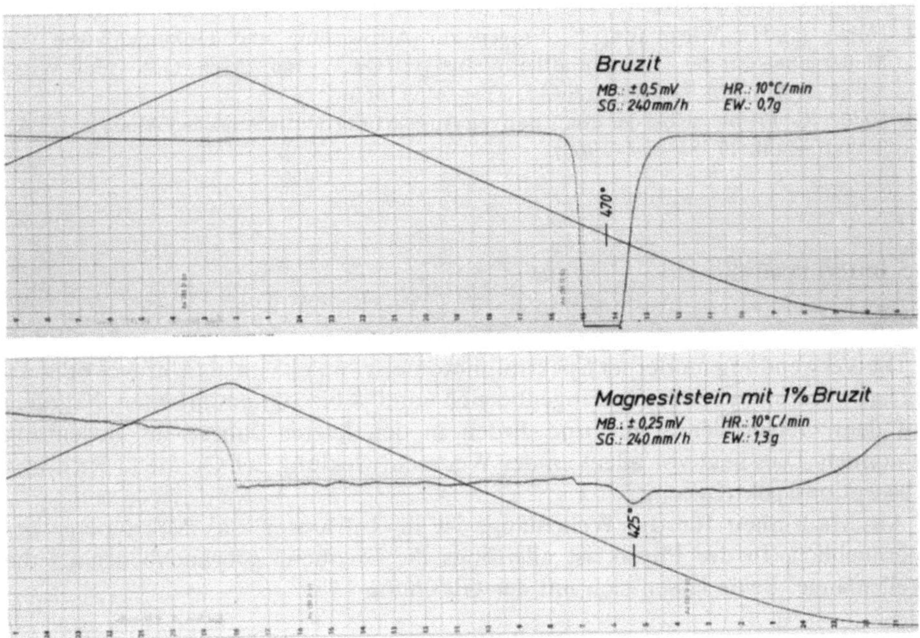

Abb. 11. DTA-Diagramme von $Mg(OH)_2$ = Bruzit und einem leicht hydratisierten feuerfesten Magnesiastein

Schließlich sei erwähnt, daß die DTA Temperaturdifferenzen angibt und keine Differentialkurven liefert.

Im weiteren Verlauf der Entwicklung wurden auch Kombinationen mit der Thermogravimetrie, Derivationsthermogravimetrie und der ETA (Emanations-Thermoanalyse) herausgebracht, die für die Themen des Buches in Sonderfällen von Bedeutung sind. Jedenfalls haben solche Kombinationen den Vorteil der gleichzeitigen Registrierung verschiedenartiger thermischer Effekte.

Literatur

1. Schultze, D.: Differentialthermoanalyse. Weinheim: Verlag Chemie. 1972.
2. Mackenzie, R. C.: Differential Thermal Analysis. London and New York: Academic Press. 1972.

3. Willmann, G.: Einfluß temperaturabhängiger Stoffkonstanten auf eine Differential-thermoanalysen-Kurve. Ber. dtsch. keram. Ges. **51**, 339−342 (1974).

4. Lehmann, H., Das, S., Paetsch, H.: Die Differentialthermoanalyse; 1. Beiheft der TIZ, Goslar 1954.

5. Lehmann, H., Müller, K. H.: Differentialthermoanalyse von Dolomit im Vakuum und bei normalem Luftdruck. TIZ-Zbl. **84**, 200−201 (1960).

6. Schrämli, W., Becker, F.: Die Vakuumdifferentialthermoanalyse einiger Minerale und einiger Erden im Vergleich zur DTA in Luft. Ber. dtsch. keram. Ges. **37**, 227−236 (1960).

7. Smykatz-Kloss, W.: Differential-Thermo-Analysen von einigen Karbonat-Mineralien. Beitr. Miner. Petrogr. **9**, 481−502 (1964).

8. Sadtler Standard Reference Thermograms DTA. London: Heyden and Son Ltd. 1966.

9. Horte, C. H., Wiegmann, J.: Fragen zur Auswertung und Dokumentation von Meßergebnissen der Differentialthermoanalyse (DTA); Ber. dtsch. Ges. Geol. Wiss., Reihe B: Mineral. Lagerstättenf. **2**, 239−245 (1966).

10. Heide, K.: Probleme bei der quantitativen Auswertung der thermischen Analyse (DTA). Silikattechnik **17**, 85−87 (1966).

2.5 Infrarotanalyse

Die Verwendung moderner Spektralphotometer, welche im als Ultrarot oder als Infrarot bezeichneten Wellenlängenbereich von 0,8 bis 100 μm arbeiten, hat auch auf dem Gebiet der Steine und Erden in den letzten Jahren an Bedeutung gewonnen. Dies liegt vor allem an der Weiterentwicklung der Geräte in Richtung Absorptionsspektroskopie.

Als Maßeinheit für die Wellenlänge ist im Infraroten das Mikrometer μm gebräuchlich. In der Physik ist allerdings die Frequenz gebräuchlicher als die Wellenlänge. Beide lassen sich mit der Gleichung

$$\lambda = \frac{c}{v}, \quad \begin{array}{lll} \lambda & \text{Wellenlänge} & [\text{cm}], \\ v & \text{Frequenz} & [\text{s}^{-1}], \\ c & \text{Lichtgeschwindigkeit} & [\text{cm}^{-1}] \end{array}$$

ineinander umrechnen. Da aber die Lichtgeschwindigkeit vom jeweiligen Medium abhängig ist, rechnet der Spektroskopiker anstelle der Frequenz mit der Wellenzahl $\bar{v}$. Sie ist definiert durch

$$\bar{v} = \frac{1}{\lambda}$$

und hat die Einheit $[\text{cm}^{-1}]$. Für die Umrechnung vom μm in $[\text{cm}^{-1}]$ gilt

$$\bar{v}[\text{cm}^{-1}] = \frac{1}{\lambda[10^{-4}\,\text{cm}]} .$$

Die Durchlässigkeit wird gewöhnlich in Prozent angegeben. Manchmal findet man auch die Angabe der Absorption. 100% Durchlässigkeit = 0% Absorption.

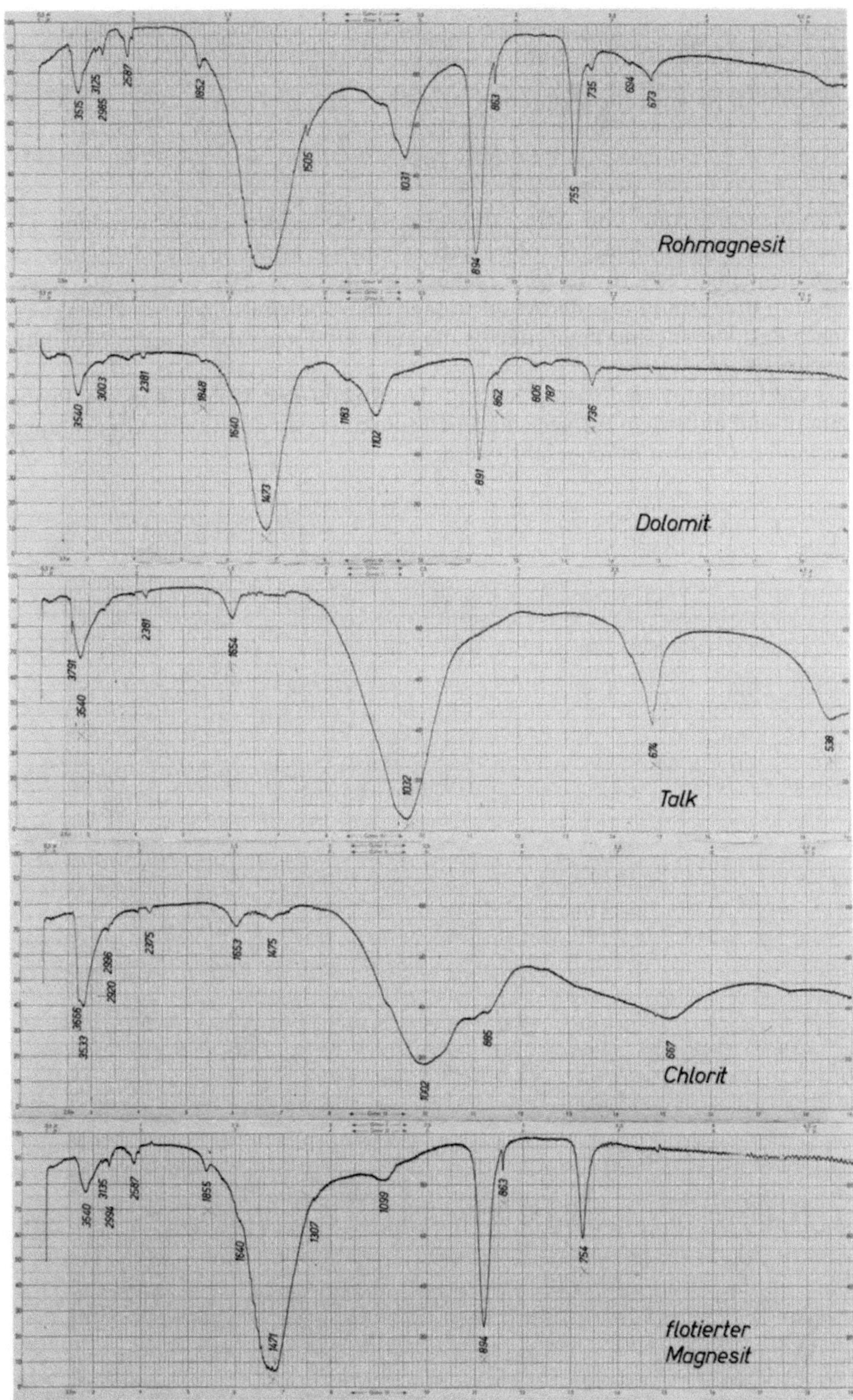

Abb. 12. IR-Absorptionsspektren von Rohmagnesit, Dolomit, Talk, Chlorit und flotiertem Magnesit

Gebräuchlich ist auch die Extinktion

$$E = \lg \frac{I_0}{I}.$$

Zur Identifizierung von Mineralphasen ist die empirische Anwendung als *vergleichende Spektralanalyse*, ohne daß es einer Einsicht in die komplizierten Zusammenhänge bedarf, die gebräuchlichste Methode. Hier liefern die Lage, Intensität, Breite und Form der Absorptionen eines Moleküls ein derart charakteristisches Bestimmungsmerkmal, daß es oft auch als Fingerabdruck des Moleküls bezeichnet wird.

Da die Intensität der Absorption mit der Anzahl der Moleküle in der Probe zunimmt und außerdem für verschiedene Molekülsorten additiv ist, können auch *quantitative Analysen* durchgeführt werden.

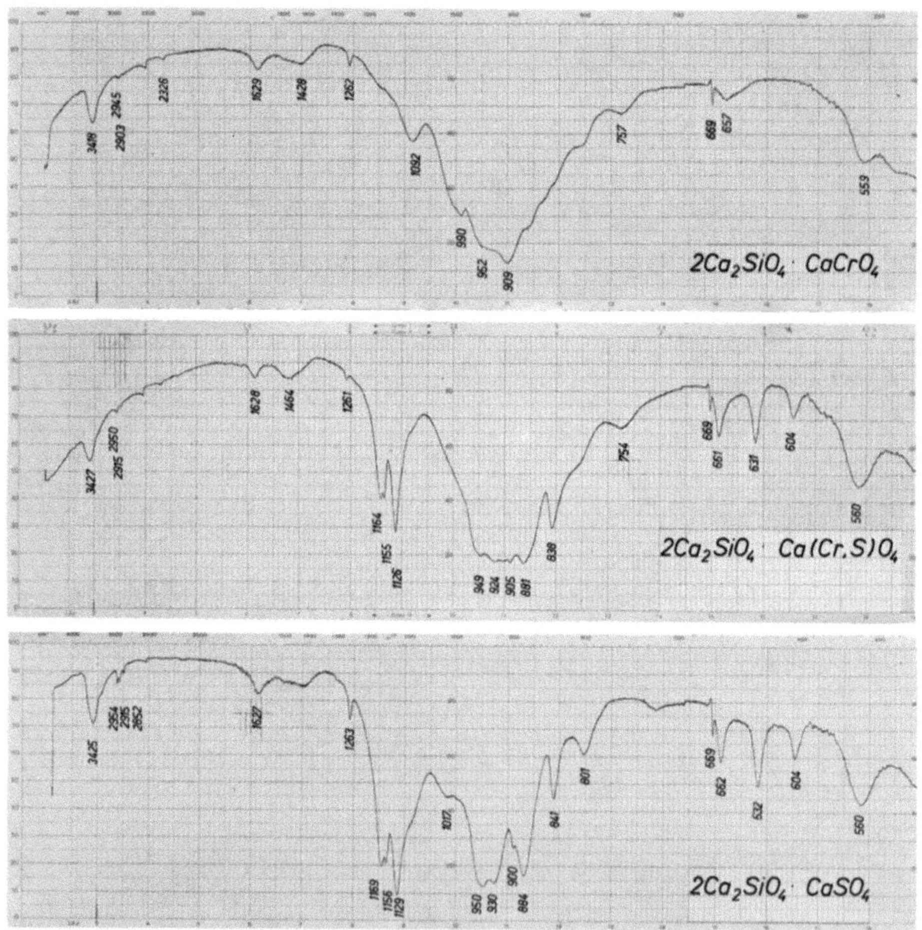

Abb. 13. IR-Absorptionsspektren von $2Ca_2SiO_4 \cdot CaCrO_4$, $2Ca_2SiO_4 \cdot Ca(Cr, S)O_4$ und $2Ca_2SiO_4 \cdot CaSO_4$

Welche Resonanzstellen zur Bestimmung von verschiedenen anorganischen Verbindungen charakteristisch sind, muß aus der sehr umfangreichen Literatur [1], [2], [3] entnommen werden. Die Ergebnisse sind verschiedentlich in Tabellenform oder in Karteien zusammengefaßt, deren bekannteste die von Moenke ist.

Die nachstehend gezeigten Spektrogramme wurden mit einem Leitz Spektralphotometer nach der Kaliumbromidpreßtechnik hergestellt. Als Beispiel wird die Diagnostizierung von Verunreinigungen eines Rohmagnesites gezeigt. Verglichen wird er mit den Diagrammen der zu erwartenden Minerale Dolomit, Talk, Chlorit und dem des flotierten Materials, Abb. 12. Die für Magnesit charakteristischen Banden sind eine zweifach entartete Schwingung Eu bei 754 cm^{-1}, eine Bande bei 863 cm^{-1} und zwei symmetrische Schwingungen Au bei 894 bzw. 1471 cm^{-1} von den CO_3^{2-}-Gruppen herrührend, sowie eine weitere Bande bei 1855 cm^{-1}. Das Material enthält etwa 5% Dolomit, welcher durch die Absorptionsbanden bei 736 und 1102 cm^{-1} nachweisbar ist. Ebenso lassen sich 3% Talk aufgrund der charakteristischen Frequenzen bei 674 und 1032 cm^{-1} noch ansprechen. Daß dieser Methode auch Grenzen gesetzt sind, erkennt man, wenn man den zu etwa 2% enthaltenen eisenhältigen Chlorit nachweisen will. Die zur eindeutigen Identifizierung in diesem Frequenzbereich auftretenden Banden sind durch die der anderen Minerale überlagert.

Ein weiteres Beispiel stellt der Mischkristall zwischen einer Chromat- und Sulfatverbindung des Ca_2SiO_4 dar, siehe 3.4.3.2 und hier Abb. 13. Die inneren Schwingungen der XO_4-Gruppen sind nach Moenke in folgenden Frequenzbereichen zu erwarten.

SO_4^{2-}-Sulfatmineral $600 - 680$ cm^{-1} und $1050 - 1200$ cm^{-1},

CrO_4^{2-}-Chromatchemikalie ~ 390 cm^{-1} und $825 - 885$ cm^{-1}.

Es läßt sich damit zeigen, daß sich sämtliche Schwingungen (~ 390 cm^{-1}-Bande nicht in der Abbildung) der beiden Endglieder wiederfinden und es sich hier eben um einen Mischkristall handelt, den man wohl auch noch mit anderen Methoden nachweisen kann, falls er in Größen > 10 μm auftritt.

Literatur

1. Moenke, H.: Spektralanalyse von Mineralen und Gesteinen. Leipzig: Akadem. Verlagsgesellschaft. 1962.

2. Hediger, H. J.: Infrarotspektroskopie. Frankfurt Main: Akadem. Verlagsgesellschaft. 1971.

3. Ultrarot- und Raman-Spektroskopie; Ullmann, Bd. 2 1, 1961, 3. Auflage.

4. Lehmann, H., Dutz, H.: Die Ultrarotspektroskopie als Hilfsmittel zur Bestimmung des Mineralbestandes und der Mineralneubildung in Roh- und Werkstoffen der Steine- und Erden-Industrie. Sonderdruck aus TIT-Zbl. **83**, 219 – 238 (1959).

5. Volkmann, H.: Handbuch der Infrarot-Spektroskopie. Weinheim: Verlag Chemie. 1972.

6. Brügel, W.: Einführung in die Ultrarotspektroskopie. Darmstadt: Dr. Dietrich Steinkopf Verlag. 1969.

7. Demuth, R., Kober, F.: Grundlagen der Spektroskopie. Frankfurt Main: Verlag Moritz Diesterweg/Otto Salle Verlag und Aarau: Verlag Sauerländer AG. 1977.

8. Lehrwerk Chemie – Strukturaufklärung – Spektroskopie und Röntgenbeugung. Leipzig: VEB Deutscher Verlag für Grundstoffindustrie. 1973.

2.6 Chemische Analyse, Spurenelemente

Die chemische Zusammensetzung eines feuerfesten Produkts ist neben seinen physikalischen und keramischen Daten sowie seinem Phasenaufbau die wichtigste Kenngröße. Ihre Werte werden entweder durch die klassische chemische Naßanalyse, Atomabsorption oder Röntgenfluoreszenz bestimmt.

Die erste Methode wird vorzugsweise für Steine nach ihrem Einsatz angewandt, Methoden 2 und 3 mehr routinemäßig, besonders bei Qualitätskontrollen. Dazu sind jedoch genaue Standards und relativ gleichmäßige Zusammensetzung erforderlich. Neben den Hauptoxiden MgO, CaO, Cr_2O_3, SiO_2, Fe_2O_3, Mn_3O_4, Al_2O_3 gehören je nach Einsatzgebiet eine Reihe weiterer Oxide wie SO_3, Alkalien, B_2O_3, P_2O_5, ZrO_2, TiO_2 sowie F, Cl, CO_2, H_2O, Eisenlegierungs- und Nichteisenmetalle dazu.

Bei der Beurteilung der Analysenwerte sind außer den reinen Zahlenwerten auch Verhältniszahlen von Bedeutung, z. B.: CaO/SiO_2 für Magnesia und Schlacken — CaO/MgO für Dolomit. Chemische Analysen geben bei gebrannten feuerfesten Steinen im Zusammenhang mit den einschlägigen Phasengleichgewichten schon eine Vorinformation über den Phasenaufbau. Ferner ist darauf zu achten, welche Wertigkeits-Stufen bei den Oxiden des Fe, Mn, Cr u. a. vorliegen. Dazu ist — wie überhaupt zu empfehlen — die Röntgendiffraktion und Lichtmikroskopie (Lichtbrechung) mit heranzuziehen.

Bei Steinen nach ihrem Einsatz liegen meist feuerseitig Infiltrationen von unterschiedlicher Tiefe vor. Hier gibt eine chemische Zonenanalyse (das heißt entweder mechanische Trennung der Zonen mit nachfolgender Analyse oder Zonenröntgenfluoreszenz- oder Mikrobereichsanalyse entlang einer Linie parallel zum Temperaturgefälle) Auskunft über die Menge und Tiefe der eingedrungenen Schlackenoxide. Die Darstellung erfolgt üblicherweise in Diagrammen (Konzentration/Weglänge), wie sie z. B. aus Kapitel 3.4.3.1 zu entnehmen ist. Falls erforderlich, können in diese Diagramme noch makroskopische Eigenschaften (Risse) und Porositäten mit eingezeichnet werden.

Als Spurenelement spielt das Bor besonders bei Magnesiasteinen eine wichtige Rolle. Es stammt aus dem Meerwasser und tritt dementsprechend in synthetischem — aus Meerwasser gewonnenem — Magnesiumoxid in Mengen bis 0,5% B_2O_3 auf. Da es fast ganz in die zu etwa 3 – 8% vorhandene Silikatphase eingebaut [1] wird, kommt es zu starken Schmelzpunkterniedrigungen und im Gefolge zu geringen Heißfestigkeiten der daraus hergestellten Steine [1], [2]. Für hochqualitativen Sinter sind daher B_2O_3-Gehalte von < 0,1% vorgeschrieben. Man erreicht das durch sogenanntes „Overliming" beim Fällprozeß [3] und durch Verdampfung des Bors beim späteren Sinterbrand.

Literatur

1. Buist, D. S., Highfield, A., Pressley, H.: Trans. Brit. Ceram. Soc. **68**, 45 – 51 (1969).
2. Richardson, H. M., u. a.: Trans. Brit. Ceram. Soc. **68**, 1 – 44 (1969).
3. Copp, A. N.: Werksmitteilung Basic Incorp. Ohio (U.S.A.) 1973.

2.7 Anwendung von Zustandsdiagrammen

Phasengesellschaften, die sich über natürliche oder technische Prozesse bzw. Reaktionsvorgänge in genügend langen Zeiten bilden, richten sich nach den Schmelz- bzw. Feststoffgleichgewichten aus. Hierbei spielt es keine Rolle, ob die an der Phasengesellschaft beteiligten Komponenten, z. B. die Oxyde, ursprünglich im homogen-flüssigen Zustande vorlagen oder nicht. Als typisches Beispiel aus dem Inhalt des Buches sei der gebrannte Magnesiastein angeführt. Die Phasengesellschaft eines solchen Steines befindet sich in der Regel im Gleichgewicht oder kommt einem solchen sehr nahe. Der Magnesiastein wäre nach seiner chemischen Zusammensetzung bei etwa 2700°C völlig flüssig, und bei angenommen genügend langsamer Abkühlung würde sich in ihm unter Einhaltung des physikalisch-chemischen Gleichgewichtes eine ganz bestimmte Kristallgesellschaft ausbilden. Diese Kristallgesellschaft bildet sich aber auch, wenn der überwiegende Teil des feuerfesten Steines nicht aufgeschmolzen ist, wenn nur die Hochtemperaturbehandlung genügend lange, im technischen Maßstab einige Stunden, andauert, also z. B. bei 1700°C beim Steinbrand oder während der Verwendung. Die Zustandsdiagramme lassen sich andererseits bei chemisch gebundenen Steinen oder losen feuerfesten Baustoffen wie Massen nur bedingt anwenden, nämlich nur in bezug auf jene Gemengeteile, die mindestens eine Sinterung durchgemacht haben.

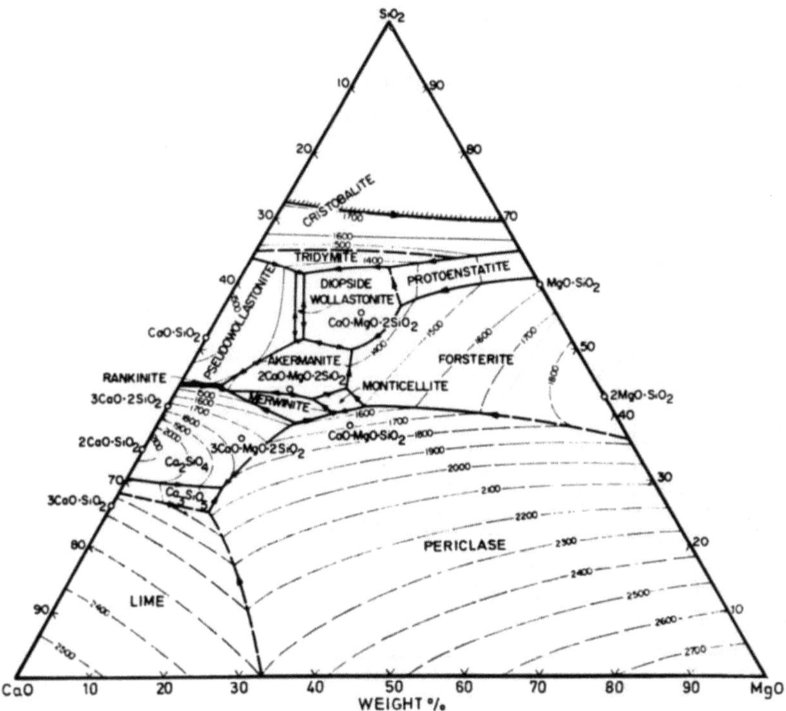

Abb. 14. Das System CaO-MgO-SiO$_2$

Man ist in der Lage, mit Hilfe der chemischen Analyse und bekannter einschlägiger Schmelzgleichgewichte die Phasenzusammensetzung eines Magnesiasteines zu berechnen. Es ist auch möglich, einen feuerfesten Magnesiastein während der Verwendung, und zwar bei Zuwanderung von Schlacken, im Kontakt mit Metallphasen oder unter Einwirkung der Ofengase in Richtung des Verschleißes, ungefähr zu beurteilen. Genaue Untersuchungen sind schließlich aber doch notwendig, die Kenntnis der physikalisch-chemischen Gleichgewichte kann

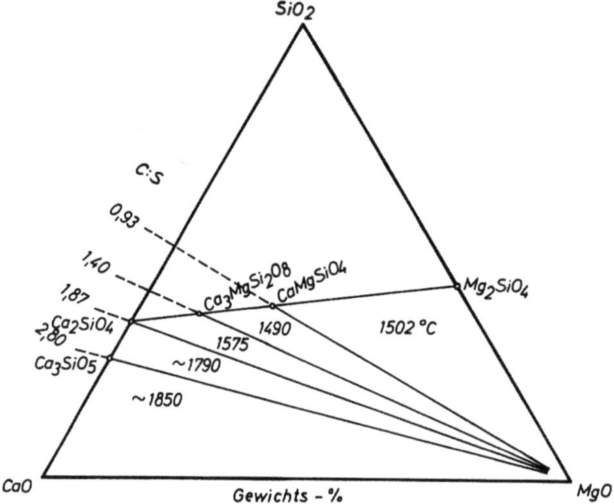

Abb. 15. Die Silikatgesellschaften in feuerfesten Dolomit- und Magnesiasteinen mit den dazugehörigen eutektischen bzw. peritektischen Temperaturen, > 1372°C [4]

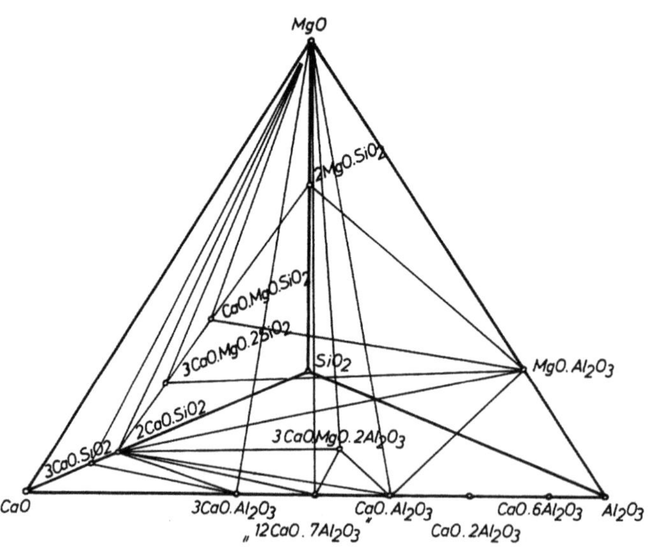

Abb. 16. Phasengesellschaften im System CaO-MgO-SiO$_2$-Al$_2$O$_3$, > 1372°C

hierbei von erheblicher Hilfe sein. Unter Vorgriff auf spätere Kapitel sei in Abb. 14 das für feuerfeste Magnesit- und Dolomitsteine teilweise zuständige Schmelzdiagramm gebracht [1].

Von den Primärausscheidungsflächen interessieren hier nur jene, die an die große Ausscheidungsfläche für Periklas grenzen, der die Hauptkomponente der Magnesiasteine ist und mit CaO etwa gleichbedeutend auch in feuerfesten Dolomitsteinen auftritt. Die gebrannten Magnesiasteine liegen unter Außerachtlassung von Al_2O_3 und Fe_2O_3 in ihrer Zusammensetzung nahe der MgO-Ecke, die reinen Dolomitsteine angenähert auf der Basis CaO-MgO bei 40% MgO. Daher treten in diesen Steinen als Silikatphasen auf: Bei Dolomitsteinen nur das Trikalziumsilikat = $3CaO \cdot SiO_2$ und in Magnesitsteinen $3CaO \cdot SiO_2$, ferner Dikalziumsilikat = $2CaO \cdot SiO_2$, Merwinit = $3CaO \cdot MgO \cdot 2SiO_2$, Monticellit = $CaO \cdot MgO \cdot SiO_2$ und Forsterit = $2MgO \cdot SiO_2$ (Mischkristallbereiche nicht berücksichtigt). Diese Kristallphasen kombinieren sich nicht willkürlich, sie treten in Abhängigkeit vom $CaO : SiO_2$-Verhältnis nach Abb. 15 in bestimmten Silikatgesellschaften auf.

Wenn man die Feststoff-Phasengleichgewichte des Systems CaO-MgO-SiO_2-Al_2O_3 für die eisenfreien Magnesiasteine vornimmt, orientieren sich die Kristallgesellschaften der Gibbsschen Phasenregel entsprechend nach den Tetraederräumen der Abb. 16.

Es sind folgende Phasengleichgewichte im festen Zustande möglich:

C : S

0 $-$ 0,93	$M + MA + M_2S + CMS$	
0,93 $-$ 1,40	$M + MA + C_3MS_2 + CMS$	
1,40 $-$ 1,87	$M + MA + C_5MS_3 + C_3MS_2$	$\left.\begin{array}{l} \\ \end{array}\right\} < 1372°C$
	$M + MA + C_5MS_3 + C_2S$	
	$M + MA + C_3MS_2 + C_2S > 1372°C$	
$> 1,87$	$M + MA + C_2S + CA$	
	$M + C_3A_2M + C_2S + CA$	
	$M + C_3A_2M + C_2S +$ „$C_{12}A_7$"	
	$M + C_3A + C_2S +$ „$C_{12}A_7$"	
	$M + C_3A + C_2S + C_3S$	
	$M + C_3A + C_3S + C.$	

Die Phasengesellschaft $C_2S +$ „$C_{12}A_7$" $+ CA$ wäre daher mit MgO nicht im Gleichgewicht. Sie würde sich bei der entsprechenden Brenn- oder Verwendungstemperatur je nach Mengenanteilen in „$C_{12}A_7$" $+ C_3A_2M + C_2S + M$ oder in $CA + C_3A_2M + C_2S + M$ umsetzen. Die Schreibweise „$C_{12}A_7$" deutet an, daß $C_{12}A_7$ in wasser-, chlor- und fluorfreien Systemen nicht existiert. Die richtige Schreibweise wäre $C_{10}A_7X_2$, wobei X $Ca(OH)_2$, $CaCl_2$ oder CaF_2 bedeuten. CaF_2 ist für die feuerfesten Baustoffe auch nach dem Einsatz von Bedeutung [5].

Solche Zusammenhänge erleichtern die mineralogische Untersuchung der gebrannten feuerfesten Produkte außerordentlich, denn wenn eine Phase aufgrund leicht bestimmbarer Merkmale feststeht, dann braucht die Wahl der Untersuchungsmethodik sich nur mehr gezielt auf die mit ihr im Gleichgewicht befindlichen Phasen erstrecken. Diese Betrachtungsweise bezieht sich nur auf aneinandergrenzende Kristallphasen. In größerer Entfernung davon können sich bei nicht genügend homogenen Steintypen die Gleichgewichte anders gestalten. Diese Betrachtungen gelten auch für die mineralogische Zusammensetzung der Komponenten der chemisch gebundenen Steine, aber nicht für den chemisch gebundenen Stein insgesamt.

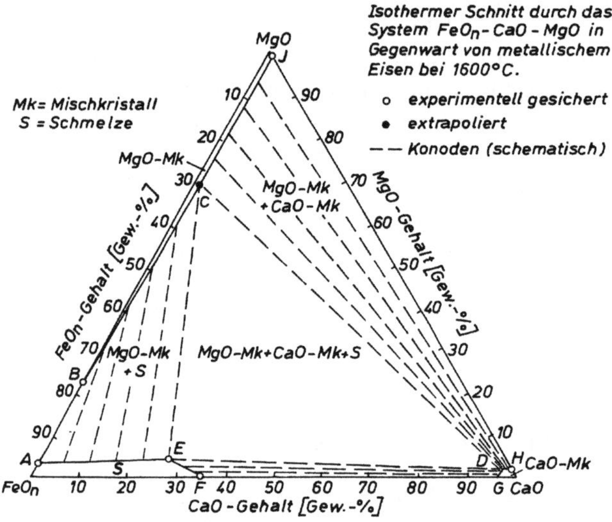

Abb. 17

In solcher Weise kann man z. B. die Verschleißvorgänge bei feuerfesten Dolomitbaustoffen, insbesondere in Stahlkonvertern, beurteilen. Hierzu bedient man sich des Systems FeO_n-MgO-CaO und davon am besten der Phasengleichgewichte, Abb. 17. Die Dolomitsteine liegen im Bereich von rund 58% CaO. Blasstahlschlacken sind gegen Ende des Blasprozesses hochbasisch und bestehen, gereiht nach Mengenanteil, aus FeO_n, CaO, SiO_2, MnO_n, Al_2O_3, MgO u. a.

Was sagt das System der Abb. 17 [1] für den Bereich der Verwendungstemperatur aus: Solange die Brutto-Zusammensetzung des feuerseitigen Steinbereiches sich im Feld J-C-D-H befindet, geht FeO_n in Magnesia-Wüstit in Lösung, ohne daß eine flüssige Phase auftritt. Mit Überschreiten der Konode C-D tritt die erste Schmelze E auf, die sich bei weiterem FeO_n-Angebot auf Kosten von CaO aus dem Dolomitstein vermehrt.

Diese Überlegung führte schließlich auch zur Entwicklung von MgO-angereicherten Dolomitsteinen und CaO-reicheren Magnesiasteinen für Konverterbereiche erhöhten Verschleißes [2]. Wie sich diese Verschleißerscheinungen im Steingefüge darbieten, möge in der betreffenden Literatur nachgelesen werden.

Eine weitere Nutzungsmöglichkeit der Phasengleichgewichte besteht in der gezielten Suche nach neuen Phasengesellschaften in Ansätzen von Zement- und

Kalkbrennöfen. Vornehmlich im Bereich < 1200°C bildet sich häufig die Verbindung $2Ca_2SiO_4 \cdot CaSO_4$, die sich mit C_2S und MgO im Gleichgewicht befindet. Entwirft man nun mit den feststehenden Gleichgewichten die angrenzenden möglichen Gleichgewichte wie in Abb. 18, dann ergibt sich, daß diese Verbindung auch neben C_3MS_2 und CMS, beide mögliche Komponenten der feuerfesten Magnesiasteine, beständig sein muß. In weiterer Folge lassen sich diese Überlegungen auch auf die Gleichgewichte der Verbindung $2Ca_2SiO_4 \cdot CaCrO_4$ und deren Mischkristalle mit $2Ca_2SiO_4 \cdot CaSO_4$ übertragen.

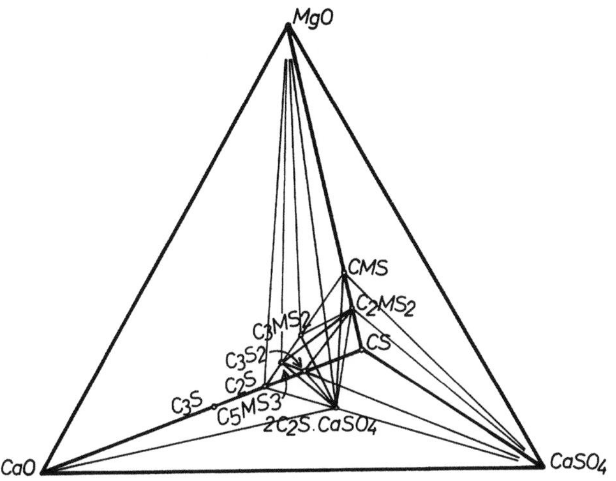

Abb. 18. Phasengleichgewichte im System CaO-MgO-$CaSiO_3$-$CaSO_4$ für Temperaturen < 1298°C [1]

In Sonderfällen können bei der mineralogischen Untersuchung im Hochbrand hergestellte Phasengesellschaften weiter helfen. Mit einem selbst gebauten Gas + O_2-betriebenen Ofen lassen sich mühelos in kurzer Zeit 2200°C erreichen und in reduzierender oder oxidierender Atmosphäre auch die verschiedensten Mineralgesellschaften herstellen. Mit einem derartigen Ofen lassen sich auch einfache Verschlackungs-, Diffusions- und Reaktionsvorgänge, wie sie während des Verschleißes der feuerfesten Baustoffe auftreten, studieren.

Derartige Studienobjekte sind das Bursting, die Zerrieselung durch die β-γ-Umwandlung des C_2S, die Diffusion des Wüstites, gebildet über die Blechumhüllungen der Steelkladsteine, Rekristallisation von Kristallbruchflächen, die Degeneration von Gefügen durch langzeitige Temperatureinwirkung usw.

Literatur

1. Phase Diagrams for Ceramists, herausgegeben von der American Ceramic Society, Bd. 1964, 1969, 1975.
2. Refractory Materials, Bd. 1 bis 6. New York and London: Academic Press. 1965 bis 1970.

3. Muan, A., Osborn, E. F.: Phase Equilibria among Oxydes in Steelmaking. Addison-Wesley Publishing Co. Inc. 1965.
4. Lin, H. C., Foster, W. R.: J. Amer. ceram. Soc. (1975), Seite 73.
5. Jeevaratnam, J., Glasser, F. P., Dent Glasser, L. S.: J. Amer. ceram. Soc. **47**, 105 – 106 (1964).

3. Spezieller Teil

3.1 Die Rohstoffe

Die Rohstoffe für die basischen feuerfesten Baustoffe sind Karbonate, Hydroxide aus Salz-Laugen und Seewasser, Chromerz und die technisch hergestellten Oxyde Korund, Zirkonoxid u. a. Es sind vornehmlich Rohstoffe, die in großen, industriell verwertbaren Mengen vorkommen müssen, erzeugt werden können, oder auch solche, die nur als untergeordnete Zusätze verwendet werden.

3.1.1 Karbonate

3.1.1.1 Magnesit

Von den Karbonaten sei zuerst der Magnesit näher betrachtet. Der Magnesit kommt in zwei verschiedenen Formen vor. Einmal entsteht der Spatmagnesit metasomatisch aus Festgesteinen oder Lockersedimenten, wie Kalk oder Dolomit-I, und des weiteren der kryptokristalline Magnesit durch Zersetzung von basischen Gesteinskomplexen und Zufuhr von Kohlensäure.

Von allen Magnesittypen gibt es zahlreiche große Lagerstätten in Europa, Afrika, Ostasien, Südamerika usw. Die zwei Magnesitarten unterscheiden sich in

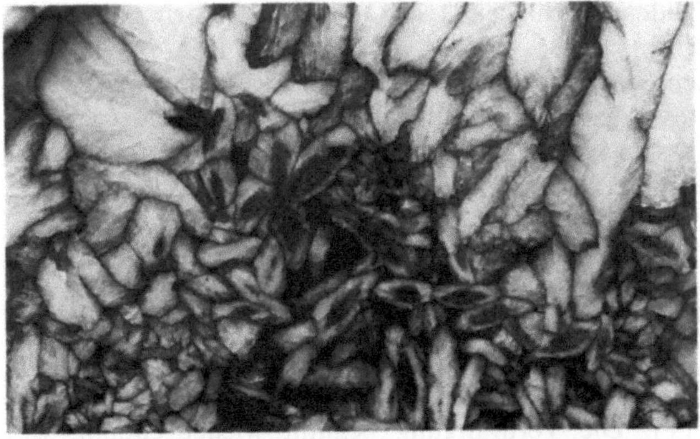

Abb. 19. Nat. Größe. Rohmagnesit Trieben (Steiermark)

ihrer Mineraltextur beträchtlich. Ihr Reinheitsgrad und ihre Verwachsung mit unerwünschten Mineralsorten sind sehr verschieden. Sie müssen meist durch das Sink-Schwimmverfahren und die Flotation aufbereitet werden, um als Rohstoff für die feuerfesten Erzeugnisse verwendbar zu sein.

Spatmagnesite sind solche Magnesite, welche in der Regel Kristallgrößen > 1 mm aufweisen und dadurch grobspätig aussehen, Abb. 19.

Der Kristallhabitus muß nicht immer so deutlich hervortreten, in Abb. 19 wird er durch Graphit, fein verteiltem Pyrit, Chlorit und Rutil entlang der Kristallgrenzen als schöne Zeichnung sichtbar. Des weiteren sind diese Verunreinigungen in untergeordnetem Maße auch in den Kristallzentren eingeschlossen. Die Verunreinigungen des Magnesites, wie Talk und Leuchtenbergit, entstanden primär sowie aus den tonigen Bestandteilen des metasomatisch verdrängten Gesteines. Primäre Talkeinschlüsse in Magnesit gibt Abb. 20 wieder.

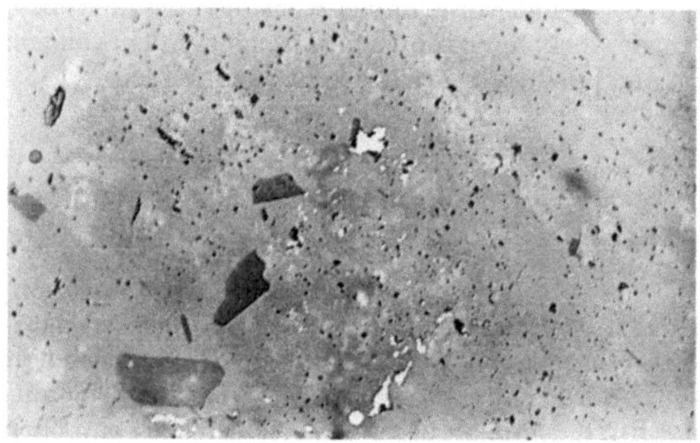

Abb. 20. 320 ×, nat. Auflicht. Magnesit von der Millstätter Alpe (Kärnten), mit idiomorphen Einschlüssen aus Talk (dunkelgrau), Rutil, Pyrit und zahllosen innerkristallinen Poren

Talk läßt sich im Anschliff von Chlorit (Leuchtenbergit) über seine deutliche Bireflexion leicht unterscheiden. Nicht selten ist Talk mit Chlorit paketweise verwachsen.

Dolomiteinschlüsse in den Magnesitkristallen sind wohl Reste des metasomatisch verdrängten Dolomites-I. Ihre optische Orientierung dürfte jene des verdrängten Dolomitkristalles sein, denn die Einschlüsse löschen im Durchlicht zwischen gekreuzten Nicols einheitlich aus, sind aber mit Magnesit nicht orientiert verwachsen.

In Abb. 20 und mehr noch in Abb. 21 enthalten die Magnesitkristalle zahllose innerkristalline Poren. Diese innerkristallinen Poren sind meist mit Flüssigkeit und einer Libelle erfüllt, sie sind in der Regel kristallographisch begrenzt und orientiert.

Charakteristisch für die meisten Spatmagnesite ist ihre teilweise Verdrängung nach der Magnesitlagerstättenbildung durch Ca^{2+}-haltige Restlösungen unter Bildung von Dolomit-II [1]. Die Verdrängung beginnt wieder entlang von aufgelockerten Korngrenzen und tektonisch gebildeten Spaltrissen, Abb. 21.

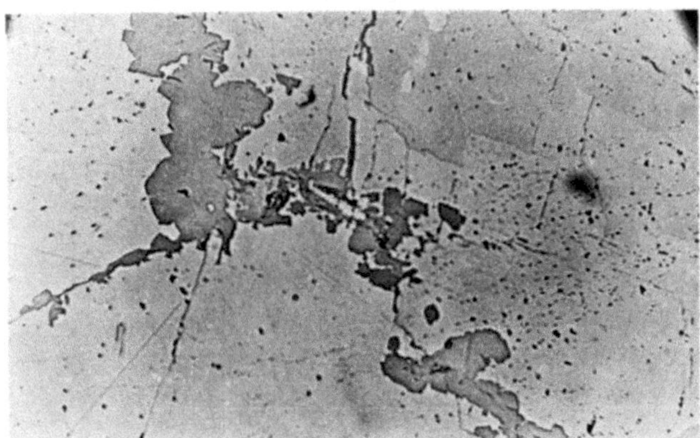

Abb. 21. 140 ×, nat. Auflicht. Magnesit von der Millstätter Alpe (Kärnten). Verdrängung des Magnesites durch Dolomit-II entlang der Korngrenzen und beginnend entlang der Spaltrisse. Ein Magnesit-Kristall enthält besonders viel innerkristalline Poren

Werden reinere Kalke oder Dolomite verdrängt, ergeben sich silikatärmere Magnesite. Dies braucht auf den Dolomitgehalt des Magnesiagesteines (Rohmagnesit) keinen Einfluß zu haben. Ausschlaggebend ist der Grad der Magnesia-Metasomatose und der Rückumwandlung des Magnesites durch die Ca^{2+}-haltigen Restlösungen. Diesem Typ entspricht der Magnesit der Rettenwand- und Weißensteiner Alpe (Abb. 22).

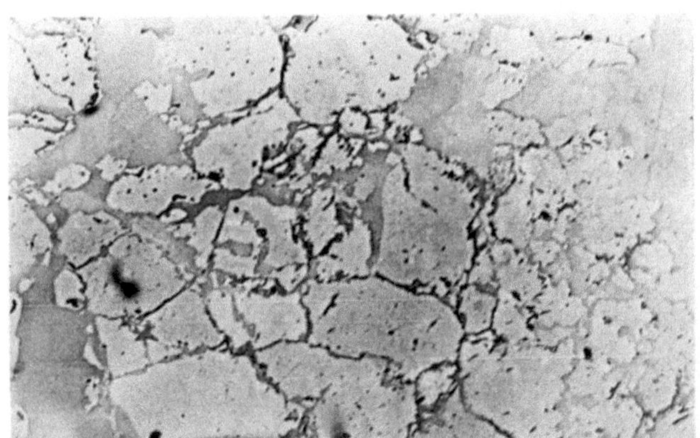

Abb. 22. 140 ×, nat. Auflicht. Magnesit von der Weißensteiner Alpe (Tirol). Verdrängung des Magnesites entlang der Kristallgrenzen durch Dolomit-II

Durch kataklastische Zerdrückung können die Pyrit-Verunreinigungen einer Oxydation ausgesetzt und in Eisenhydroxid verschiedener Art, vielleicht auch Goethit, umgewandelt werden. Während die kryptokristallinen Magnesite meist eisenfrei sind, enthalten die Spatmagnesite stets mehr oder minder große Fe-Gehalte, die nicht nur in Form des bereits erwähnten Pyrites oder der Eisenhydroxide, sondern vornehmlich als in Magnesit isomorph gelöstes $FeCO_3$ vorliegen. Der $FeCO_3$-Gehalt kann über die Lichtbrechung der Magnesitkristalle, nach Abb. 23, wie folgt bestimmt werden.

	n_ω	$FeCO_3 + MnCO_3$		FeO Gew.-%	Gew.-% Fe_2O_3 im Magnesit-kristall	Glühverlust-frei im Sinter
		Mol.-%	Gew.-%			
Millstätter Alpe	1,703	1,7	2,2	1,4	3,2	4,0
Weißensteiner Alpe	1,704	2,2	2,9	1,8	4,2	5,4

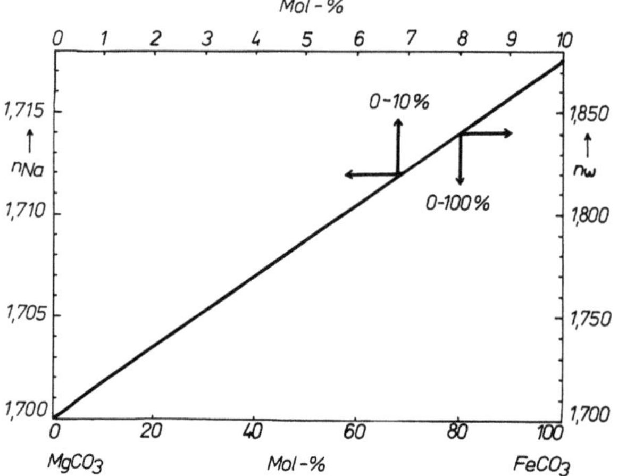

Abb. 23. n_ω der Mischkristallreihe $MgCO_3$-$FeCO_3$ aus Elements of Optical Mineralogy von A. N. und H. Winchell, II. Teil, 1964

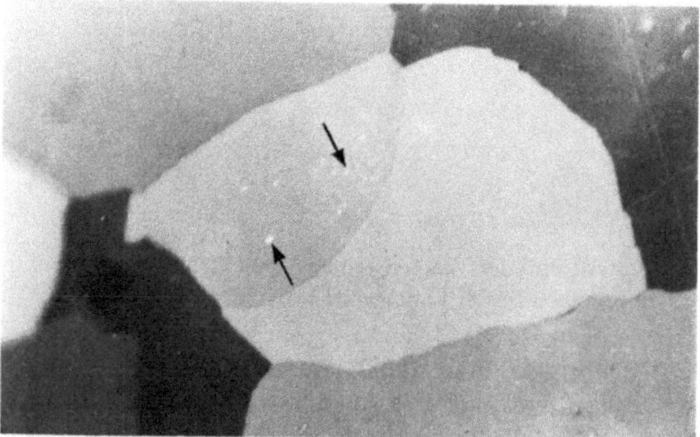

Abb. 24. 370 ×, schräg gekreuzte Nicol. Magnesit von Bahia n_ω = 1,701 mit zahlreichen Hämatiteinschlüssen ↙ (weiße Pünktchen)

Das Mehr an Eisenoxid im rechten Teil der Tabelle stammt nicht nur von Pyrit und Eisenhydroxid, sondern auch von den Eisensplittern der Zerkleinerungsmaschinen und eventuell FeSi-Resten der Sink-Schwimm-Aufbereitung. Die $FeCO_3$-Gehalte lassen sich optisch genauer ermitteln als auf röntgenographischem Wege, siehe Abb. 6 und 7 des Kapitels 2.3.

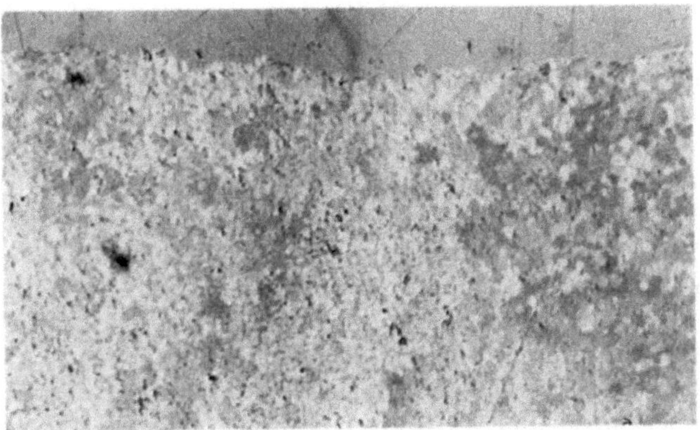

Abb. 25. 320 ×, Auflicht mit schräg gekreuzten Nicols. Magnesit von Euböa (Griechenland), fein kristallin mit interkristallinen Poren, $n_\omega = 1,700$, daher reines $MgCO_3$, oberer Bildrand besteht aus dem einbettenden Harz

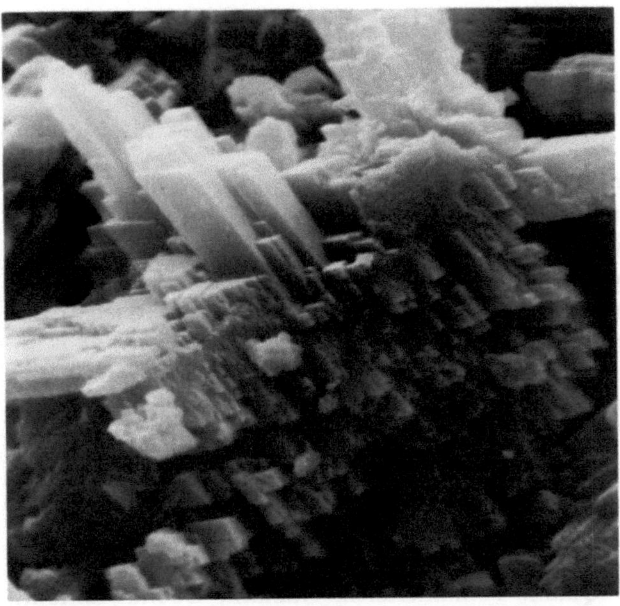

Abb. 26. > 10.000 ×, rasterelektronenmikroskopische Aufnahme. Schöne Magnesitkristalle in den interkristallinen Poren

Einen interessanten Sonderfall bezüglich des Fe-Gehaltes des Magnesitgesteines bildet der Magnesit von Bahia in Brasilien. Dort kommen auch rosa und rot gefärbte Varietäten vor, in denen das Eisen in den Magnesitkristallen vornehmlich als Hämatit eingeschlossen ist, Abb. 24.

Man geht nicht fehl, wenn man bei dieser Magnesia-Metasomatose einen höheren O_2-Partialdruck als bei der Entstehung der $FeCO_3$-haltigen Magnesite annimmt.

Kryptokristalline Magnesite treten meist kluftfüllend in Serpentin auf und enthalten überwiegend < 10 μm messende Kristalle. Makroskopisch sieht dieser Magnesit weißem Porzellan mit scherbenartigem Bruch ähnlich.

Seine Mikroskopie ist nicht einfach, da die kleinen farblosen Magnesitkristalle in diesem Größenbereich zu zahlreichen Innenreflexen Anlaß geben, Abb. 25.

In der Regel enthalten diese Magnesitsorten zahlreiche interkristalline Poren. Als Verunreinigungen treten in ihnen auf: wenig Dolomit, manchmal reichlich Quarz, Chalzedon und Opal als Nachzügler der Magnesitlagerstättenbildung. In untergeordneten Mengen enthalten diese Magnesite noch Parasepiolith, Saponit, Hydromagnesit, Gymnit (ein nicht definierbares Magnesiumhydrosilikat, mit verschiedenen Nebengesteinskomponenten verwachsen) und Hämatitpigment. In den gangförmig auftretenden kryptokristallinen Magnesiten sind immer wieder sehr poröse Serpentintrümmer eingebettet, die unter Umständen durch Klauben oder eine Sink-Schwimm-Aufbereitung herausgezogen werden müssen, wenn diese Magnesite für feuerfeste Zwecke geeignet sein sollen.

Literatur

1. Angel, F., Trojer, F.: Radex-Rundschau **7/8**, 315−334 (1953).

3.1.1.2 Rohdolomit

Dolomit, das Magnesium-Kalziumdoppelkarbonat, gehört neben dem schon behandelten Magnesit zu den wichtigsten Rohstoffen auf dem basischen Feuerfestgebiet. Er ist als gebirgsbildendes Mineral in Europa und Übersee weit verbreitet, doch sind nur wenige Vorkommen zum Brennen von technischem Sinterdolomit verwendbar. Das liegt an einer Reihe von Eigenschaften, die für die wirtschaftliche und technische Sintererzeugung unbedingt eingehalten werden müssen:

1. Der Gesamt-Gehalt an Verunreinigungen − SiO_2, Al_2O_3, MnO, Fe_2O_3 − soll zwischen 0,5 − 1,5% liegen. Bei zu geringen Mengen an Fremdoxiden sind zu hohe Sintertemperaturen erforderlich, und der daraus erbrannte Sinter besitzt eine große Anfälligkeit gegen Hydratation. Bei Mengen von 2 und mehr Prozent bilden sich Kalziumsilikate und Kalziumferrite, welche die Heißfestigkeit und den Verschlackungswiderstand deutlich herabsetzen.

2. Die Verteilung der Fremdoxide sollte möglichst homogen sein. Als mineralische Beimengungen werden Quarz, Tonmineralien, Hämatit, Goethit/Limonit, Pyrit, seltener Hornblende in den einzelnen Vorkommen bestimmt. Ein weiterer wichtiger Eisenoxidträger ist der Mischkristallanteil von Ankerit. Bei unregelmäßi-

ger Verteilung von SiO_2 in Lagen oder Nestern kann es nach dem Sinterbrand zu dem gefürchteten β-γ-C_2S-Zerfall kommen, der einen brüchigen Sinter und große Mengen Feinanteil erzeugt.

3. Der MgO-Gehalt im Rohmaterial soll über 18% liegen. Niedrigere Gehalte werden meistens durch Verwachsung mit Kalk hervorgerufen. Solche Sinter sind gegenüber eisenoxidhaltigen Schlacken weniger widerstandsfähig. Kleine Kalzitgehalte im Dolomit können mit Hilfe der Röntgendiffraktometrie, der Auflichtmikroskopie und der DTA am besten im Vakuum bestimmt werden, [1], [2], [3].

4. Die Kristallitgröße des Rohdolomits sollte 200 μm nicht überschreiten, weil das die Sinterfähigkeit negativ beeinflußt. Kristallite über 500 μm neigen außerdem beim Brennen aufgrund der ausgeprägten Spaltbarkeit des Karbonates zum

Abb. 27. 100 ×. Rohdolomit im Auflicht bei X Nicols, Mitteldevon, direkte Bindung der Karbonatkristalle, sägezahnförmige Verwachsung, geringer FeO-Gehalt in ankeritischer Form

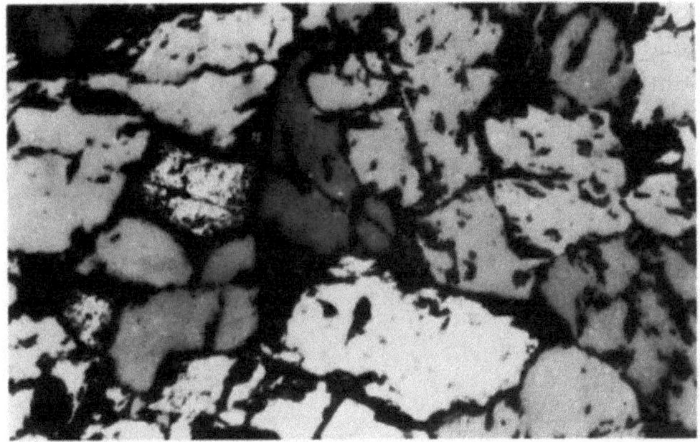

Abb. 28. 100 ×. Verwitterter Rohdolomit im Auflicht bei X Nicols, statt direkter Bindung Porensäume an den Korngrenzen

Zerfall, während Kristallite unter 5 μm sogar einen zu niedrigen Verunreinigungsgehalt ausgleichen können, Abb. 27.

5. Der Rohdolomit muß eine gute Festigkeit und möglichst einen geringen Porenraum besitzen, damit bei seiner Aufbereitung (Brechen, Sieben) entsprechende Korngrößen anfallen, daher ist verwitterter Rohdolomit technisch begrenzt verwendbar, Abb. 28.

Bei Einhaltung aller fünf aufgeführten Eigenschaften läßt sich ein technisch einwandfreier Sinterdolomit wirtschaftlich erzeugen. Es empfiehlt sich jedoch in jedem Fall, vor einer endgültigen Entscheidung über die Brauchbarkeit des Vorkommens Versuchsbrände durchzuführen und den Versuchsinter weiter zu verarbeiten.

Aus einer Vielzahl von Vorkommen seien 3 Rohdolomite in ihren chemischen Eigenschaften aufgeführt, die zu technischen Sintern gebrannt werden.

	Rohdolomit a	Rohdolomit b	Rohdolomit c
Glv.	47,1	47,4	46,4
SiO_2	0,2	0,03	0,7
Fe_2O_3	0,3	0,03	1,2
MnO	0,1	0,01	0,2
Al_2O_3	0,1	0,02	0,1
CaO	32,3	31,3	30,8
MgO	19,9	20,9	20,6
CaO/MgO	1,62	1,49	1,50
Porosität in Vol.-%	1−2	1−2	0,5−1
mittlerer Kristallitdurchmesser in μm	100−300	30−50	100−500

Das Material a besitzt eine ideale Analyse, niedrige Porosität, liegt mit seiner Kristallitgröße jedoch an der oberen Grenze. Es liefert einen hochwertigen Sinter. Der Dolomit b ist extrem niedrig im Verunreinigungsgehalt, hat niedrige Porosität und mittlere Kristallitgrößen. Er läßt sich nur bei sehr hohen Temperaturen sintern, zeigt dann stark wechselnde Porosität und hydratisiert sehr rasch. Der Dolomit c führt dagegen einen relativ hohen Anteil an Fremdoxiden, besonders Fe_2O_3. Er ist ebenfalls sehr dicht und relativ grobkristallin. Sein Sinterverhalten ist ausgezeichnet, nur beträgt die Summe der Fremdoxide im Sinter etwa 4%, was seinen Wert mindert.

Literatur

1. Adler, H. H., Kerr, F. P.: Amer. Min. **48**, 124−137 und 839−853 (1963).
2. Lehmann, H., Müller, K. H.: Tonindustrie-Zeitung **84**, 335ff. (1960).
3. Trojer, F.: Berg- und Hüttenm. Mh. **100**, 73−79 (1955).

3.1.2 Oxyde (Chromerze)

Die feuerfesten Produkte auf Basis Magnesia werden für Spezialzwecke (geringere Brennschwindung, höhere TWB, günstigeres Verschlackungsverhalten usw.)

auch mit gekörntem Chromerz und Chromerzkonzentraten verschnitten. Es kommen dabei nur solche Anwendungsgebiete in Betracht, bei welchen eine Chromerzreduktion keine Rolle spielt. Zum Beispiel sollen diese Baustoffe nicht als Verschleißfutter in Stahlkonvertern verwendet werden.

Chromerzmassen ohne Sintermagnesia mit chemischen Bindemitteln werden in Glühöfen verwendet. Nur drei Beispiele seien hier beschrieben.

Chromerzkonzentrat

Es lag ein Konzentrat in der Körnung 0 bis 1 mm vor, welches von einer Stoß- oder Schüttelherd-Aufbereitung stammt.

Die chemische Analyse:

SiO_2	0,9
„Fe_2O_3" *	27,3
Al_2O_3	13,9
Cr_2O_3	45,9
CaO	0,1
MgO(Diff.)	11,9.

Die Analyse enthält keine Angabe für den Glühverlust. Nachdem der überwiegende Teil des Eisens als FeO vorliegt, wäre der MgO-Gehalt um etwa 2,7% höher anzusetzen und die 27,3% Fe_2O_3 auf etwa 24,6% FeO zu reduzieren. Die Körner des Konzentrates bestanden überwiegend aus Oktaedern und Oktaeder-Bruchstücken, Abb. 29.

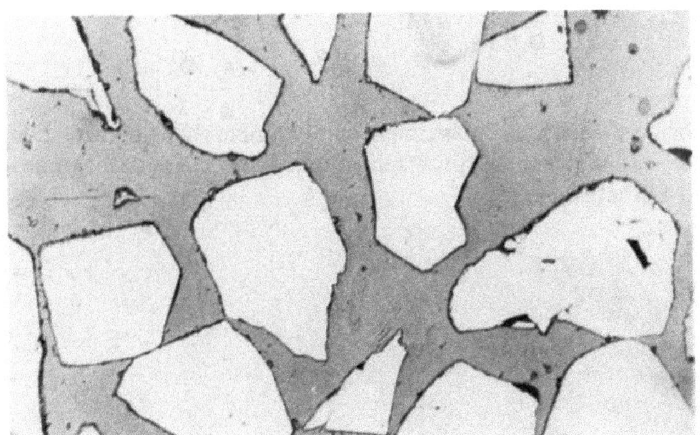

Abb. 29. 140 ×, nat. Auflicht. Chromitkörner eingebettet in Polyesterharz zur Anschliffherstellung. Kornklasse 0,06 bis 0,09 mm. Man erkennt hin und wieder Oktaeder-Querschnitte. Die Chromitkörner zeigen keine kataklastische Zerdrückung

Demnach handelt es sich um ein Aufbereitungsprodukt aus einem feinkörnigen Chromerz. Im Chromit selbst sind selten Sulfideinschlüsse festzustellen. Oxydationserscheinungen, wie etwa Magnetitränder, sind nicht vorhanden.

---

* Gesamteisen als Fe_2O_3 angegeben.

Der Analyse entsprechend enthält das Konzentrat sehr wenig silikatische Verunreinigungen. Diese (nicht in Abb. 29) sind aufgrund der Durchlichtoptik vornehmlich Orthopyroxen, etwa Bronzit, mit etwas schwankender Zusammensetzung ($\pm 2V = 90°$, $n\beta = 1{,}689$, gelblich gefärbt durch schwache Oxydation entlang von Klüften, aber auch farblose verzwillingte Körner mit $n\alpha = 1{,}672$ und $n\gamma' = 1{,}688$). Über die chemische Zusammensetzung des Bronzites gibt Abb. 150 des Abschnittes 3.4.1.8 Auskunft. Eine Chromit-Silikat-Verwachsung desselben Chromerzkonzentrates wird in Abb. 84 bei Feuerbeton gebracht (3.3.2.3). Alles in allem läßt sich die Herkunft des Chromerzkonzentrates mit Kronendaal bei Rustenburg im Transvaal angeben [3].

Stückiges Chromerz

Sehr reine Erze zeigen, wenn sie keine Kataklase mitgebracht haben, polygonale Korntextur mit geradlinigen oder schwach gebogenen Korngrenzen, Abb. 30.

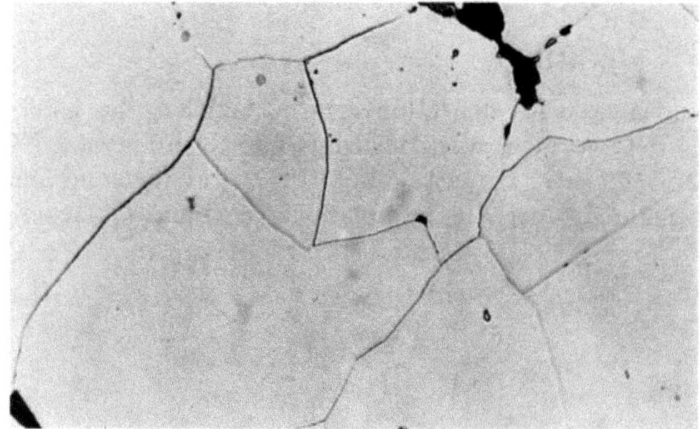

Abb. 30. 140 ×, nat. Auflicht. Rhodesisches Chromerz. Polygonale Korntextur. Die Anisotropie der Polierhärte drückt sich hier in der unterschiedlichen Schärfe der Korngrenzen aus. Im Bilde schwarz sind Silikateinschlüsse

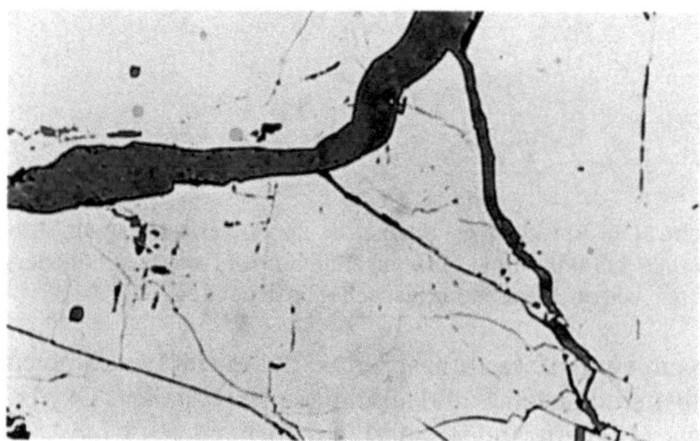

Abb. 31. 140 ×, nat. Auflicht. Persisches Chromerz, kataklastischer Chromit, mit durch Serpentinmineralien aufgefüllten Klüften

In der Regel sind die Chromerze mehr oder weniger kataklastisch. Die Klüfte sind hierbei oft mit Serpentinmineralien aufgefüllt, Abb. 31.

Die Serpentineinlagerungen und die Zerdrückung sind in der Feuerfest-Industrie nicht erwünscht [1]. Die Serpentineinlagerungen lassen sich durch Aufbereitung weitgehend beseitigen. Die Zerdrückung ist durch Wiederaufschmelzen des Chromerzes behebbar. Letzteres ist natürlich kostspielig. Auf die gleiche Weise lassen sich auch feinkörnige Chromerzkonzentrate wieder stückig machen, um daraus für die Steinerzeugung gröberes Korn gewinnen zu können [2].

Literatur

1. Trojer, F.: Radex-Rundschau **4/5**, 189 – 196 (1956).
2. Jungmaier, H.: Entwicklung eines Verfahrens zur großtechnischen Herstellung von synthetischem Refraktär-Chromerz, Dissertation 1978 (Leoben).
3. Ramdohr, P.: Die Erzmineralien und ihre Verwachsungen, S. 1002. Berlin: Akademie-Verlag. 1975.

3.1.3 Schmelzkorund und kalzinierte Tonerde

Statt Chromerz wird Preßmassen, für Magnesit-Spezialsteine auch Tonerde* oder Korund zur Spinellbildung und Erhöhung der TWB zugesetzt. Im Falle der Tonerde muß diese kalziniert, also wasserfrei und von hoher Reinheit sein, wie das nachfolgende Analysenbeispiel wiedergibt.

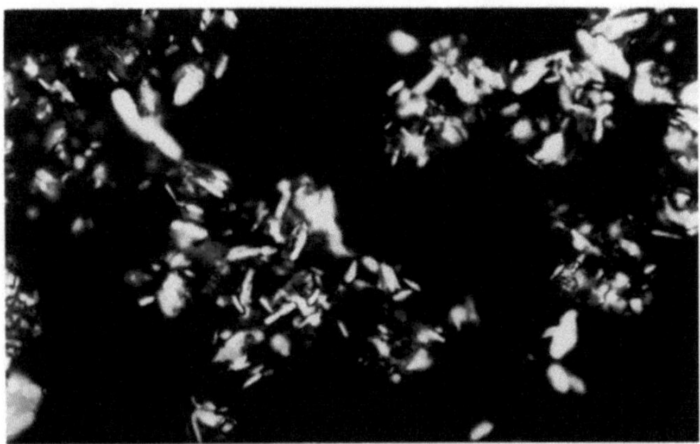

Abb. 32. 230 ×. Kalzinierte Tonerde, eingebettet in einer Immersion mit $n = 1{,}760$, zwischen gekreuzten Nicols, dadurch Aufleuchten der nicht ‖ und senkrecht zu den Nicol-Schwingungen stehenden Plättchen

---

* Österreichisches Patent Nr. 158.208 (1932).

$$\begin{array}{ll}
\mathrm{Al_2O_3} & 99{,}13 \\
\mathrm{Fe_2O_3} & 0{,}11 \\
\mathrm{Na_2O} & 0{,}48 \\
\mathrm{K_2O} & 0{,}01 \\
\mathrm{SiO_2} & 0{,}02 \\
\mathrm{Glv.} & 0{,}25.
\end{array}$$

Das Na_2O stammt vom Bayerverfahren und verdampft beim Steinbrand weitgehend. Im Pulverpräparat ergeben sich kleine, 1 bis 4 μm dicke hexagonale Plättchen mit der Optik des Korundes: $n_\omega = 1{,}769$ und $-2V = 0°$, Abb. 32. Tonerdehydrate liegen in der Lichtbrechung weit darunter und sind im Pulverpräparat sofort und leicht zu erkennen.

Als zweiter Tonerdeträger, z. B. für Hochfrequenzmassen*, kann Schmelzkorund dienen, der ebenfalls von hoher Reinheit, insbesondere frei von FeSiTi-Tröpfchen sein muß. Abb. 33 gibt einen grobkristallinen Schmelzkorund wieder.

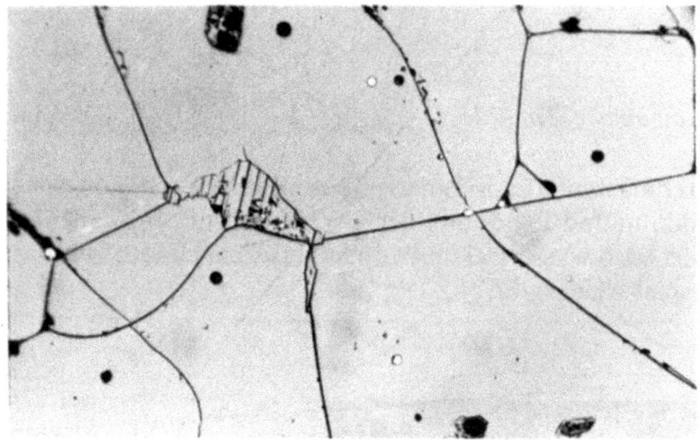

Abb. 33. 30 ×. Schmelzkorund mit Spuren von FeSiTi-Tröpfchen (hellweiß) und einer Zwickelfüllung von NA_{12} (sehr deutliche Spaltrisse)

3.1.4 Hydroxide aus Salz-Laugen und Seewasser

Die stürmische Entwicklung der Stahlherstellungsverfahren hatte einen steilen Anstieg des Verbrauches von basischen feuerfesten Stoffen großer Reinheit zur Folge. Da natürliche Vorkommen, z. B. die des kryptokristallinen Magnesits, im Mittelmeerraum in Menge und Qualität den Bedarf kaum befriedigen konnten, wechselte man zu entsprechenden synthetischen Produkten über.

Zwei Verfahren stehen heute zur Erzeugung synthetischer hochreiner Magnesia zur Verfügung.

1. Das Seewassermagnesiaverfahren, beruhend auf der Ausfällung der $0{,}1\%$ „Mg" im Meerwasser durch $Ca(OH)_2$ nach Gleichung $Mg^{2+} + Ca(OH)_2 \rightarrow Ca^{2+} + Mg(OH)_2$ (England, Japan, USA, Italien).

---

* Österreichisches Patent Nr. 223.112 (1962).

2. Das Amanverfahren, beruhend auf der Zersetzung von $MgCl_2$ bei $600-800°C$ im Reaktor nach Gleichung $MgCl_2 + H_2O \rightarrow Mg(OH)_2 + 2HCl$ (Israel).

Beim Verfahren 1 ist sauberer Kalkstein bzw. Dolomit, aus dem das $Ca(OH)_2$ gewonnen wird, und saubereres CO_2-freies Meerwasser unbedingte Voraussetzung für ein möglichst CaO- und SiO_2-freies Produkt. Man erreicht zur Zeit etwa 97% MgO, die Bindung der Periklase erfolgt neben der direkten Bindung auch über C_3S und C_2S. Handelsübliche Sinter erreichen aber nur etwa 95% MgO (siehe Sinter e, Abschnitt 3.2.1.1).

Ein gewisser Nachteil ist der relativ hohe Borgehalt, ein Spurenelement des Meerwassers. Während man zu Beginn der Entwicklung noch Größenordnungen von 0,2% B_2O_3 im Sinter antraf, sind es heute durch Beeinflussung bei der Fällung und erhöhter Sintertemperatur nur noch 0,05%. Siehe Abschnitt 2.6.

Die Herstellung der Sinter verläuft über die Zwischenstufen $Mg(OH)_2$ und kaustisches MgO, Abb. 34, wobei die Kristallitgröße die Filtrierbarkeit und das spätere Sinterverhalten stark beeinflussen. Gelegentlich werden auch Kaliablaugen anstelle von Meerwasser verwendet, deren Vorteil ein geringerer Borgehalt ist.

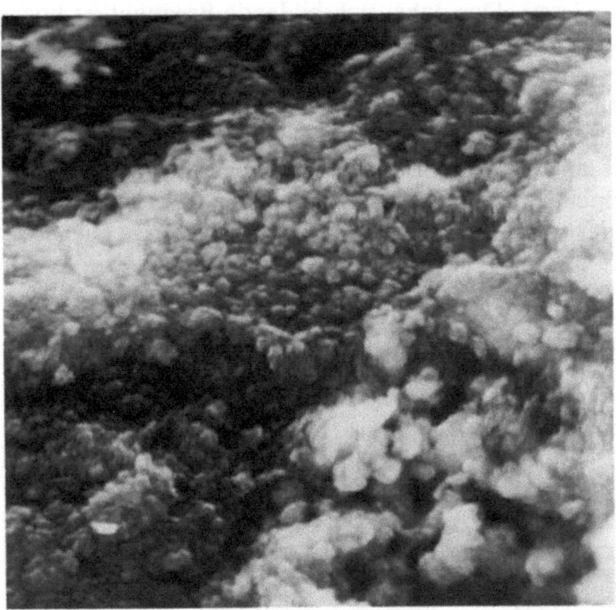

Abb. 34. 6500 ×, REM-Aufnahme. Brikett aus MgO-Kauster aus Seewassermagnesia, $\varnothing$ der MgO-Teilchen $\sim$ 0,3 μm

Die direkte Zersetzung von $MgCl_2$ zu MgO nach Verfahren 2 führt natürlicherweise zu reinstem Magnesiasinter mit 99% MgO (siehe Sinter h im Kapitel 3.2.1.1), der aufgrund seiner Herkunft aus dem Toten Meer den Namen DSP (Dead Sea Periclase) trägt. Sein Boroxidgehalt ist praktisch Null. Die Periklase sind direkt gebunden, nur vereinzelt finden sich geringste Mengen von Silikatphase C_3S.

Literatur

1. Haesman, N.: Gaswärme international **28**, 392 (1979).
2. 33 Magazine Special Report, H. 12, 25 (1974).

3.2 Zwischenprodukte

Anders als z. B. bei den Silikasteinen ist bei den basischen feuerfesten Baustoffen vor der Fertigstellung der Erzeugnisse stets ein Sinterbrand oder auch ein Schmelzvorgang notwendig. Dies erfordert die Art der Rohstoffe, die entweder Karbonate oder Hydrate sind. Diese Zwischenprodukte müssen möglichst porenarm sein, um im Laufe der weiteren Verwendung als geformte Produkte (feuerfeste Steine) oder ungeformte Massen, die Schwindung möglichst niedrig zu halten.

3.2.1 Sinterprodukte

Auf dem Wege zur Sinterung werden die aufbereiteten und agglomerierten Rohstoffe entsäuert oder entwässert. Das dabei sich bildende Brenngut ist hoch porös und wäre für feuerfeste Zwecke nicht geeignet. Der weitere Temperaturanstieg leitet nun Diffusionsvorgänge, Sammelkristallisation, die Bildung eutektischer Schmelzen und gegebenenfalls neuer Verbindungen ein. Bei genügend langer Hochtemperatureinwirkung in oxidierender oder reduzierender Atmosphäre verdichtet sich das Brenngut auf eine Gesamtporigkeit von ca. 5 Vol.-%. Sehr reine, Einstoffsystemen nahe kommende Rohstoffe erreichen dabei die eutektischen Temperaturen nicht, sie sintern dann praktisch im festen Zustand, auch bei Temperaturen bis 2000°C.

3.2.1.1 Sintermagnesia aus natürlichen Rohstoffen (Magnesit)

Es gibt sehr verschiedene Typen von Sintermagnesia. Sie seien an einer kleinen Auswahl besprochen, Tabelle.

	a	b	c	d	e	f	g	h
SiO_2	3,2	0,3	1,4		0,7	1,3	–	0,03
„Fe_2O_3"	4,0	4,9	11,5		1,5	0,5	0,6	0,10
Al_2O_3	0,5	0,2 ⎱			0,4	0,04	0,1	0,02
Mn_3O_4	0,2	0,5 ⎰	7,0		0,1	0,03	0,05	–
Cr_2O_3	0,3	–	21,5	keine Analysenangabe	–	–	–	0,05
ZrO_2	–	0,2	–		–	–	–	–
CaO	1,6	2,8	1,0		2,2	2,4	3,1	0,51
MgO (Diff.)	90,2	91,1	57,5		94,8	95,0	95,2	99,29
B_2O_3	–	–	–		0,05	–	–	0,0009
$C:S$	0,5	9,3	0,7		3,14	1,85	3,44	–
Kornrohdichte	3,22	3,34	3,46		–	–	–	3,43

Sinter a

Sinter a enthält SiO_2 und CaO in einer Menge, die bei den üblichen Sintertemperaturen zu einer Schmelzphase führt. Der Fe_2O_3-Gehalt fällt dabei nicht ins Gewicht, da das Eisenoxyd bei angenommenen 1800°C Sintertemperatur als FeO vorwiegend im Periklas gelöst ist. Zieht man das System CaO-MgO-SiO_2 der Abb. 14 im Abschnitt 2.7 zu Rate, dann errechnen sich für diese Temperatur ungefähr 10% schmelzflüssige Phase, in der neben MgO praktisch sämtliches SiO_2 und CaO enthalten ist. Im Laufe der Abkühlung, silikatisches Gleichgewicht mit einiger Berechtigung vorausgesetzt, kristallisiert die Schmelze zu Forsterit $= M_2S$, Monticellit = CMS und Periklas = freies MgO. Allein auf das System CaO-MgO-SiO_2 bezogen, liegt diese Sintermagnesia im Dreiphasenfeld M-M_2S-CMS, Abb. 15, Abschnitt 2.7. Im Kühlaggregat oxydiert unter Einwirkung von Luftsauerstoff das FeO wenigstens an der Sinteroberfläche völlig zu Fe_2O_3. Dieses bleibt als MF im Periklas in fester Lösung. Man hat im vorliegenden Fall mit maximal 4 Phasen zu rechnen. Nur wenn das Brennprodukt homogen zusammengesetzt ist, was heute durch die Aufbereitung des Rohmagnesites vor dem Brand stets der Fall ist, gelten diese Überlegungen, Abb. 35.

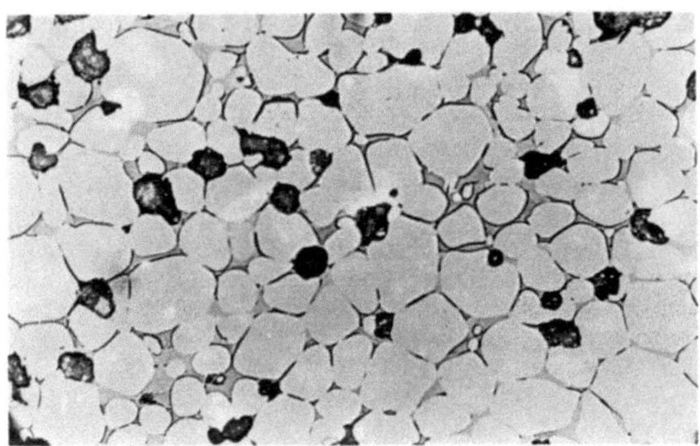

Abb. 35. 140 ×, nat. Auflicht. Sinter a. Poren unter der Oberfläche deuten sich durch eine Aufhellung an

Die Periklase überwiegen und sind in Abb. 35 kugelförmig bis polygonal. Die zwickelfüllende Substanz besteht aus CMS (geringere Polierhärte) und M_2S (Polierhärte etwa gleich dem Periklas). Die Periklase sind optisch homogen, im Durchlicht gelblich gefärbt, das heißt, der Magnesiumferrit und die weiteren untergeordneten spinellbildenden Oxidkomponenten (Al_2O_3, Mn_3O_4 und Cr_2O_3) befinden sich darin noch in fester Lösung, die Abkühlgeschwindigkeit verhinderte deren Entmischung. Die gelösten Spinellkomponenten erhöhen die Lichtbrechung des Periklases auf 1,748 bis 1,750. Die Werte schwanken durch unterschiedliche Oxidationsgrade etwas, Abb. 36. Die Sintergranalien sind im Kern noch grünlich, an der Oberfläche sind sie wie der Sinterfeinanteil braun gefärbt. Die schwarzen Stellen des Schliffes sind Poren, die im Falle von Sinter aus Flotationskonzentraten geringfügig reichlicher sind.

Abb. 36. 370 ×, geätzt mit alkohol. H_2SO_4, Sinter a. CMS ist nun schwarz gefärbt, M_2S ist mit einem Pfeil bezeichnet. Periklas und M_2S verblieben ungeätzt, rechts oben eine Pore

Die Silikatphasen wurden vereinfacht betrachtet. In Wirklichkeit ist nach [1] mit begrenzter Mischbarkeit zwischen CMS und M_2S, Abb. 37, und gleichzeitig mit Spuren von CaO im Periklas von vielleicht 0,1 bis 0,3 Gew.-% CaO zu rechnen.

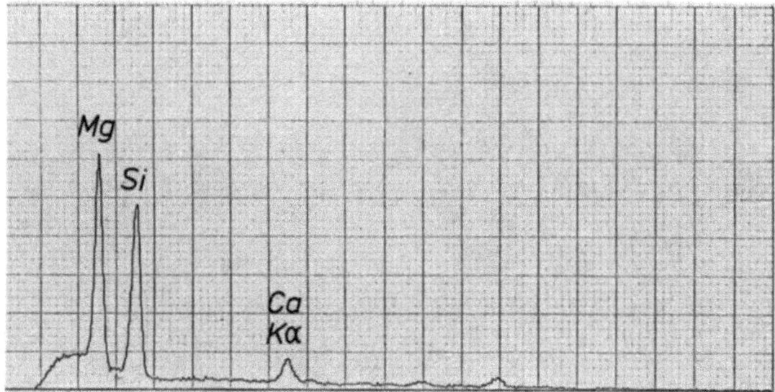

Abb. 37. ESMA-Spektrum (10 KV) von Forsterit, siehe den Ca-Peak [2]

Über den Verlauf der optischen Konstanten der silikatischen Mischkristalle, siehe [3].

Sinter b

Die Porenstruktur dieses Sinters ist dieselbe (Sinter aus Flotationskonzentraten). Die Kristallgesellschaft unterscheidet sich aber von der des Sinters a wegen des sehr geringen SiO_2-Gehaltes und des hohen C : S-Verhältnisses. Die Periklase sind nach Abb. 38 von C_2F und β-C_2S umgeben.

Der chemischen Analyse nach müßte dieser Sinter noch 0,3 Gew.-% $CaZrO_3$ enthalten. Diese geringfügige Menge tritt im Schliff nirgends in Erscheinung, möglicherweise ist das $CaO \cdot ZrO_2$ im Periklas gelöst. Mittels Ölimmersion erkennt man in den Periklasen keimförmige Entmischungen von C_2F. Dikalziumferrit

= C_2F besitzt gegenüber Periklas eine geringere Polierhärte, MF eine deutlich höhere. Die Entstehung dieser Entmischungen muß etwa so aufgefaßt werden: Bei der Sintertemperatur liegen neben wenig silikatischer Schmelzphase Mischkristalle der Art (Mg, Fe^{2+}, Ca)O vor. Während der Abkühlung oxidiert das Fe^{2+} zu Fe^{3+} und scheidet sich sodann überwiegend an der Periklas-Oberfläche und zum geringen Teil im Periklas selbst als C_2F aus.

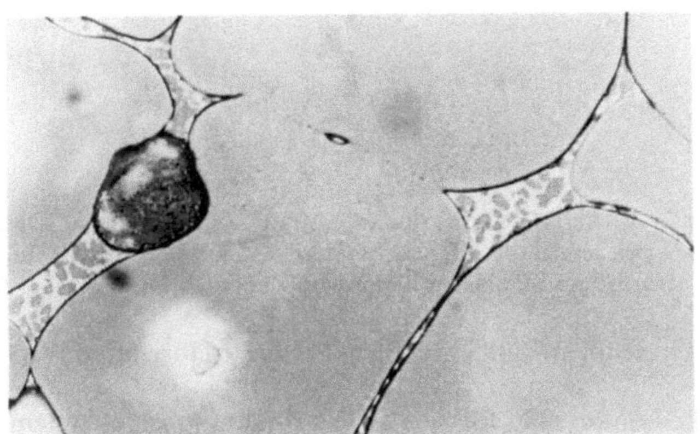

Abb. 38. 600 ×, Sinter b. C_2F + C_2S umgeben die großen, rundlichen Periklase. Schwarz eine Pore, hell eine Pore unter der Schliffffläche

Diese Erscheinung ist auch in ZrO_2-freier Sintermagnesia zu beobachten. Der normative Mineralbestand, also der Phasenbestand, der sich bei „physikalisch-chemischem Gleichgewicht" ergeben müßte, würde noch einen Gehalt von 2,1 Gew.-% MF ausweisen. Diese Menge genügt, daß in Sinter b C_3S in völlig oxidiertem Zustand nicht auftreten kann. Nachdem das M-C_2F-C_2S-MF-Eutektikum ≤ 1300°C erstarrt, darf man bei diesem Sinterbrand mit einer weitgehenden Gleichgewichtseinstellung rechnen. Schließlich sitzen auf dem Periklas (nicht in Abb. 38) hin und wieder kleine Spinell-Ausscheidungen, dem höheren Reflexionsvermögen nach zu schließen wahrscheinlich M(F, A).

Sinter c

Sinter c ist ein sogenannter Simultansinter, der aus Magnesit- und Chromerz-konzentraten gemeinsam erbrannt wurde. Der chemischen Analyse entsprechend betrug das Verhältnis von glühverlustfreiem Magnesitkonzentrat zum Chromerz etwa 60 : 40 Gew.-%. Bei der Höhe der Sintertemperatur von 1800°C und darüber gingen die 40% Chromerz (SiO_2-arme Konzentrate) im Periklas weitgehend in Lösung, nur Chromerzreste blieben übrig. Gemäß dem C : S-Verhältnis liegen die Silikate CMS und M_2S vor, welche bei der Sintertemperatur völlig flüssig sind und mit Periklasmischkristallen (Chromitspinelle im Periklas gelöst) ein 2-Phasen-gleichgewicht bilden, Abb. 39.

Bei stärkerer Vergrößerung sind in den Periklas-Mischkristallen zahllose zonar unterschiedlich große Entmischungskeime zu beobachten, selbst an den Periklas-rändern bilden sich über Entmischung Spinellausscheidungen, die, wie man aus

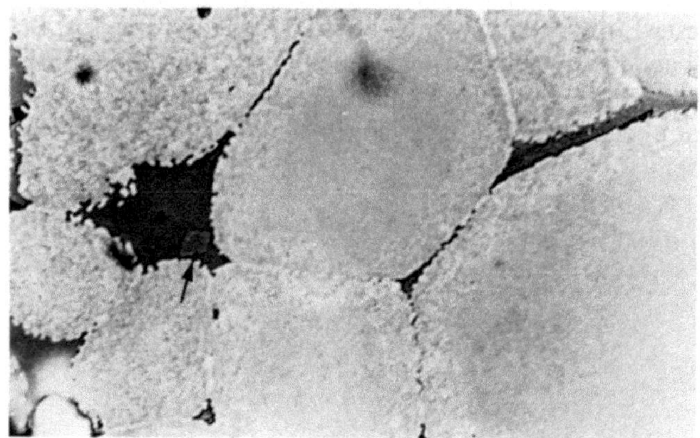

Abb. 39. 600 ×, Simultansinter c. Periklase mit zahllosen Entmischungskeimen. Die silikatische Umgebung besteht vorwiegend aus CMS. Ein Forsterit-Kristall ist zu sehen. Die Dunkelstelle in der Bildmitte oben ist ein Stäubchen in der Mikrooptik

deren Kristallbegrenzung entnehmen kann, mit den Periklasen orientiert verwachsen sind.

Die Periklasmischkristalle könnte man für sich als ein 4-Komponentensystem betrachten. Um eine Zonarität der Entmischungen, die sicher vorhanden ist, feststellen zu können, müßte die Abkühlgeschwindigkeit geringer sein. Außerdem ist das System MgO-Cr_2O_3-Fe_2O_3-Al_2O_3 für die Temperatur des Entmischungsverlaufes noch nicht bekannt. Vermutlich beginnt die Entmischung MA-reicher und endet MF-reicher. Bei 1600°C z. B. wären im Periklas für sich der Reihe nach etwa 3 Gew.-% MA, 25 Gew.-% MCr und schließlich 68 Gew.-% MF löslich.

Die drei Sintersorten a, b und c, in Röntgendiagrammen gegenübergestellt (Abb. 40, 41 und 42), zeigen, daß die Peaks des Periklases im Simultansinter dieselbe Lage haben wie in den Sintersorten a und c, das heißt, die Periklase im Sinter c sind auch weitgehend entmischt. Eine vorhandene Zonarität der Entmischungen wirkt sich auf die Schärfe der Peaks nicht aus. Eine Bestimmung der Lichtbrechung der

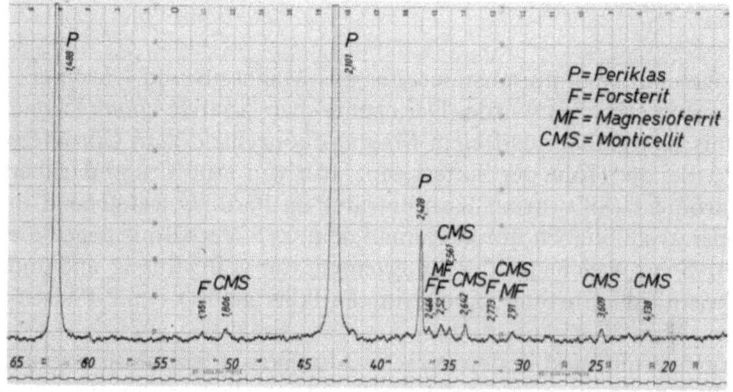

Abb. 40. Sinter a

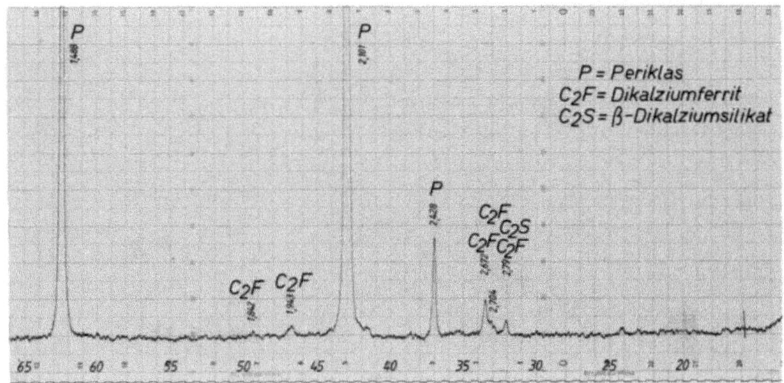

Abb. 41. Sinter b. Kein γ-C_2S

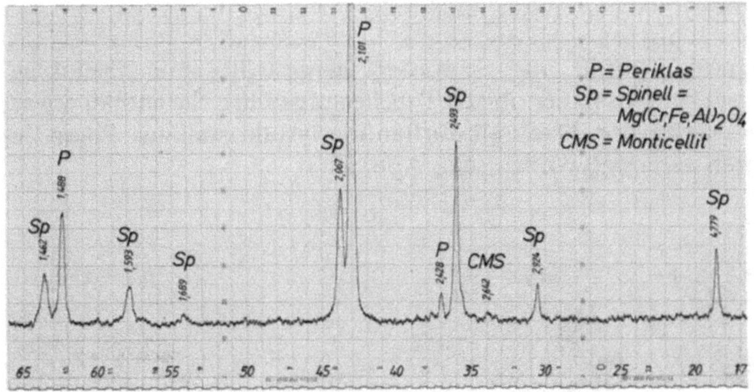

Abb. 42. Sinter c. Hoher Untergrund durch die Fluoreszenzstrahlung des Fe und Cr

Periklase im Sinter c ist infolge der zahllosen Entmischungen nicht möglich. Die 4,5 Gew.-% CMS und 4,6% M_2S sind röntgenographisch noch gut nachweisbar! Im Sinter b weist bei C_2F der Peak 2,672 Å auf geringe Al_2O_3-Gehalte hin. Die Zusammensetzung des Kalziumferrites liegt demnach zwischen C_2F und C_6AF_2 [4].

Sinter d

Es handelt sich um einen Simultansinter, der aus einem Hochtemperatur-Schachtofen stammt. Dies drückt sich in der Ausbildungsart der Entmischungen und Verwachsungen der Chromspinelle an den Periklasrändern aus. Die Periklase enthalten größere Entmischungen, die Chromspinelle sind über die Mitwirkung der schmelzflüssigen Phase (Silikate) koaxial (epitaktisch) an den runden Periklasen angelagert (parallele Oktaederschnitte am Periklasumfang). Die Silikatphasen dieses Sinters sind M_2S + CMS, Abb. 43.

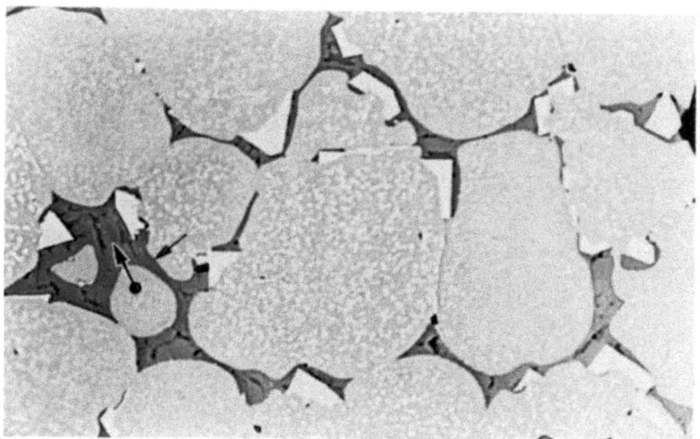

Abb. 43. 600 ×, Simultansinter d. Periklase mit zahllosen Spinellentmischungen, koaxialen Spinellanlagerungen und den Silikatphasen Forsterit ∠ + Monticellit ∠°

Sinter e

Diese Sintermagnesia wurde aus Seewasser hergestellt, ihre chemische Zusammensetzung ist ebenfalls in der obigen Tabelle aufgeführt. Sie enthält etwas mehr Phasen der Restschmelze. Dadurch dürften die intrakristallinen Poren zu interkristallinen Poren vereinigt worden sein, Abb. 44.

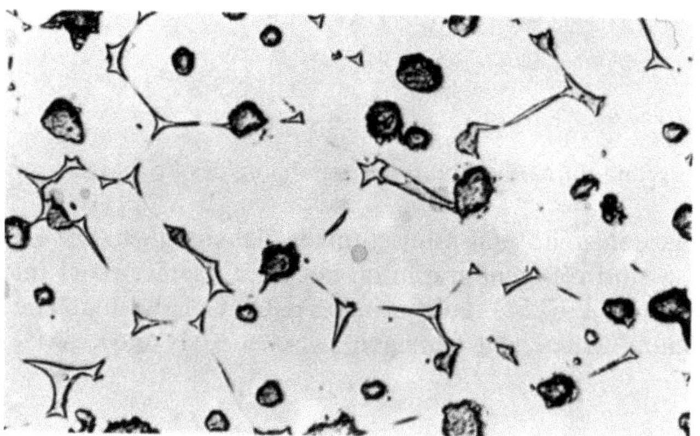

Abb. 44. 330 ×, nat. Auflicht, ungeätzt. Sinter e. Grobe, rundliche, optisch leere Periklase mit Umsäumungen von $C_2S + C_2(F, A)$ und zahlreichen interkristallinen Poren. Bei genauer Betrachtung erkennt man das heller reflektierende $C_2(F, A)$. Durch den erforderlichen hohen „Polierdruck" sind die Poren nicht sauber begrenzt

Die chemische Analyse weist 0,05% B_2O_3 aus, die nicht in einer eigenen Kristallphase auftreten, die Borsäure befindet sich vielmehr im C_2S in fester Lösung [5].

Sinter f

Sinter f wurde aus kryptokristallinem Magnesit hergestellt. Heute sind die Brennaggregate so weit entwickelt, daß aus eisenarmen Magnesitsplitt ohne weiteres dichte Sintermagnesia erzeugt werden kann. Nicht zuletzt beweisen dies auch die Sintersorten aus Flotationskonzentraten und Seewassermagnesia. Nur der breiteren Behandlung dieses Abschnittes wegen soll Abb. 45 einen Ausschnitt aus einem Sinter aus kryptokristallinem Magnesit wiedergeben. Insgesamt ist dieser Sinter silikatarm, seine Silikatphasen bestehen aus CMS, C_3MS_2, C_2S und gegebenenfalls C_5MS_3. Die Silikatgesellschaft hängt aufs engste mit der chemischen Zusammensetzung des Magnesitkornes zusammen bzw. von der Intensität

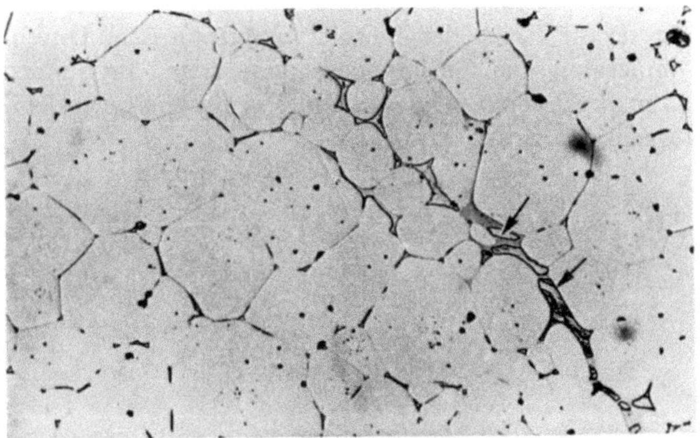

Abb. 45. 220 ×, nat. Auflicht, geätzt mit alkohol. HNO_3. Die polygonalen Periklase werden von wenig Silikat umsäumt, die schräg durch das Bild laufende Kluft wird durch C_3MS_2 ∠ (geätzt, aber nicht gefärbt) und CMS (nicht geätzt) erfüllt. Sie stammt von einer Serpentin- oder Chalcedonlage. Die Periklase sind homogen und enthalten wenig Poren

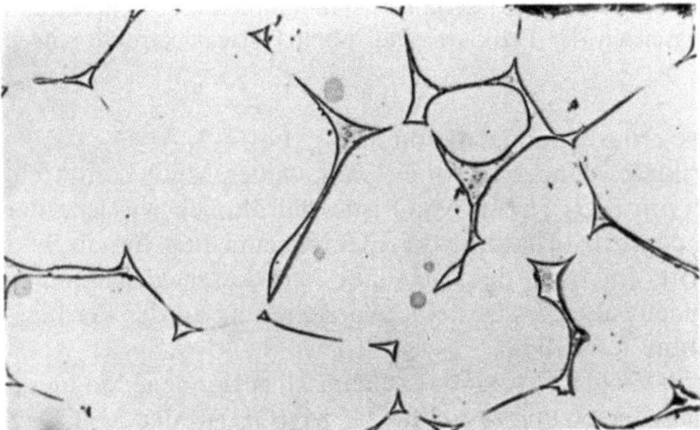

Abb. 46. 220 ×, nat. Auflicht, Sinter g, ungeätzt. Große runde, optisch leere Periklase (zufällig porenfrei). Die Kristallphasen der Restschmelze bestehen aus C_2S (grau) und $C_2(F, A)$ weiß

der Aufbereitung oder Sortierung ab. Bei Grobkornaufbereitung sind von Korn zu Korn geringe Unterschiede in den Verunreinigungen festzustellen. Die vorliegende Aufnahme in Abb. 45 entspricht einem C:S-Verhältnis zwischen 0,9 und 1,4.

Sinter g

Es handelt sich hier um einen Sinter aus Flotationskonzentraten, der in der chemischen Zusammensetzung ähnlich dem Sinter f ist. Er ist von wesentlich größerer Gleichmäßigkeit in der Silikatgesellschaft, so daß er mit der Brutto-Analyse, siehe die obige Tabelle, besser übereinstimmt. Abb. 46 zeigt gegenüber Sinter f bei gleicher Menge an Mineralphasen der Restschmelze $C_2S + C_2(F, A)$ als Letztausscheidungen.

Sinter h

Mit dieser Sintermagnesia sei die Reihe der Beispiele abgeschlossen. Durch extreme Reinheit ist die mineralogische Zusammensetzung dieses Produktes monoton. Die Periklase grenzen direkt aneinander, so sieht es wenigstens unter dem Mikroskop bei stärkerer Vergrößerung aus, Abb. 47.

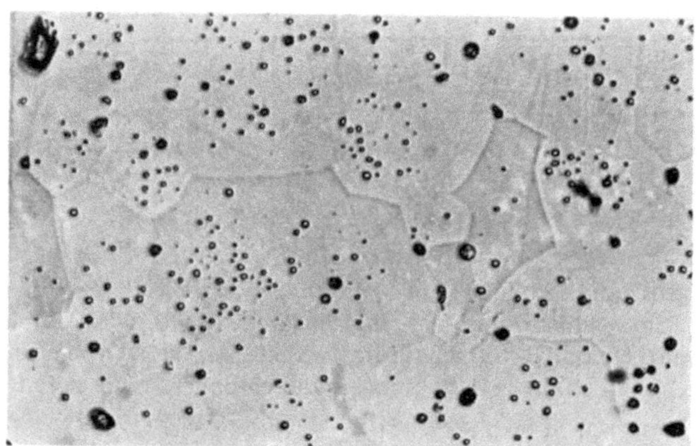

Abb. 47. 320 ×, nat. Auflicht, Sinter h. Periklase mit kristallographisch begrenzten und orientierten Poren. Die Korngrenzen der Periklase sind durch Härteanisotropie gut zu erkennen

Die Spuren (Fabrikationsverunreinigungen) von SiO_2, „Fe_2O_3", Al_2O_3, Cr_2O_3 und CaO, sind in den Periklasen eingebaut ($n = 1,738$, reines MgO besitzt ein $n = 1,736$. Die Löslichkeit von SiO_2 [6] in MgO ist wohl ähnlich wie jene der Sesquioxide aufzufassen, indem zur Erhaltung der Elektroneutralität für ein Si^{4+} eine Mg^{2+}-Leerstelle auftritt. Im Falle des CaO läßt sich dessen gleichmäßige Verteilung mittels ESMA nachweisen, es ist keine Anreicherung an der Periklas-oberfläche durch Entmischung feststellbar.

Diese Struktur- und Textur-Verhältnisse sind für chemisch gewonnene Magnesia typisch. Bei der thermischen Zersetzung von $MgCl_2$, $Mg(OH)_2$ oder $MgCO_3 \cdot 3H_2O$, welche von Haus aus schon feinstkörnig sind, fällt noch feineres MgO an. Die Selbstdiffusion und die Sammelkristallisation reichen dann bei der extremen Reinheit zur Bildung porenfreier Periklase nicht mehr aus.

Literatur

1. Hatfield, T., Richmond, C., Ford, W. F., White, J.: Trans. Brit. Ceram. Soc. **69** (2), 55, 56 (1970).
2. Reitmann, L.: Dissertation im Institut für Gesteinshüttenkunde und feuerfeste Baustoffe, Montanuniversität Leoben (1980).
3. Ricker, R. W., Osborn, E. F.: J. Amer. ceram. Soc. **37**, Nr. 3 (1954).
4. Nach Copeland, Brunauer, Kantro, Schulz und Weise aus Silicate Science von W. Eitel, Vol. V, S. 303 (1966).
5. Suzuki, K., Hira, I.: Aus: Phase Diagrams for Ceramists, 1975 Supplement.
6. Schlaudt, C. M., Roy, D. M.: J. Amer. ceram. Soc. **48**, 250 (1965).

3.2.1.2 Dolomitsinter

Dolomitsinter ist das Zwischenprodukt für die feuerfesten Dolomitbaustoffe und wird durch Brennen von Rohdolomit = „$CaMg(CO_3)_2$" hergestellt. Im Brenngut liegen allgemein etwa 40% MgO und 60% CaO vor.

Das Brennen des Dolomites verläuft über zwei aktive Zwischenstufen, den halbgebrannten Dolomit bei 780°C ($= MgO + CaCO_3$) und den Dolomitkalk bei etwa 1000 °C. Beide Produkte werden technisch ebenfalls genutzt, der Halbbrand dient zur Entfernung von aggressiver Kohlensäure in Trink- und Brauchwasser, der Dolomitkalk als basischer Zuschlag bei Stahlherstellungsverfahren [1], in geringer Menge als Bindemittel beim Putzen in der Bauindustrie sowie als Rauchgas-Entschwefelungsmittel. Die Zersetzung des Rohdolomites bei etwa 780°C führt nach Untersuchungen von H. Lehmann [2] zu einer vollständigen Zerstörung des Dolomitgitters. Das dabei frei werdende CO_2 bildet jedoch mit dem CaO sofort wieder $CaCO_3$, während das MgO frei vorliegt. Dieses ist sehr aktiv und reagiert mit Wasser rasch zu Brucit = $Mg(OH)_2$. Dabei behält das Halbbrandkorn seine ursprüngliche Kornform und Korngröße bei, siehe auch Kapitel 2.4.

Der Dolomitkalk besteht aus CaO- und MgO-Kristalliten < 1 μm und einem Porenanteil von etwa 50 Vol.-% [3].

Ab etwa 1200°C beginnt der Sinterprozeß, der sich durch folgende Vorgänge charakterisieren läßt:

a) Abnahme des Porenraumes von 50 auf etwa 5 Vol.-%.

b) Zunahme des durchschnittlichen Porendurchmessers bis in den Zehntel-mm-Bereich.

c) Kristallisation des CaO und MgO bis $\sim$ 10μm Größe.

d) Reaktion der verunreinigenden Oxide (SiO_2, Fe_2O_3, Al_2O_3, MnO) allein mit CaO, zum Teil niedrig schmelzende Verbindungen bildend (Ca-Ferrite, -Silikate und Ca-Aluminate).

Stöchiometrisch zusammengesetzte Rohdolomite lassen sich sehr schwer sintern. Es bedarf der geringen Fremoxid-Gehalte, die den Sintervorgang fördern und eine wirtschaftlich vertretbare Sintertemperatur ermöglichen. Der Gehalt an Fremdoxiden soll schon im Rohdolomit möglichst homogen verteilt sein. Örtliche Anreicherungen von SiO_2 können zu Nestern von Dikalziumsilikat und nachträglicher Zerrieselung desselben führen. Kalzitgänge im Rohdolomit können im Dolomitsinter CaO-angereicherte Lagen ergeben, die beim Einsatz im Verwendungsofen stärker verschlacken als die Umgebung. Ungünstig wirken sich Anreicherungen von Ca-Ferriten aus, die entweder durch natürliche eisenhaltige Minerale im Rohdolomit oder durch die Zugabe von Eisenerz als Sinterhilfsmittel entstehen, falls keine homogene Zumischung erfolgt. Sie führen ebenfalls zu einer vorzeitigen Verschlackung beim Einsatz.

Die Herstellung von Dolomitsinter erfolgt im Schacht- oder Drehrohrofen bei Temperaturen um 1800°C, wobei im Drehrohrofen ein dichtes und gleichmäßigeres Produkt entsteht.

In der folgenden Tabelle sind nun 4 verschiedene Dolomitsinter für die Herstellung von Steinen und Massen aufgeführt, wie sie heute verwendet werden.

	a	*b*	*c*	*d*
SiO_2 %	0,9	1,5	0,5	0,2
„Fe_2O_3" %	0,7	0,5	0,6	0,1
Al_2O_3 %	0,5	0,9	0,2	0,1
CaO %	60	60	61,0	59
MgO %	38	37	37,6	40,5
CaO/MgO	1,6	1,6	1,6	1,5
Porosität Vol.-%	6	7	8	4
Kristallitgröße in μm	5—10	5—10	5—10	5

Das CaO/MgO-Verhältnis des stöchiometrisch reinen Dolomites liegt bei 1,39. *a* und *c* sind Drehrohrofen-Sinter (für die Herstellung pechgebundener und keramischgebundener Steine), während *b* und *d* Schachtofensinter sind (ebenfalls für die Herstellung von Steinen und auch Massen). Der Gehalt an Fremdoxiden sollte bei Dolomitsinter für die Steinherstellung nicht über 3% liegen, um ein hochwertiges, gegen Verschlackung möglichst beständiges Produkt zu erzielen. Gegebenenfalls dient aufbereiteter Rohdolomit als Brenngut. Es wird des weiteren

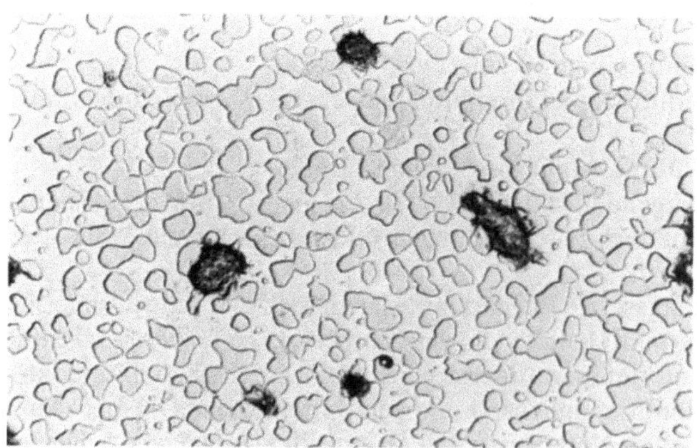

Abb. 48. 320 ×, ungeätzt. Drehrohrofen-Dolomitsinter *c*, Sinterkern. Periklas ist hellgrau und eigengestaltig. Die weiße Grundmasse besteht aus freiem CaO, schwarz sind Poren

auf einen MnO-Gehalt $< 0,2\%$ Wert gelegt. Mit fallenden Fremdoxidgehalten wiederum sinkt die Hydratationsbeständigkeit des Dolomitsinters.

Die Dolomitsinter der obigen Zusammensetzung kommen dem Zweistoffsystem CaO-MgO sehr nahe. Die geringen Gehalte an Al_2O_3, Fe_2O_3 und SiO_2 sind sowohl röntgenographisch als auch lichtmikroskopisch in eigenen Phasen wiederzufinden. Abb. 48 stammt vom braungefärbten Kern eines im Drehrohrofen erbrannten Dolomitsinter-Kornes.

Die Korn-Oberfläche ist grau gefärbt, vielleicht mit einem Stich ins grüne. Der Kern entspricht in der Zusammensetzung sicherlich den Bedingungen der maximalen Brenntemperatur und der herrschenden Ofenatmosphäre. Dabei ist anzunehmen, daß ein Teil des Eisens als Fe^{2+} gelöst in den MgO- wie auch in den CaO-Kristallen vorliegt. Dafür spricht der geringere C_4AF-Gehalt im Korn-Inneren gegenüber der Oberfläche. Ein gleicher Farbumschlag zwischen Kern und Peripherie ist bei Zementklinker bekannt. Vielleicht liegen hier ähnliche Verhältnisse vor. Die Lichtbrechung der Periklase im Korn-Inneren liegt bei $n = 1,738$. Die Erhöhung ist auf CaO wie auch FeO in fester Lösung zurückzuführen. Reduzierende Ofenatmosphäre führt ebenfalls zur Fe^{2+}- und Mn^{2+}-Bildung und damit zusammenhängend $> 1500°C$ zu einer Reduzierung der schmelzflüssigen Phasen. Bei extrem reduzierenden Ofenatmosphären kommt es zur Bildung von metallischem Fe, welches kugelförmig innerhalb der Sintertextur auftritt.

Bei der hohen Brenntemperatur begegnet man einer gegenseitigen Löslichkeit des CaO in MgO und umgekehrt. Dem Schmelzdiagramm nach [4] entsprechend treten Löslichkeiten $> 1600°C$ bis max. bei $2370°C$ (Eutektikum) von 17% MgO in CaO und $7,8\%$ CaO in MgO auf.

Das C_3S erfüllt, wie in Abb. 49 zu sehen ist, die Zwickel. Seine Ausbildung wird auch durch reduzierende Brennbedingungen nicht beeinflußt.

Vereinzelte größere CaO-Kristalle nach Abb. 50 an der Granalien-Oberfläche enthalten zahllose MgO-Einschlüsse und stammen höchstwahrscheinlich aus dem Ofenansatz.

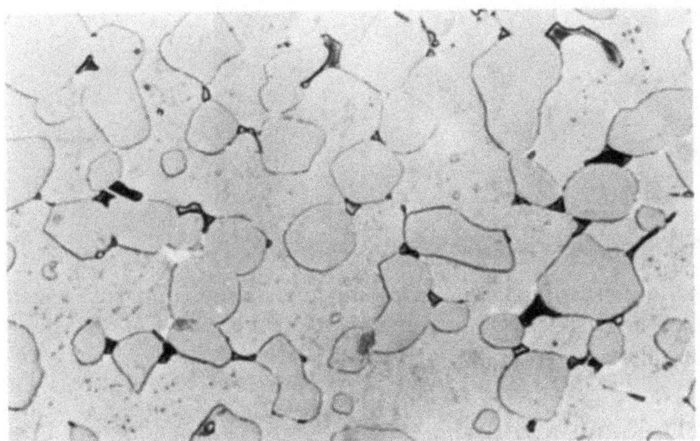

Abb. 49. 920 × , geätzt mit 0,2 n-KOH. Korn-Oberfläche des Drehrohrofen-Dolomitsinters c. C_3S dunkel gefärbt, die weißen Zwickel sind C_4AF, grau ist Periklas, die Grundmasse freies CaO mit MgO-Entmischungen

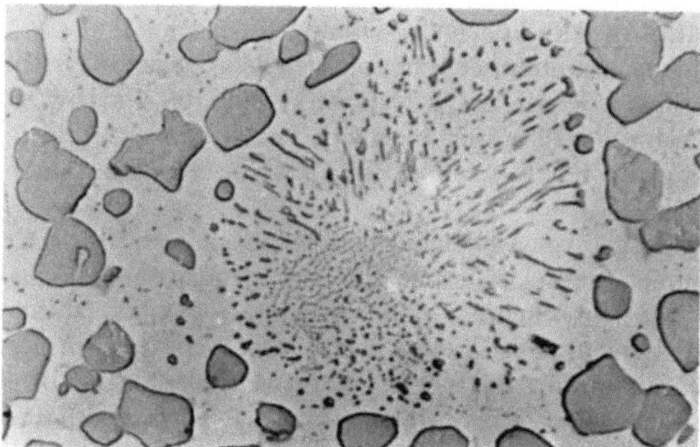

Abb. 50. 920 ×, ungeätzt. Korn-Oberfläche des Drehrohrofen-Dolomitsinters *c*. Große CaO-Kristalle mit Periklas-Einschlüssen, übernommen wahrscheinlich aus dem Ofenansatz

Bemerkenswert ist eine Bruchfläche dieses Dolomitsinters unter dem Rasterelektronenmikroskop nach Abb. 51.

Abb. 51. 2800 ×, REM-Aufnahme. Bruchfläche eines Dolomitsinters. MgO und CaO zeigen terrassenförmiges Wachstum. Die Periklase sind immer isometrisch, die CaO-Kristalle dagegen schmiegen sich um die Periklas-Kristalle

In der „Brennhaut" von Dolomitsinter findet verstärktes Kristallwachstum und eine Verminderung der Porosität statt. Nicht zu übersehen ist bei Kohlenstaubfeuerung, daß der Sinter an der Oberfläche Teile der Kohleasche wie SiO_2, Al_2O_3 und „Fe_2O_3" aufnimmt und sich dadurch die Oberfläche geringfügig mit C_3S und

C_4AF anreichert. Zur örtlichen Anreicherung von Fremdoxiden kommt es auch bei Zusatz von Sinterhilfsmitteln in Schachtofen-Dolomitsintern, Abb. 52.

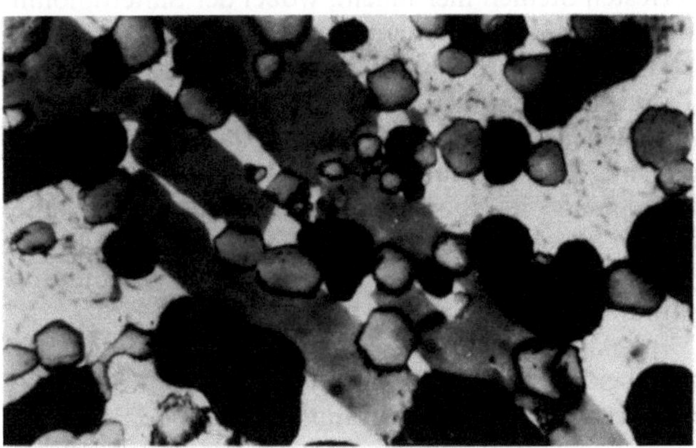

Abb. 52. 600 ×. Schachtofen-Dolomitsinter. CaO durch Luftfeuchtigkeit dunkel gefärbt, Periklas in rundlichen, zum Teil polygonalen Kristallen (Oktaeder), C_3S leistenförmig (tafelige Kristalle) und weiß C_2F-C_4AF-Mischkristalle

Dolomitsinter ist ungeschützt hydratationsanfällig. Das CaO geht dabei in $Ca(OH)_2$ unter starker Volumenvermehrung über, was immer zu einer Kornzerstörung führt [5]. Das MgO im Dolomitsinter ist jedoch inaktiv und läßt sich im vollständig hydratisierten Dolomitsinter immer noch als Periklas nachweisen.

Literatur

1. Obst, K. H., u. a.: Stahl und Eisen **100**, 1194 (1980); Green, J., Quin, J.: Werksmitteilung Fa. Steetly Minerals Workshop GB. (1979).
2. Lehmann, H., Müller, K. H.: Tonindustrie-Zeitung **84**, 200 (1960).
3. Rähder, M.: Dissertation Clausthal (1977).
4. Doman, C., Barr, J. B., u. a.: J. Amer. ceram. Soc. **46**, 313 – 316 (1963).
5. Hubble, D. H., Lachny, W. J.: U.S. ceram. Bull. **41**, 442 – 446 (1962).

Simultansinter* aus Dolomit und Magnesiaträgern

Simultansinter sind solche Produkte, die durch gemeinsamen, das heißt simultanen Brand von Pellets oder Briketts aus zwei verschiedenen Rohstoffen, z. B. Dolomit und Magnesit bzw. Seewassermagnesia oder Magnesit und Chromerz, hergestellt werden. In dieselbe Gruppe fallen folgerichtig auch verwachsene oder technisch vermischte Rohgesteine bestehend aus Magnesit und Dolomit [1].

Simultansinter aus Dolomit und Magnesiaträger füllen die Lücke zwischen Dolomitsinter mit 38% MgO und Magnesitsinter mit 85 bis 95% MgO aus. Es sind

---

*In den USA auch Co-Klinker genannt.

homogene Sinter aus MgO + CaO obiger Art oder auch hergestellt durch Zugabe von Ca(OH)$_2$ zu Mg(OH)$_2$ [2], das aus Laugen oder Seewasser gefällt wird. Irgendwie fallen jedoch auch Mischungen von Magnesiasinter und Dolomitsinter im Körnungsaufbau von feuerfesten Steinen hier hinein, wobei der Sinterdolomit jeweils im Feinkorn in steigendem Maße durch Sintermagnesia bis zu mittleren und gröberen Kornbereichen ersetzt wird [3], [4]. Die verschiedenen Methoden lassen sich nicht in eine starre Einteilung bringen.

Außerdem befinden sich verschiedene Kombinationen der erwähnten Arten [2], [3], besonders von der japanischen Feuerfest-Industrie, auf dem Markt. Es sind alle MgO-Gehalte einstellbar. Bei den aus Karbonaten hergestellten Sintern muß jedoch darauf geachtet werden, daß ein eventueller Eisenoxidgehalt möglichst niedrig liegt, weil es sonst durch Kalzium-Ferrit-Bildung zu einer Verschlechterung der feuerfesten Eigenschaften kommt.

Die einzelnen Arten der MgO-Anreicherungen sind besonders im Auflichtmikroskop gut voneinander unterscheidbar. Ein Sinter, hergestellt nur aus Rohkarbonaten, mit 55% MgO im Sinter, zeigt filamentartig zusammenhängende Periklase, Abb. 53.

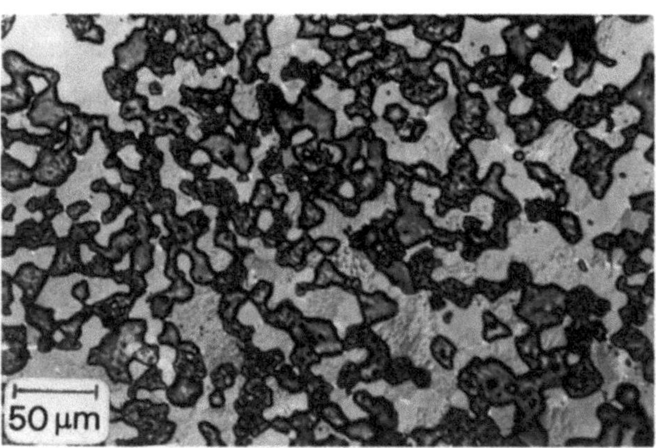

Abb. 53. 200 ×. „Simultansinter" aus Magnesit + Dolomit, offenbar natürlicher Verwachsung, hergestellt, mit 55% MgO. Das CaO ist durch Luftfeuchtigkeit dunkel gefärbt

Vereinzelte größere Periklasanreicherungen weisen in diesem Sinter auf Rohkarbonate in natürlicher Verwachsung hin. Das zu 1,1% vorhandene Eisenoxid liegt teilweise als (Mg, Fe)O und anderenteils als C$_2$F vor. Bei den in Japan verwendeten synthetischen Dolomitsintern handelt es sich meist um homogene Mischsinter aus Hydroxiden. Ein Beispiel für ein fast 80%iges Produkt zeigt Abb. 54.

Typisch ist dabei die Pflastertextur mit einem hohen Anteil direkter Bindung zwischen der Periklasen.

Im Gegensatz zu homogenen Mischsintern (Simultansinter) zeigt das Mikrobild, Abb. 55, eines Körnungsersatzes im feuerfesten Stein deutlich die voneinander getrennten Magnesit- und Dolomitsinter-Bereiche.

Bei entsprechend hohem Steinbrand wird zwischen den einzelnen Kristallen und Körnern ebenfalls eine direkte Bindung erzielt. Über den optimalen MgO-Gehalt solcher Mischprodukte gehen die Meinungen auseinander. Die Japaner bevorzugen höhere MgO-Gehalte um 80%, während in Europa Gehalte von 50 bis 70% auf dem Markte vorherrschen.

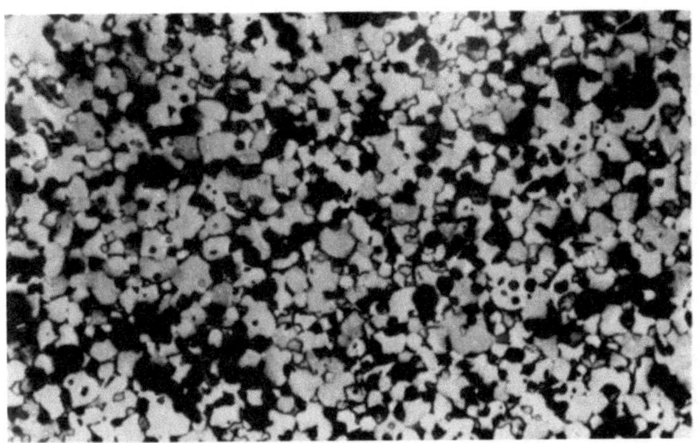

Abb. 54. 100 ×. „Simultansinter" aus Hydroxiden japanischer Herkunft. CaO durch Luftfeuchtigkeit dunkel gefärbt

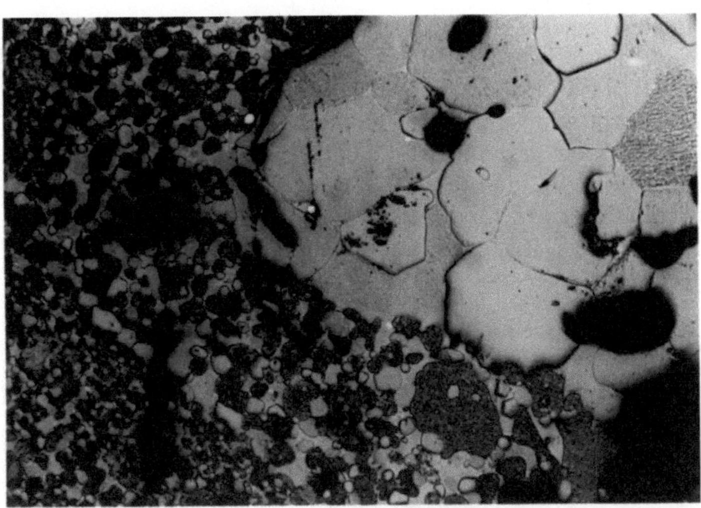

Abb. 55. 100 ×. Körnungsersatz von Dolomitsinter durch Magnesiasinter in einem feuerfesten Stein deutscher Herkunft mit 62% MgO. Rechts Magnesiasinter, links Dolomitsinter (CaO luftgeätzt)

Die beschriebenen Produkte werden wie Dolomitsinter zu den verschiedensten Steintypen weiterverarbeitet. Ihr Einsatzgebiet sind zur Zeit AOD-Gefäße und Pfannen zur Nachbehandlung von Stahl.

Dolomit-Magnesit-Simultansinter besitzen alle günstigen und ungünstigen Eigenschaften von Sinterdolomit, wobei sich der höhere MgO-Gehalt bei eisenoxidhaltigen Schlacken verschleißhemmend auswirkt, siehe Kapitel 2.7, Abb. 17. Beim Körnungsersatz enthält meistens das Feinkorn (das bei der Verschlackung schwächste Glied) die verschlackungsbeständigere Magnesia.

Literatur

1. Deilmann, W., Zednicek, W.: Interceram **27**, 269 – 273 (1978).
2. Nagai, Hiyama: The Iron Steel Inst., Special Report **74**, 60 – 64 (1962).
3. Obst, K. H., Münchberg, W.: Tonindustrie-Zeitung **91**, 280 – 285 (1967).
4. Obst, K. H., Münchberg, W.: Tonindustrie-Zeitung **94**, 225 (1970).

3.2.1.3 Gesinterter Kalk

Es hat nicht an Versuchen gefehlt, Kalkstein durch Brennen bei Temperaturen über 1500°C in gesinterten Kalk überzuführen und daraus Steine herzustellen [1], [2], [3], [4], [5]. Zur Zeit gibt es jedoch keine Produkte im Handel. Die Feuerfestigkeit der Produkte läge mit 2560°C höher als bei Dolomitsinter (2360°C). Dabei gelten grundsätzlich die für das Sintern von Dolomit erforderlichen Voraussetzungen und Bedingungen (Kapitel 3.2.1.2). Zwei Faktoren sprechen allerdings gegen dieses Produkt [1]:

a) ein doppelt so schneller Verschleiß gegenüber Dolomitsinter beim Angriff von eisenoxidhaltigen Schlacken;

b) eine noch geringere Hydratationsbeständigkeit als bei Dolomitsinter aufgrund des höheren Anteils der hydratationsanfälligen Komponente CaO.

Vorteile von gesintertem Kalk gegenüber Magnesia- und Dolomitprodukten bieten sich bei Hochtemperatur-Vakuumprozessen ohne große Schlackenmengen an, da CaO bei reduzierenden Verhältnissen von allen drei Erdalkalioxiden am stabilsten ist. Auch als Futter von Zement- und kalkerzeugenden Öfen wäre eine

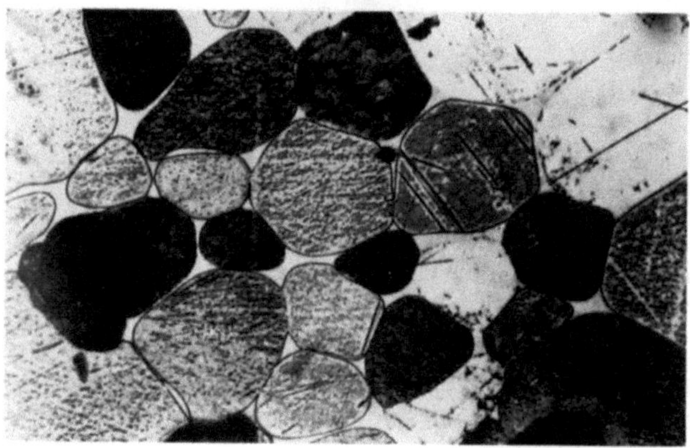

Abb. 56. 100 ×. Gesinterter Kalk, teilweise polygonal. CaO-Kristallite durch Luftfeuchtigkeit unterschiedlich geätzt, ungeätzt an den Korngrenzen ist C_3S

Einsatzmöglichkeit zu erwarten. Das Mikrobild, Abb. 56, von gesintertem Kalk zeigt bei nur wenig Nebenphasen polygonal ausgebildete CaO-Kristallite teilweise in direkter Bindung.

Die Anwesenheit von Silikat (C_3S), Ferriten (C_2F bis C_4AF) und Aluminat (C_3A) senkt den Anteil an direkter Bindung, und die CaO-Kristallite werden zunehmend rund.

Literatur

1. Hubble, D. H.: U. S. ceram. Bull. **48**, 618 (1969).
2. Schlegel, E., Baar, G.: Silikattechnik (DDR) **19**, 231 (1968).
3. Grigel, W.: Haus der Technik, Essen (1972), S. 35. Vortragsveröffentlichungen, Feuerfeste Baustoffe.
4. Nadachowski, F.: Feuerfeste Kalkstoffe. Keram. Z. **16**, 592 (1974).
5. Schlegel, E.: Der feuerfeste Baustoff CaO. Freiberger Forschungsheft A 495 – Silikate. Leipzig 1971.

3.2.2 Schmelzprodukte

Ein Weg zur Erzeugung sehr dichter Körnung für feuerfeste Produkte ist das Schmelzen von vorher kalzinierten oder gesinterten Materialien, wie von Sintermagnesia, Branntkalk, gebranntem Dolomit, kalziniertem Bauxit, auch von Chromerz und eventuell deren Kombinationen. Das aufgeschmolzene Gut kann, in Formen gegossen und so ein Fertigprodukt darstellend oder durch Aufbrechen eines Schmelzblockes zu gekörntem Material, für die Steinerzeugung dienen. Bei der Erstarrung im Block treten zusätzliche Wanderungen eutektischer Schmelzen zur kühleren Peripherie ein, die, wenn sie C_2S enthalten, eine bei Schmelzmagnesia günstige Aufbereitungs- und damit Reinigungsmöglichkeit des Schmelzgutes erlauben. Die gewonnene Körnung zeichnet sich durch außerordentlich geringe intrakristalline Porigkeit aus und erlaubt die Herstellung von Spezialprodukten. Als Schmelzaggregat dient der Lichtbogenofen, siehe weiteres in Kapitel 3.2.2.2.

3.2.2.1 Schmelzmagnesia

Die Feuerfest-Industrie erzeugt für verschleißintensive Verwendungsarten, insbesondere die Sekundärmetallurgie, verschiedene feuerfeste Baustoffe auf Basis Schmelzmagnesia. Von einer hiefür typischen Schmelzmagnesia stammt die folgende chemische Analyse.

SiO_2	0,8
„Fe_2O_3"	3,4
$Al_2O_3 + Mn_3O_4$	0,8
Cr_2O_3	0,5
CaO	1,9
MgO (Diff.)	92,5
C : S	2,37.

Der chemischen Zusammensetzung nach wurde diese Schmelzmagnesia aus Sinter b hergestellt (3.2.1.1, gleiche Herstellerfirma). Abb. 57 gibt die Struktur und Textur wieder. Die Periklas-Kristalle erreichen Größen bis 2 mm (nicht in der Abbildung), ja auch 5 mm messende Körner bestehen nur aus einem Periklas-Kristall.

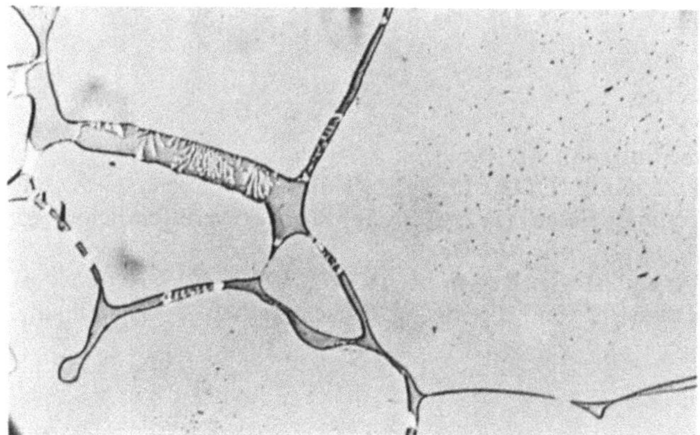

Abb. 57. 140 ×, nat. Auflicht. Schmelzmagnesia. Große polygonale Periklase mit sehr feinen intrakristallinen Poren (besonders im Bilde rechts), werden umsäumt von C_3MS_2, β-C_2S und eutektisch geformtem $CaZrO_3$ (hellweiß, weicher als Periklas und härter als C_3MS_2)

Das gesamte „Fe_2O_3" liegt, zu schließen aus den sporadisch verteilten kleinen Einschlüssen, als met. Fe und als FeO in fester Lösung vor. Desgleichen befindet sich auch das Cr_2O_3 und Al_2O_3 als Spinell in fester Lösung ($n = 1,751$). An Silikatphasen treten C_3MS_2 und C_2S auf. Nach Ätzung mit alk. HNO_3 bemerkt man an den Kontakten zwischen C_3MS_2 und C_2S Reaktionssäume in einer Stärke von 1 bis 2 μm, die eventuell der neuen Phase C_5MS_3 entsprechen könnten. Der ZrO_2-Gehalt ist in der vorhin angegebenen chemischen Analyse jedoch nicht enthalten.

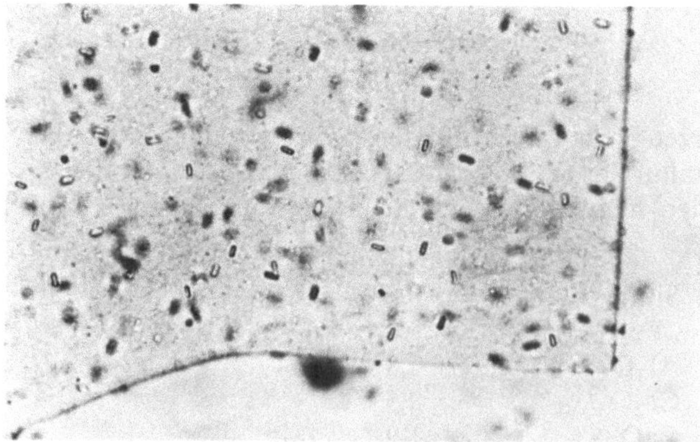

Abb. 58. 460 ×, nat. Durchlicht. Periklas-Splitter mit Spaltbarkeit $\|$ (001) (rechts in der Abbildung) und orientierten lang gezogenen Poren in vier Richtungen $\|$ (111)

Bemerkenswert ist die Anwesenheit an $CaZrO_3$, welche auf einen Zusatz von Zirkonoxid zur Bindung eines Teiles des Kalziumoxides zurückgeführt werden kann. Bei der gegebenen chemischen Analyse würde das zugesetzte ZrO_2 die Bildung von C_2F während der Verwendung von Steinen aus dieser Schmelzmagnesia verhindern.

Die feine intrakristalline Porigkeit stellt sich im Streupräparat mit geeigneter Immersion nahe der Lichtbrechung des Periklases im Durchlicht als lang gezogene Poren in vier Richtungen heraus, Abb. 58.

Die Porenwände stellen Kristallflächen nach (111) dar (Abb. 2, Kapitel 2.1.2.2). Die Periklase befanden sich während der Erstarrung in einem Milieu, welches bei ungehinderter Kristallentfaltung zu oktaedrisch begrenzten Periklasen geführt hätte.

3.2.2.2 Schmelzprodukte aus Dolomit

Für spezielle Zwecke, z. B. bei starker Beanspruchung durch Heißerosion, wird für die Herstellung von keramisch gebundenen Dolomitsteinen gebrochene Schmelzdolomitkörnung verwendet.

Dolomitsinter wird — ähnlich wie Magnesia und Kalk — in Lichtbogenöfen geschmolzen. Die Temperaturen liegen dabei etwa 100°C über der eutektischen Temperatur von 2370°C. Das Schmelzen erfolgt in kegelstumpfförmigen, von außen gekühlten Stahlbehältern von etwa 15 t Fassungsvermögen. Die Elektroden werden innerhalb 24 h langsam vom Gefäßboden bis zum oberen Rand heraufgezogen, so daß immer nur ein linsenförmiger Bereich um die Graphitelektroden schmelzflüssig ist. Ungefähr 10 cm zur Wandung hin bleibt das Einsatzmaterial (Dolomitsinter) ungeschmolzen und schützt so den äußeren Stahlmantel. Nach dem Abkühlen wird der Schmelzkuchen zerkleinert. Man findet sowohl dichte Bereiche, aber auch von Lunkern durchsetzte Stücke. Die Weiterverarbeitung erfolgt wie beim Dolomitsinter.

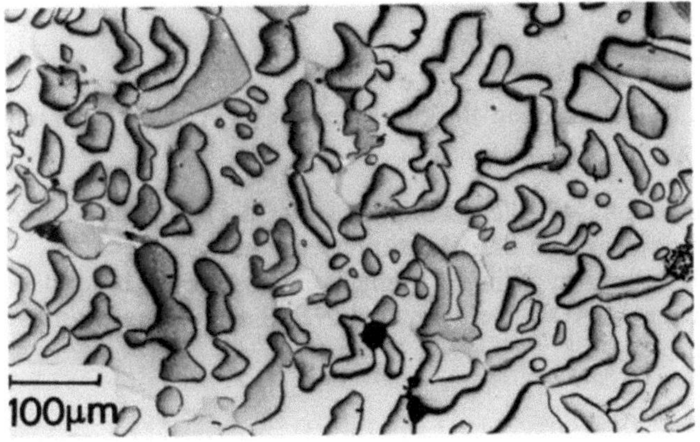

Abb. 59. 100 ×. Schmelzdolomit. Hakenförmiges Wachstum des Periklases, dazwischen heller CaO. Die wenigen weißen Zwickel bestehen aus Ca-Ferrit-Mischkristallen, die weniger hellen aus C_3S

Bei der Mikrostruktur ist zwischen Randgebieten des Schmelzkuchens und seinem Kern zu unterscheiden. Beide zeigen die typische eutektische Verwachsung von CaO und MgO, differieren aber in der Kristallitgröße um den Faktor 10. Der langsamer abgekühlte Kern weist die größeren MgO-Kristallite mit charakteristischer Hakenform aus, Abb. 59.

Häufig trifft man auf im Temperaturgefälle gelängte Periklase. In den Lunkern des Schmelzkuchens beobachtet man dendritisches Wachstum, wobei es zu einer Differentiation zwischen MgO und CaO kommen kann, Abb. 60.

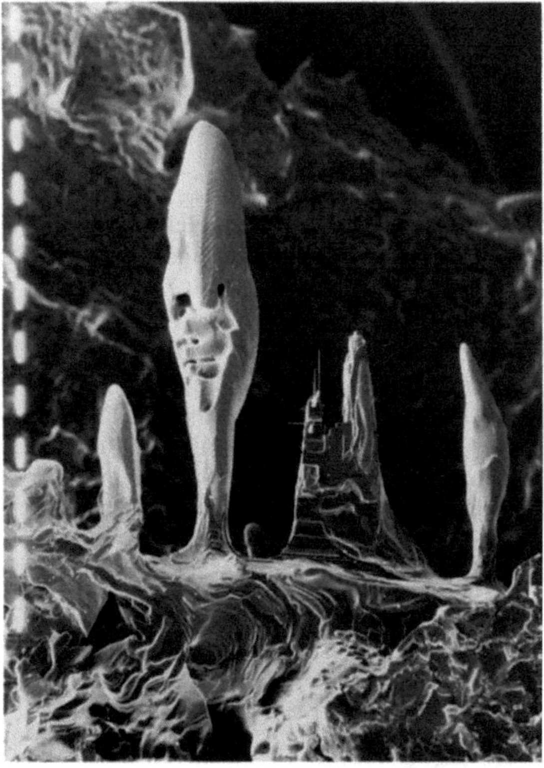

Abb. 60. 4500 ×, REM-Bild. Schmelzdolomit, Blick in einen Lunker. CaO-„Turm" mit Periklaswisker

Eventuell vorhandene Nebenphasen, wie Ca-Silikate und Ca-Ferrite, liegen wie bei Sintern als Zwickelfüllung zwischen den Hauptphasen vor.

Bislang wird Schmelzdolomit nur in geringen Mengen erzeugt, um in besonders erosionsbeanspruchten Partien in AOD-Gefäßen und Nachbehandlungspfannen die Haltbarkeit zu erhöhen.

3.2.2.3 Magnesiachrom

Bei dem Zusammenschmelzen von Sintermagnesia mit Chromerz als Zwischenprodukt für hochqualitative feuerfeste Steine zum Einsatz in der Sekundärmetallurgie ist darauf zu achten, daß die Sintermagnesia sehr wenig CaO enthält, andernfalls würde sich im Schmelzprodukt ein ungünstiges C:S-Verhältnis ergeben und es zur Bildung von CMS und eventuell C_3MS_2 kommen. Im vorliegenden Fall wurde darauf Bedacht genommen, wie die chemische Analyse eines derartigen Schmelzproduktes zeigt.

SiO_2	0,6%
„Fe_2O_3"	8,0%
Al_2O_3	7,3%
Cr_2O_3	51,6%
CaO	0,1%
MgO (Diff.)	32,4%.

Abb. 61 gibt das außerordentlich porenarme Gefüge dieses Schmelzproduktes wieder.

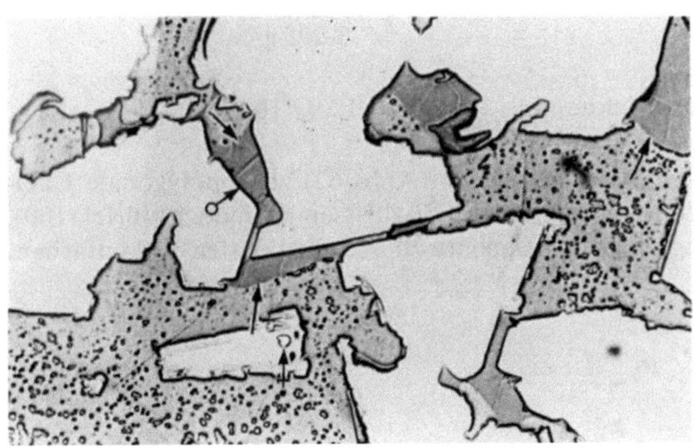

Abb. 61. 120 ×, nat. Auflicht. Periklasreiche Bildstelle eines geschmolzenen Produktes aus Sintermagnesia + Chromerz. Skelettförmiger Chromspinell umgeben von Periklas mit Entmischungen. M_2S ✓, CMS ⌁, Metalltröpfchen ✗. Eine Pore (Gasblase) links unten von der Bildmitte

Die Chromspinelle kristallisierten oktaedrisch, zum Teil skelettförmig und enthielten selten, aber doch immer wieder Metalleinschlüsse, bedingt durch die reduzierenden Verhältnisse des Schmelzvorganges (Lichtbogenofen). Die Periklase sind nicht völlig entmischt, sie sind im Durchlicht schwach gelblich gefärbt und besitzen eine Lichtbrechung von $n = 1,777$.

Wenn man bei der Erzeugung dieses Produktes ein Chromerz mit etwa 56% Cr_2O_3 zugrunde legt und keinen Materialabgang durch metallisches Ferrochrom annimmt, dann errechnet sich aus der obigen Analyse ein Verhältnis Sinter:Chromerz von etwa 7,9:92,1. Man kann das vorliegende Produkt als ein extrem reines und völlig zerdrückungsfreies Chromerz bezeichnen, wie es in der Natur nicht vorkommt und im gewissen Sinne einen Idealfall eines Zwischenproduktes darstellt.

3.2.2.4 Schmelzprodukte aus Kalk

Schmelzkalk wird ähnlich wie Schmelzmagnesia und Schmelzdolomit in 15 t-Lichtbogenöfen hergestellt. Das Verfahren wurde bereits in Kapitel 3.2.2.2 beschrieben.

Die ersten technischen Versuche wurden Anfang der 60er Jahre aus Branntkalk als Ausgangsmaterial unternommen [1]. Schmelzkalk wird noch heute von einem Elektroschmelzbetrieb in größeren Mengen hergestellt und als Tiegelmaterial bei Hochtemperaturvakuum-Verfahren eingesetzt. Die Gesamtverunreinigungen betragen nur etwa 1%, und es entstehen sowohl glasklare als auch polykristalline, trübe Aggregate. Die Hydratation beginnt an der Oberfläche und innerhalb deutlich sichtbarer Spaltrisse, an denen später eine Zerlegung in Einzelstücke stattfindet.

Fischer [1] bestimmte an ausgesuchten klaren Kristallen eine Reihe physikalischer Daten:

$$\text{Gitterkonstante} \qquad = 4,8075\,\text{Å}$$

$$\text{Dichte} \qquad = 3,295\,\text{g/cm}^3$$

$$\text{Wärmeausdehnung } \alpha\,\frac{22°}{1060°\text{C}} = 12,9 \cdot 10^{-6}/°\text{C}.$$

Das Bild eines polykristallinen Aggregates (Abb. 62) zeigt polygonale CaO-Kristallite in direkter Bindung, manchmal mit Spaltrissen nach dem Würfel (100). Auch hier führt die Ätzung durch Luftfeuchte zu verschiedensten Anlauffarben.

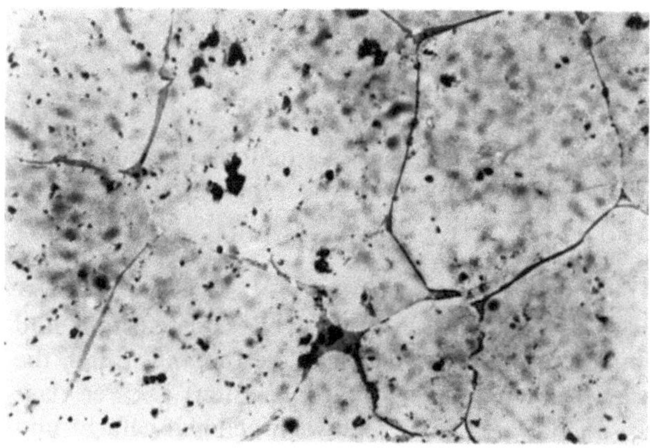

Abb. 62. 100 ×, Schmelzkalk. Kristallitdurchmesser bei 300 μm, an den Korngrenzen dünne Säume von C_3S grau. Fleckenbildung durch beginnende Hydratation über die Luftfeuchtigkeit

Schmelzkalk wurde versuchsweise zu direkt gebundenen gebrannten Steinen weiterverarbeitet und in Öfen der Stahl- und Eisenindustrie, hier besonders in Induktionsöfen mit und ohne Vakuum zur Herstellung von Stählen mit extrem niedrigen Sauerstoff-Schwefel- oder Phosphorgehalten eingesetzt. Die Haltbarkeit ist von der Zustelltechnik und dem Schlackenangriff abhängig [2], [3].

Literatur

1. Fischer, W. A.: Arch. Eisenhüttenw. **35**, 37 (1964).
2. Fischer, W. A., Etterich, O.: Stahl u. Eisen **87**, 28 (1976).
3. Fischer, W. A., Seeger, U., Shah, V.: Keram. Z. **26**, H. 9 (1974).

3.3 Geformte Produkte

3.3.1 Gebrannte Produkte

3.3.1.1 Stein aus Schmelzmagnesia

Für verschieden hoch beanspruchte Ofenteile, wie Schlackenzonen, Ausgüsse, Abstiche u. ä. in SM-Öfen, Blasstahlkonvertern u. a., werden häufig Steine aus Schmelzmagnesia verwendet, wovon ein Stein beschrieben wird, der aus der Schmelzmagnesia des Kapitels 3.2.2.1 hergestellt wurde. Dabei ist interessant zu sehen, was aus dem Produkt nach dem Steinbrand im Tunnelofen entstand. Die chemische Analyse ist dem angeführten Kapitel zu entnehmen.

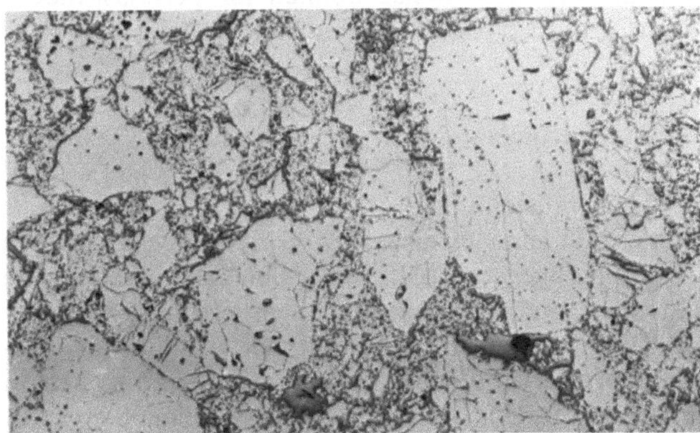

Abb. 63. 6 ×. Anschliffaufnahme in senkrecht reflektierendem Licht. Korngefüge mit Kornlücke im Mittelkornbereich

Die Kornstruktur des gebrannten Steines deutet nach Abb. 63 eine übliche Kornlücke im Mittelkornbereich an. Die Periklase zeigen durch den oxidierenden Brand im Tunnelofen eine bemerkenswerte Veränderung. In Abb. 64 sind zwei Periklase durch ein Ca_2SiO_4-$CaZrO_3$-Eutektikum getrennt.

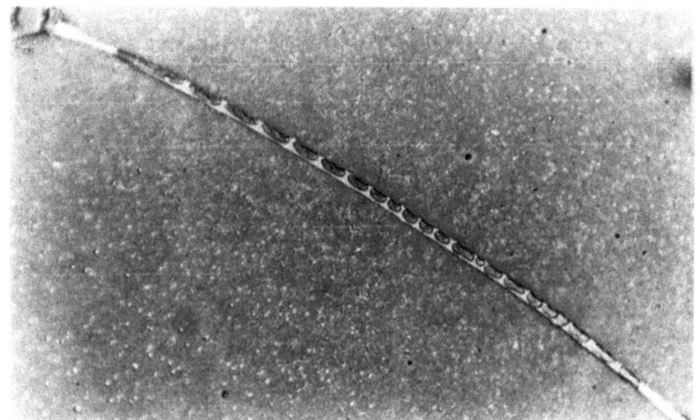

Abb. 64. 400 ×. Gebrannter Stein aus Schmelzmagnesia, Detail. Zwei Periklase werden durch ein Ca_2SiO_4-$CaZrO_3$-Eutektikum getrennt. Die Periklase enthalten zahllose $Ca_2Fe_2O_5$-Einschlüsse (weiß, $< 1\mu m$)

Die hell reflektierenden, sehr kleinen $Ca_2Fe_2O_5$-Einschlüsse der Periklase sehen aus wie Entmischungen aus einer festen Lösung. Sie kamen durch den oxidierenden Steinbrand zustande, denn die Periklase enthielten von der stark reduzierend geführten Schmelze her CaO und FeO in fester Lösung. Durch die oxidierende Ofenatmosphäre während des Steinbrandes wurden sie zu Dikalziumferrit umgebildet. Die hell reflektierenden C_2F-Einschlüsse besitzen gegenüber Periklas eine deutlich geringere Polierhärte. MF-Entmischungen würden geringfügig härter als Periklas sein. Es ist des weiteren bemerkenswert, daß die C_2F-Ausscheidungen u. a. auch die in Abb. 57 und 58 des Abschnittes 3.2.2.1 zu erkennende feine Porigkeit der Periklase erfüllen. Nur stellenweise können an Periklasrändern Vergesellschaftungen von $CaZrO_3$ mit $Ca_2Fe_2O_5$ beobachtet werden.

3.3.1.2 Sintermagnesia, Magnesia-Chromerz

a) Reiner Magnesiastein für Mischerzustellungen

Bei Mischersteinen kommt es auf eine niedrige Porigkeit und eine geringe Neigung zur Verdichtung des Steingefüges sowohl im unverschlackten Zustand wie auch während der Verwendung an. Untersucht wurde ein Stein, der vom Erzeuger als schlacken- und volumenbeständig mit überdurchschnittlicher Heißbiegefestigkeit für das Dauer- und Verschleißfutter von Mischern, für die Schlackenzone von SM- und Elektroöfen, als Dauerfutter für Blasstahlkonverter usw. angeboten wird. Der Stein ist aus zwei Sorten Sintermagnesia aufgebaut. Deutlich sind diese aus einer Übersichtsaufnahme, Abb. 65, zu entnehmen.

Die eine Sintermagnesia ist eisenarm und entspricht einer sehr dichten, hochreinen Seewassermagnesia, Abb. 66.

Die zweite Sintersorte (Abb. 67) entspricht einer Qualität des Sinters b des Abschnittes 3.2.1.1 und gibt im Vergleich zu Abb. 38 einen davon sehr verschiedenen Eindruck.

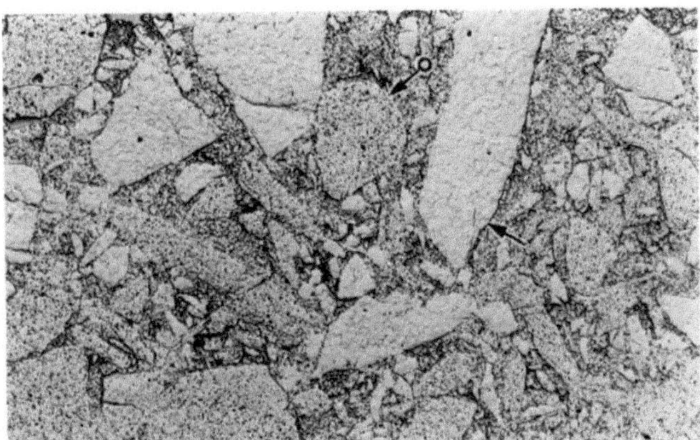

Abb. 65. 6 ×. Anschliffsaufnahme im senkrecht reflektierten Licht. Der Stein besteht aus Grobkorn, wenig Mittel- und wieder mehr Feinkorn. Das Grobkorn besteht aus zwei Sintersorten, einer sehr dichten ⟋ und einer üblichen Sinterart ⟋, erkenntlich an den verschiedenen Porengehalten

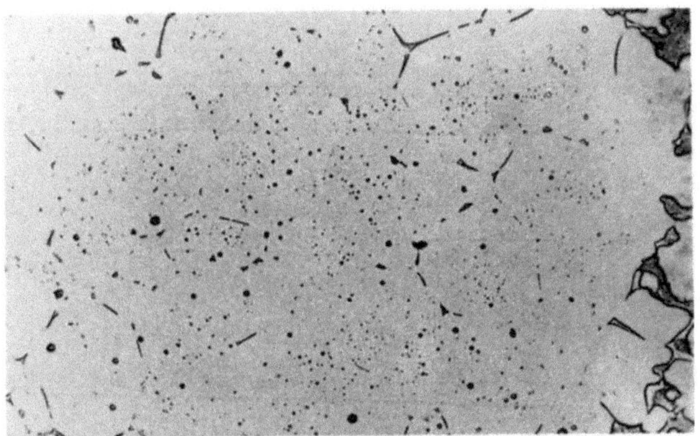

Abb. 66. 130 ×. Grobkorn einer sehr dichten eisenoxidarmen Seewassermagnesia. Die Periklase sind nur ab und zu mit dünnen Silikaträndern umgeben

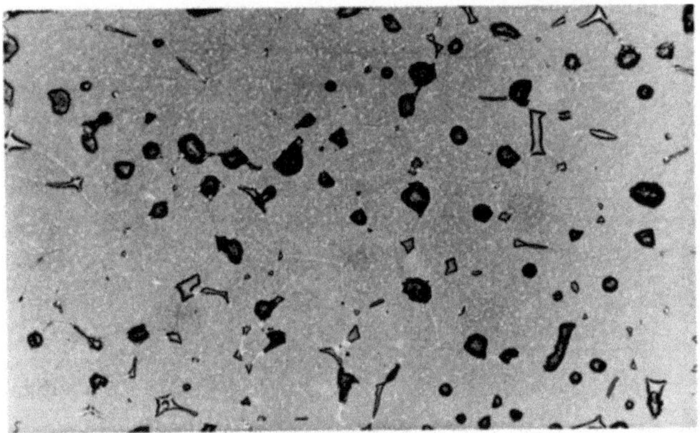

Abb. 67. 130 ×. Grobkorn der üblichen, jedoch silikatarmen zweiten Sinterart. Die Sinterporen (schwarz) sind hier größer, die Gesamtporigkeit des Sinterkornes ist auch höher

b) Handelsüblicher Magnesiastein

Für z. B. den Herdunterbau von Herdflamm- und Elektroöfen der Stahl- und Nichtmetall-Industrie, die Böden von Schwebeschmelzöfen, sieht die Feuerfest-Industrie die sogenannten handelsüblichen Magnesiasteine ohne besondere Körnungsmaßnahme vor, was keineswegs eine in chemisch-mineralogischer Hinsicht höhere Sinter-Qualität ausschließt.

Abb. 68 gibt bei 6facher Vergrößerung den Körnungsaufbau des Steines wieder. Man gewinnt den Eindruck eines stetigen Kornaufbaues und eines relativ dichten Korngefüges. In mineralogischer Beziehung stellt sich dieser Stein aber von besonderer Eigenart dar. Die Sinterqualität geht wahrscheinlich auf die Rohmagnesittype nach Abb. 22 des Abschnittes 3.1.1, also einem relativ SiO_2-armen Rohmagnesit mit etwas höherem CaO-Gehalt zurück. Bekanntlich besitzt Dikalziumferrit = C_2F einen niedrigen Schmelzpunkt (M-C_2F-Eutektikum bei

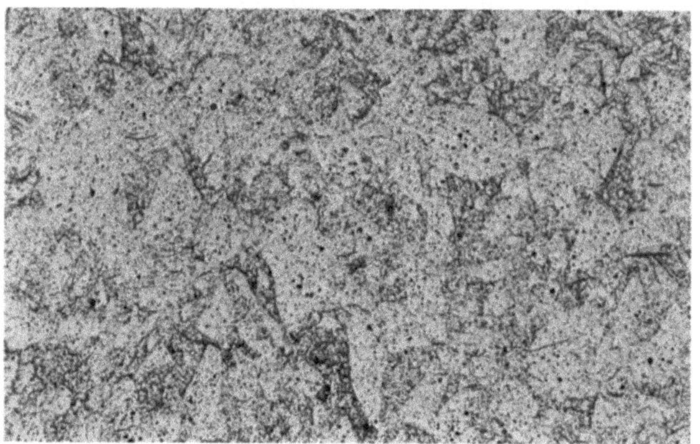

Abb. 68. 6 ×. Anschliffaufnahme in senkrecht reflektiertem Licht zur Darstellung des Kornaufbaues des Steines

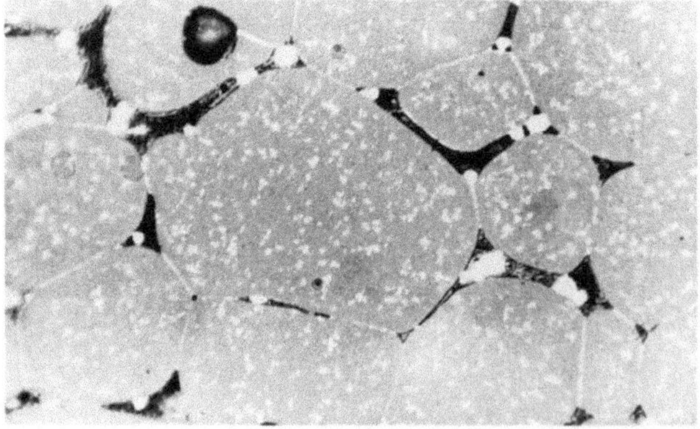

Abb. 69. 370 ×. Geätzt mit alk. 1%iger HNO_3. Dadurch ist C_2S dunkel gefärbt. Hellweiß in der Periklasumsäumung ist $CaZrO_3$. Die Periklase enthalten zahllose MF-Entmischungen. Links oben ist eine Pore angeschnitten

etwa 1400°C). Die Feuerfestigkeit wurde hier, wie bei der Schmelzmagnesia nach Abschnitt 3.2.2.1 durch Zugabe von ZrO_2 wahrscheinlich in Form von $ZrSiO_4$ angehoben, Abb. 69 [1].

Die Feststoffgleichgewichte nach der Sinterung sind aufgrund einschlägiger Literaturangaben [2], [3] in Abb. 70 dargestellt.

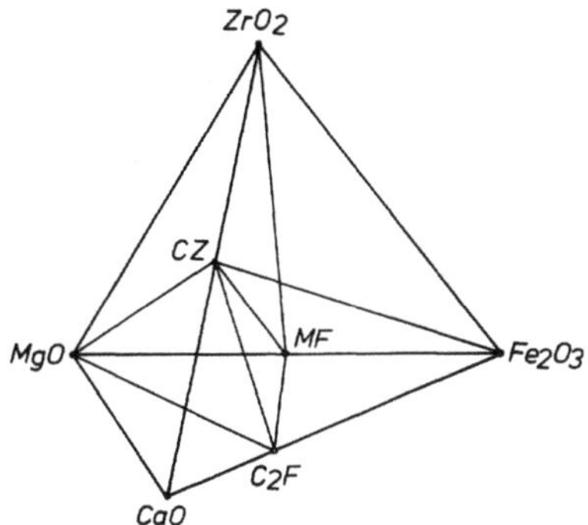

Abb. 70. Feststoffgleichgewicht im Vierstoffsystem MgO-CaO-Fe$_2$O$_3$-ZrO$_2$

ZrO_2 ist bei Überschuß von MgO, wie dies für Magnesia-Produkte zutrifft, auch in der Lage, C_2S unter Bildung von C_3MS_2 und CZ abzubauen. Bei einem Zusatz von ZrO_2 ist demnach zu achten, diesen so zu wählen, daß es nicht zur Bildung von magnesiahaltigen Kalziumsilikaten kommt. Der ZrO_2-Zusatz wirkt sich demnach nur vorteilhaft zur Eliminierung des C_2F aus.

Literatur

1. Auslegeschrift 2,233.042 des Deutschen Patentamtes, Anmelder: Österr. Amerik. Magnesit AG, Radenthein, als Erfinder genannt Dr. Hilde Haas, und AT-Patentschrift 347843, angemeldet 26. 2. 1974, Erfinder Dipl.-Ing. Dr. H. Gulas.
2. Referat in Phase Diagrams, Band 1−3, Fig. 664, 724, 4561, 4577−4580.
3. Phase Diagrams, Vol. IV, herausgegeben von Allen M. Alper, 1976, S. 254−256.

c) Magnesiachromstein mit Direktbindung

Für schlackenbeanspruchte und hohem Temperaturwechsel ausgesetzte Ofenteile, wie SM-Ofenwände, -Badezonen und -Gewölbe, für Rüssel und Obergefäße von Stahlentgasungsanlagen, Stahlentgasungspfannen, Düsenwände und Gewölbe der Nichteisenmetallkonverter und Herdflammöfen, in Deckeln von Elektroöfen usw. liefert die Feuerfest-Industrie u. a. auch hochgebrannte Steine mit geringem SiO_2-Gehalt, niedriger Porosität und sogenannter Direktbindung zwischen Periklas und Chromit. Sie gehen auf eine längere Forschungs- und Entwicklungsarbeit zurück. Zur Beschreibung des mineralogischen Aufbaues stand ein derartiger Stein zur Verfügung.

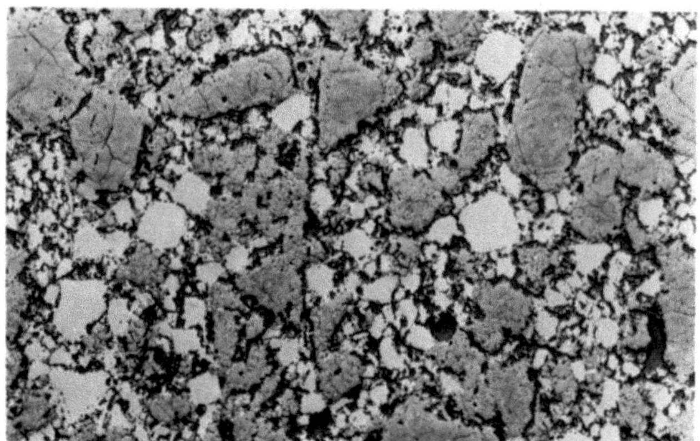

Abb. 71. 6 ×. Magnesiachromstein mit Direktbindung in senkrecht reflektiertem Licht aufgenommen. Weiß ist Chromit, grau Sintermagnesia, dunkel sind Poren

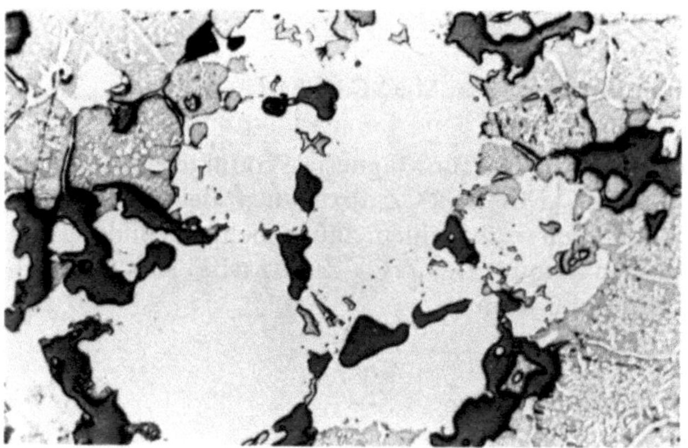

Abb. 72. 40 ×. Chromit hellweiß mit Periklas in „Direktbindung" besonders am rechten Bildrand, dunkel sind kunstharzerfüllte Poren

Abb. 73. 320 ×. Detail aus Abb. 72. Chromit hellgrau, C_2R weiß, Periklas mit Entmischungen grau, Poren schwarz, C_2S grau

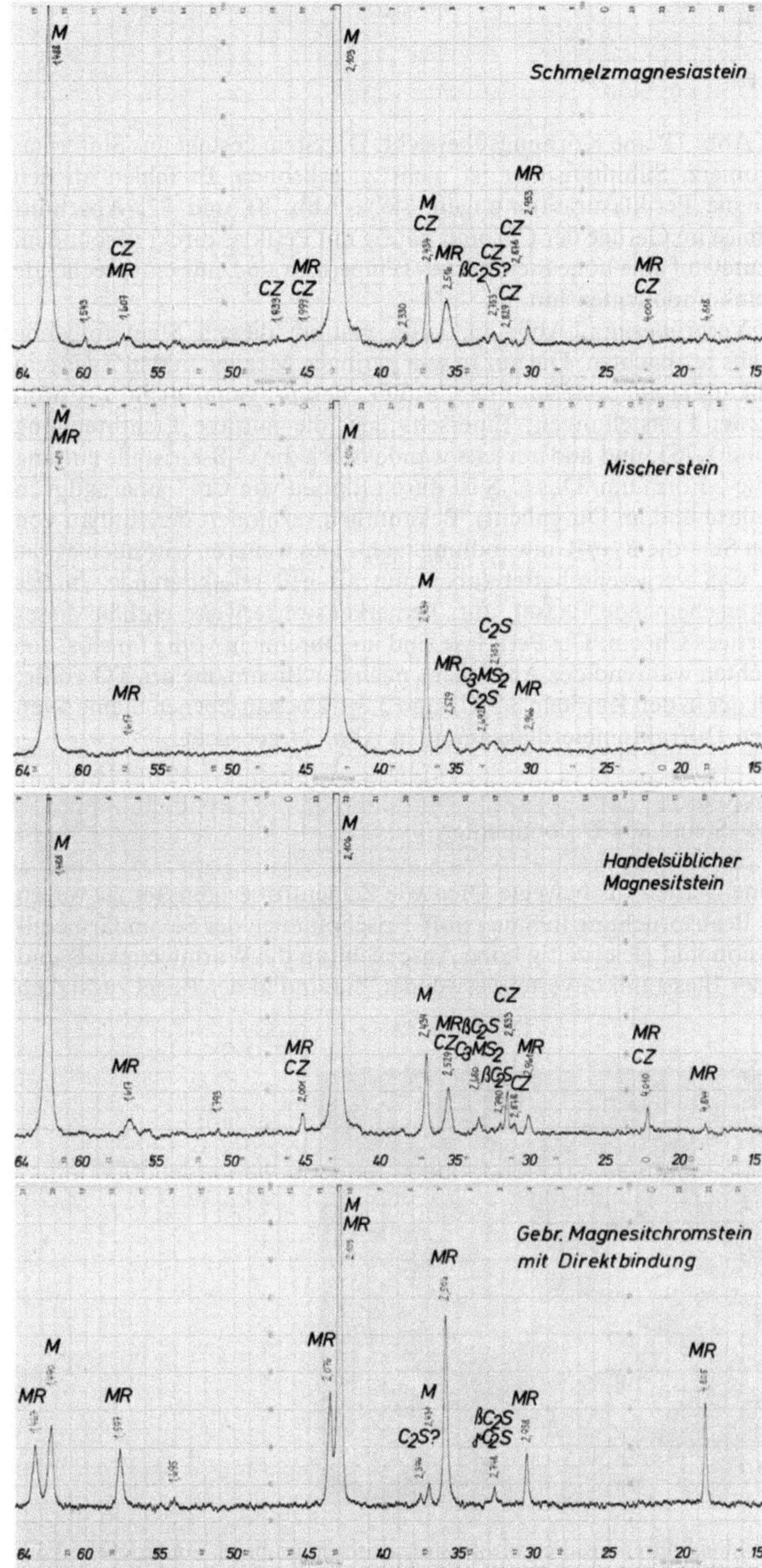

Abb. 74. Röntgendiffraktometeraufnahmen der im Kapitel 3.3.1.1 und 3.3.1.2 beschriebenen gebrannten Steine. Große Unterschiede in den Diagrammen

Zunächst gibt Abb. 71 eine Körnungsübersicht. Der Stein besteht aus Sintermagnesia und Chromerz, Simultansinter ist nicht zu erkennen. Es fehlen an den Chromitkörnern die Periklasumsäumungen, siehe Abb. 81 und 82, Abschnitt 3.3.2.2. Trotzdem ist im Gefüge der Chromit häufig mit Periklas direkt verbunden, Abb. 72. Dies deutet auf eine hohe Steinbrand-Temperatur und eine entsprechende Reinheit der Steinkomponenten hin.

Bei stärkerer Vergrößerung, Abb. 73, kann man in diesem Stein folgende interessante Details beobachten. Die nur in sehr geringen Mengen und in Zwickeln auftretenden Silikatphasen bestehen aus Ca_2SiO_4 der β-, wenn nicht α'-Form, erkenntlich an zwei Feststellungen: Einerseits liegt die mittlere Lichtbrechung zwischen 1,736 und 1,763, und andererseits wandeln sich die C_2S-Kristalle entlang von Klüften in die γ-Form um. Das C_2S ist durch Einbau von Cr^{3+} smaragdgrün gefärbt (Innenreflexe und im Durchlicht). Bekanntlich verhindert der Einbau von Cr^{3+} anstelle von Si^{4+} die $\beta \to \gamma$-Umwandlung nicht. Des weiteren tritt noch etwas C_2R, meist mit C_2S vergesellschaftet (aber nun als hell reflektierende, in der Abbildung weiß erscheinende Phase), auf. Bemerkenswerterweise enthält dieses C_2R kein dreiwertiges Chrom. Die Periklase sind im Durchlicht völlig farblos, das heißt, sie entmischten während des Abkühlens nach der Brennzone des TO völlig.

Zum Vergleich der in den Kapiteln 3.3.1.1 und 3.3.1.2 beschriebenen Steine seien die dazugehörigen Diffraktometerdiagramme in Abb. 74 gebracht.

3.3.1.3 Gebrannte Steine aus Dolomitsinter

Derartige Steine werden für bewegte Öfen wie Zementrotieröfen, ferner wegen besonders hoher Beanspruchung in Sauerstoff-Frischpfannen der Sekundärmetallurgie (hohe Erosion und gleichzeitig hohe Ansprüche an die Warmfestigkeit) und im Dauerfutter der Blasstahlkonverter verwendet. Sie sind in der Regel zusätzlich teergetaucht.

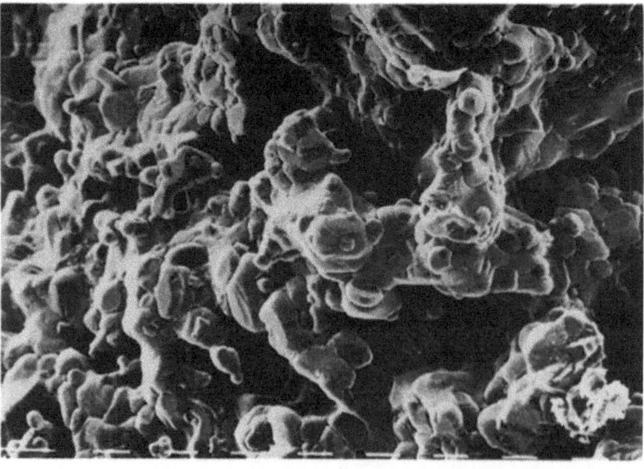

Abb. 75. Brückenbildung durch Festkörperdiffusion zwischen gröberen Sinterdolomitkörnern beim keramischen Brand; 1 Teilstrich ist 10 μm

Die keramische Bindung beim Dolomitstein [1] wird während des Tunnelofenbrandes bei etwa 1600° − 1700°C erzeugt. Dabei kommt es überwiegend durch Kristallwachstum des CaO + MgO im Feinkornanteil zu einer Brückenbildung zwischen den größeren Sinterkörnern. Die durch das Brechen entstandenen scharfen Kornformen runden sich ab. Über die Kontaktstellen diffundieren entsprechend der Teilmischbarkeit im System CaO-MgO [2] Mg^{2+}- und Ca^{2+}-Ionen im gegenläufigen Sinne, außerdem auch in geringem Umfang Fe^{2+}- und Fe^{3+}-Ionen. Die in geringer Menge vorhandenen Ca-Silikate und Ca-Ferrite übernehmen dabei keine entscheidende Bindefunktion, Abb. 75.

Die Kalt- und Heißfestigkeiten werden somit zum überwiegenden Teil durch Festkörperdiffusion erreicht, die mit wachsender Brenntemperatur steigt. Man spricht daher auch von einer direkten Bindung. Sehr ähnlich ist es bei Dolomit-Magnesia-Mischprodukten. Auch hier führt Festkörperdiffusion zu einer direkten Bindung zwischen den Dolomit- und Magnesiasinterkörnern. Da in der Sintermagnesia der Periklas nur durch geringe Mengen Silikat gebunden ist, nimmt auch Periklas an der direkten Bindung teil (siehe Abb. 55 in Kapitel 3.2.1.2).

Literatur

1. Obst, K. H., Münchberg, W.: Bericht Unterausschußsitzung VdEH Düsseldorf, März 1980. Referateband S. 82.
2. Doman, R. C., u. a.: J. Amer. ceram. Soc. **46**, 313 − 316 (1963).

3.3.2 Ungebrannte Produkte und Massen

3.3.2.1 Feuerfeste Steine mit Teer- bzw. Pechbindung

Neben der keramischen und der chemischen Bindung besitzt jene über Teer bzw. Pech für basische Produkte eine große Bedeutung. So wird der Hauptteil der Dolomit- und Magnesiasteine für die Sauerstoffaufblaskonverter mit 3 − 6% der Destillationsrückstände des Steinkohlenteers verpreßt und anschließend getempert. Voraussetzung dazu ist während der Temperung eine reduzierende Atmosphäre, die das oxidationsempfindliche Bindemittel vor Abbrand schützt. Da es in den meisten Fällen nicht zur Ausbildung einer nachträglichen keramischen Bindung kommt, wäre ein Zerfall in die Kornfraktionen die sofortige Folge. Die Funktion des Bindemittels bzw. des durch Temperung daraus entstandenen Restkohlenstoffes beruht auf folgenden Faktoren:

1. Verarbeitbarkeit der Preßmasse.
2. Reduktionswirkung gegenüber Eisenoxidverbindungen (natürlich nur im beschränkten Maße).
3. Herabsetzung der Benetzbarkeit Schlacke/feuerfestes Oxid durch Oberflächenbelegung des Feinkornanteils.
4. Bei Produkten mit Freikalk zusätzlicher Hydratationsschutz.
5. Bei Produkten mit höheren Restkohlenstoffgehalten Anhebung der Wärmeleitfähigkeit.

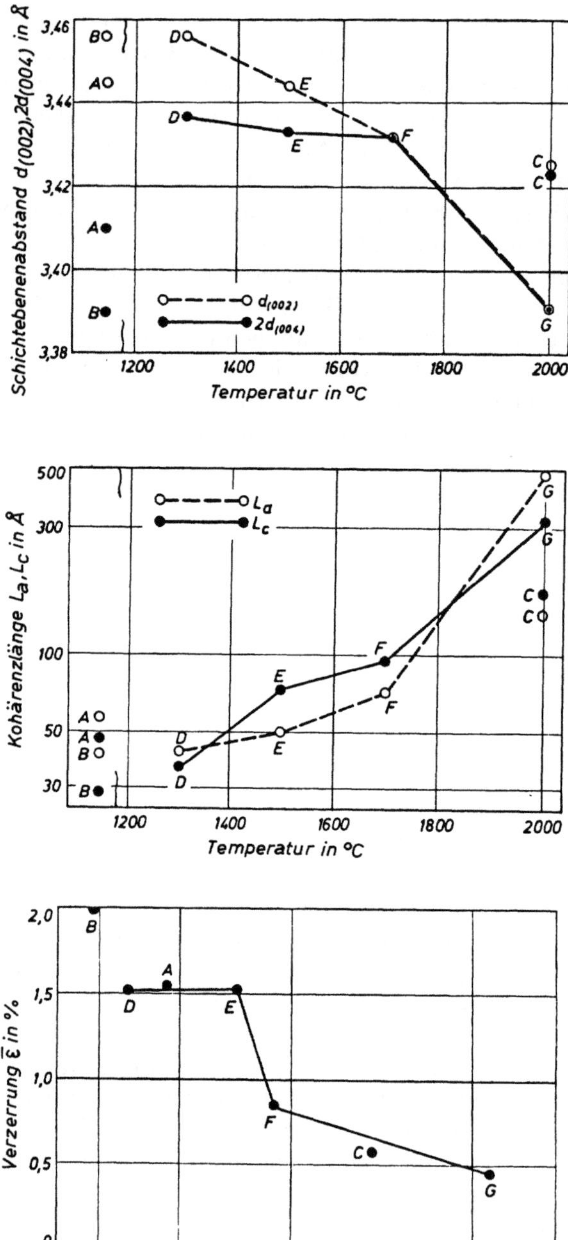

Abb. 76. Mittlerer Schichtebenenabstand, mittlere Kohärenzlänge und Gitterverzerrungen von Kohlenstoffproben nach zunehmender Einsatztemperatur aus gebrannten und teergetauchten Magnesiasteinen und von Teer- und Koksproben nach H. Barthel, W. Libal und R. Hausner [3]

Um die Wirkung des Restkohlenstoffs noch zu verstärken, wurde versucht, durch Verwendung hochpechhaltiger Teere und Zusätzen von Ruß und/oder Graphit [10] den Porenraum maximal mit Kohlenstoff auszufüllen. Fast ideal gelingt das mit der thermischen Zersetzung von leichteren Kohlenwasserstoffen im Porenraum [7], nur ist dieses Verfahren wirtschaftlich nicht interessant.

Mit der Mineralogie des für den späteren Verschleiß solcher Steine wichtigen Kohlenstoffgerüstes befaßten sich schon frühzeitig eine Reihe von Autoren aus Europa und den USA, [1] bis [6]. Neben den drei Funktionsweisen (Benetzung, Reduktion und Gasdruck) [2], [8], [9] waren besonders die Morphologie und der kristalline Ordnungsgrad sowie seine Paragenese zu den feuerfesten Oxiden Ziel der

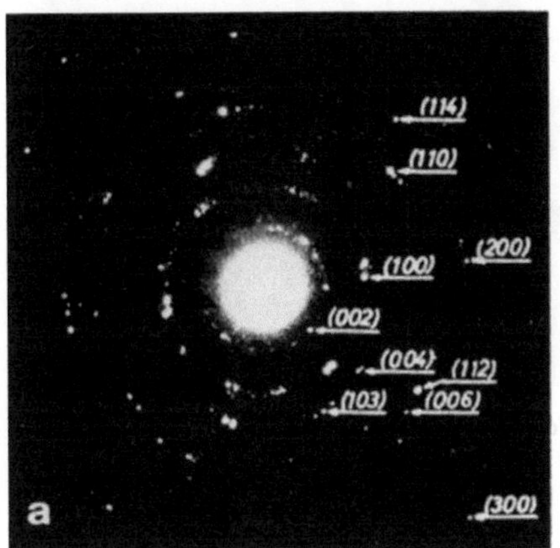

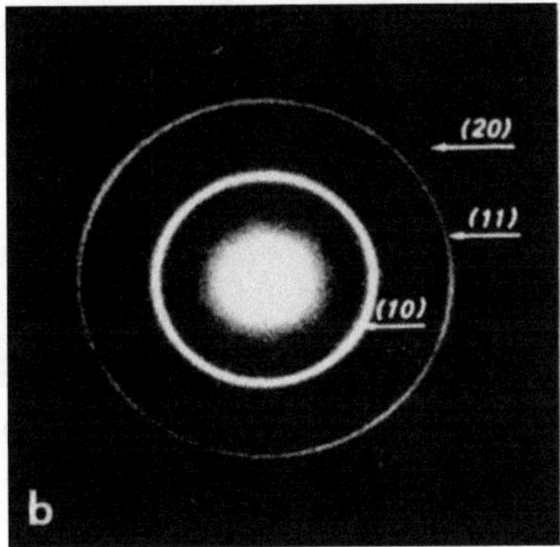

Abb. 77. a) Elektronenbeugungsaufnahme von feingliederigen Graphitlamellen, deutliche (*hkl*) Reflexe. b) Elektronenbeugungsaufnahme von ungegliederten Graphitformen nach [3]

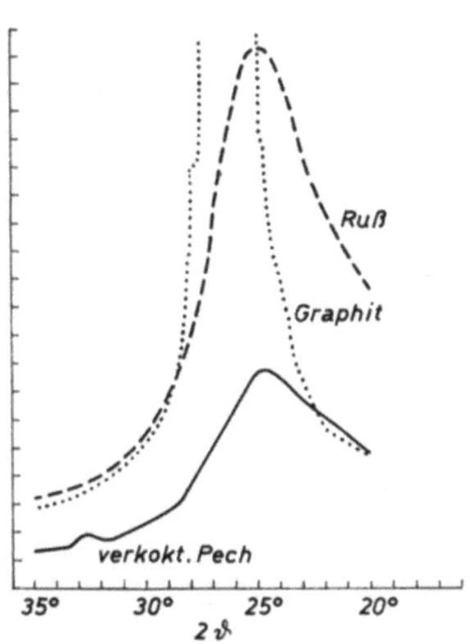

Abb. 78. Verschiebung des (002)-Reflexes in Abhängigkeit vom Graphitisierungsgrad. Man vergleiche hierzu Abb. 76a

Abb. 79. 2700 × . Direktgebundener Dolomitstein, teergetaucht, Laborverkokung bei 500°C 5h

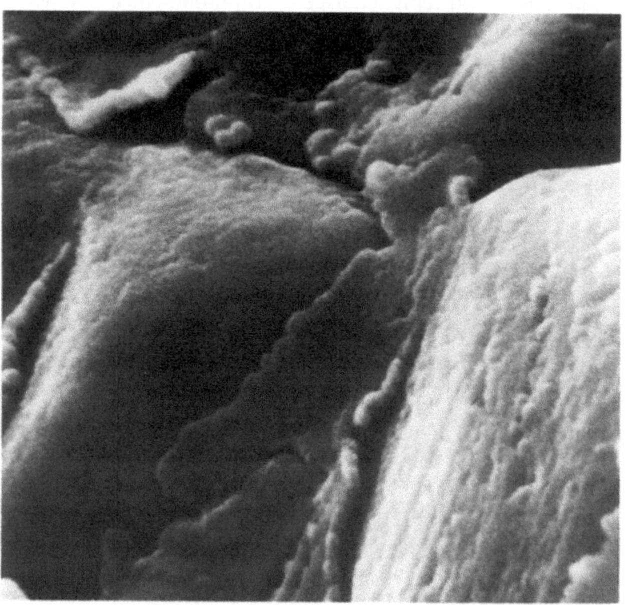

Abb. 80. REM-Aufnahme, 11000 × . Direktgebundener Dolomitstein, teergetaucht, Laborverkokung bei 1000°C 5h

recht eingehenden Untersuchungen mit Hilfe der Röntgenbeugung, Licht- und Elektronenmikroskopie.

In Anlehnung an ältere Untersuchungen der Graphitisierbarkeit von Steinkohlenpechen zeigten Barthel, Libal und Hausner [3] anhand des mittleren Schichtebenenabstandes $d_{(002)}$ und $d_{(004)}$, der mittleren Kohärenzlänge L_a und L_c sowie der Gitterverzerrung $\bar{e}$ den mit zunehmender Einsatztemperatur wachsenden Ordnungsgrad der Kohlenstoffablagerungen in teergetränkten Magnesiasteinen sowie getemperten Teerkoksproben (Abb. 76) auf, deren grundsätzliche Übereinstimmung auch für pechgebundene Steine gegeben ist.

Es entsteht je nach Behandlungstemperatur stark fehlgeordneter Graphit im parakristallinen Zustand. Dabei sind elektronenmikroskopisch feingegliederte und ungegliederte Lamellen zu unterscheiden, die deutliche (*hkl*) Reflexe bzw. nur Beugungsringe (*hk*) erkennen lassen, Abb. 77.

Isoliert man — wie in Kapitel 2.3 beschrieben — den Restkohlenstoff aus ungebrauchten, nur leicht verkokten Steinen, so gibt der (002)-Reflex in vielen Fällen durch Lage und Form Auskunft über seine Natur, Abb. 78.

Graphit zeigt einen hohen, scharf ausgeprägten Peak, Ruß einen der Gaußkurve ähnlichen Reflex, während verkoktes Pech nur einen niedrigen Peak mit asymmetrischem Profil aufweist. Übergänge sind möglich.

Besonders erfolgreich sind Untersuchungen mit dem REM auf frischen Bruchflächen [4], [5], [6]. So wiesen Obst u. a. [4] nach, daß bei 500°C verkokte Proben kugelförmiger Ablagerungen vermutlich aus Teertröpfchen (Abb. 79) bei 1000°C dagegen verkokte blattartige Strukturen entstehen, Abb. 80.

Van Gilbert [5] zeigte an Mischungen aus Pech und Ruß eine Seifenblasenstruktur, wobei ein dünner Film von 0,1 μm Dicke aus Pech die Rußkügelchen umgibt.

Die letzte Entwicklung auf diesem Gebiet — die Kohlenstoff-Magnesiasteine, unter anderem japanischer Herkunft, zeigen zusätzlich zum Ruß/Pechgefüge eingelagerte Graphitaggregate (siehe Abb. 3, Kap. 2.1.2.2 [10]).

Literatur

1. Barthel, H.: Ber. dtsch. keram. Ges. **40**, 373 (1963).
2. Barthel, H.: Ber. dtsch. keram. Ges. **47**, 402 (1970).
3. Barthel, H., Libal, W., Hausner, R.: Ber. dtsch. keram. Ges. **47**, 532 (1970).
4. Obst, K.-H., Münchberg, W., Stradtmann, J.: Tonindustrie-Ztg. **94**, 225 (1970).
5. van Gilbert, Batchelor, J.: U.S. ceram. Bull. **50**, 156 (1971).
6. Marr, R. J., Treffner, W. S.: U.S. ceram. Bull. **51**, 582 (1972).
7. Bradt, R. C., Navarete-G., A., Walker, P. L., jr.: U.S. ceram. Bull. **55**, 640 (1976).
8. Herron, R. H., Runk, E. J.: U.S. ceram. Bull. **48**, 1048 (1969).
9. Gans, W., Knacke, O., Maarouf, E.: Arch. Eisenhüttenw. **39**, 669 (1968).
10. Grabner, B. E., Zoglmeyr, G.: Sitzungsbericht des Unterausschusses, Elektrostahlbetrieb des VdEH am 7. 4. 1978 in Urmitz.

3.3.2.2 Chemisch gebundene Magnesiachromsteine

Nach wie vor gibt es Siemens-Martin-Öfen. Die Gewölbe, Wände über der Badzone, Brennerköpfe und die Trompeten sind die verschleißintensivsten

Stellen. Hierfür werden von der Feuerfest-Industrie wegen ihrer besseren Schlackenbeständigkeit chemisch gebundene Magnesiachromsteine angeboten. Diese Steine sind blechummantelt und je nach Bedarf auch mit Innenblechen versehen. Die Bleche führen bei der Verwendung zu einer besseren Steinbindung, das heißt zu einem einigermaßen monolithischen Mauerwerk.

Die Herstellung von Anschliffen chemisch gebundener Produkte bereitet einige Schwierigkeiten, vor allem weil die notwendige Tränkung der Proben mittels Kunstharz gegenüber gebrannten Produkten sehr schlecht verläuft. Es ist daher zweckmäßig, derartige Proben vorher auf etwa 400°C zu erhitzen, um die chemische Bindung zu zerstören. Bei dieser Temperatur tritt noch keine merkbare Rekristallisation des Feinkornes auf, auch der frische Chromit oxidierte kaum. Erst dann

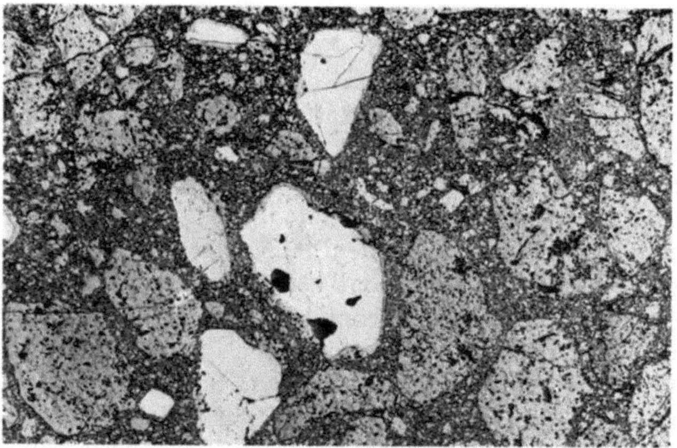

Abb. 81. 6 ×. Anschliffaufnahme im senkrecht reflektierten Licht. Weiß ist Chromit, grau ist Sintermagnesia

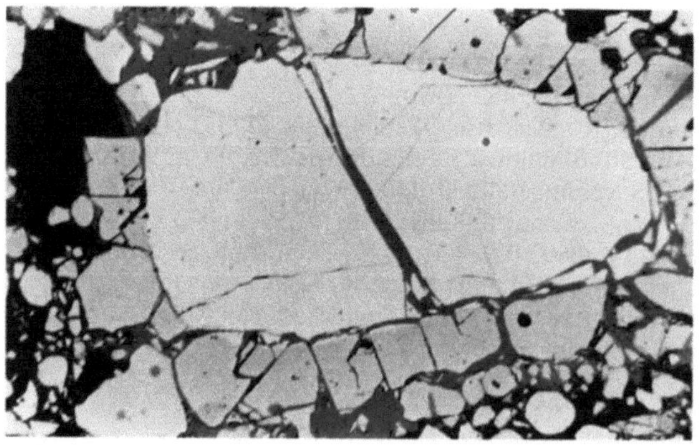

Abb. 82. 80 ×. Simultansinterkorn mit Chromitkern und Periklas in sogenannter Direktbindung [1]. Durch den Preßvorgang wurden an den Chromiträndern über durch unterschiedliche Wärmedehnung vorhandene Spannungen Risse ausgelöst (Einzelfall). Diese Risse heilen bei der Verwendung wieder aus

gelingen einwandfreie Anschliffe, wie sie für die Beobachtung des Feinanteiles notwendig sind.

Abb. 81 gibt bei 6facher Vergrößerung den Körnungsaufbau des Steines wieder. Man erkennt Chromerz, stammend von einem Simultanbrand mit Magnesit (sehr dünner Periklasbelag der Chromitoberfläche ↙), Sintermagnesia-Grobkorn (Simultanbrand) und Sintermagnesia-Feinkorn bestehend aus Sinter a, b und c des Abschnittes 3.2.1.1. Eine Körnungslücke ist hier offensichtlich.

Abb. 82 erfaßt ein Grobkorn aus Chromit mit Periklasumrandung durch ·Simultanbrand.

Durch das Pressen des Steinversatzes tritt eine Änderung der Korngrößenverteilung ein, Abb. 83. Es muß daher bei Steinmischungen, in welchen es auf eine bestimmte Korngrößenverteilung im fertigen Stein ankommt, diese Kornzerdrückung vorher berücksichtigt werden.

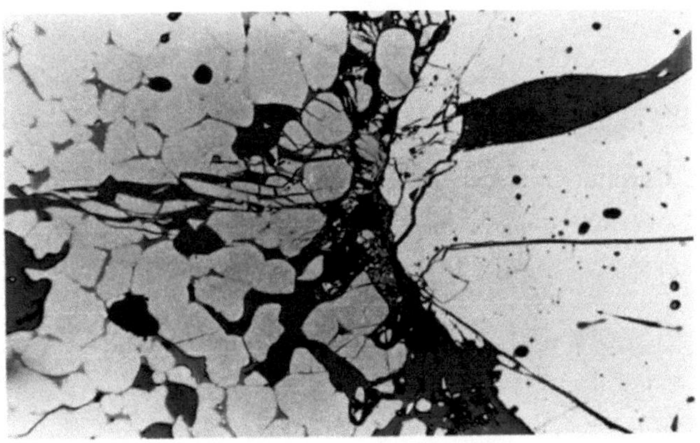

Abb. 83. 80 ×. Quer-Dehnungsrisse an der Berührungsstelle zweier Körner (Sintermagnesia a und Chromit). Diese Risse verlaufen etwa parallel dem Preßdruck

Literatur

1. Reitmann, L.: Dissertation am Institut für Gesteinshüttenkunde und feuerfeste Baustoffe, Montanuniversität Leoben, 1980.

3.3.2.3 Ungebrannte lose Produkte

Um die Herstellung von komplizierten und teuren Formsteinen zu vermeiden, verwendet man auch im basischen Bereich für Kalt- und Heiß-Reparaturen von Lichtbogenöfen, Metallschmelzöfen, Konvertern, Induktionsöfen, Schacht- und Rotieröfen und für ganze Ofenteile, Brenner oder Abstiche lose feuerfeste keramisch oder hydraulisch bindende oder teerhaltige Stampfmassen. Auf Basis von Sinter- oder Schmelzmagnesia können sie mit Chromerz, Schmelzkorund usw. verschnitten sein.

Die Entwicklung solcher loser Massen, ihre Qualitätskontrolle, die Reaktionsvorgänge im Temperaturgefälle, wie auch die Verfolgung der Konkurrenz-Produkte, erfordert u. a. physikalisch-chemische und auch mineralogische Untersuchungen.

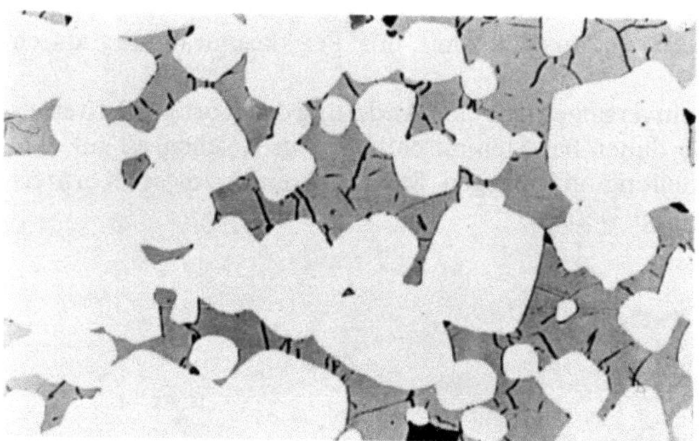

Abb. 84. 80 × , Chromerzkorn. Chromit-Oktaeder (hellweiß) mit Bronzit verwachsen

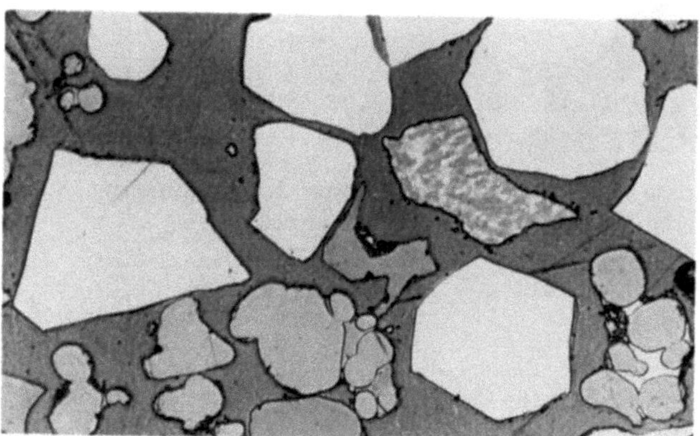

Abb. 85. 115 × , Korn-Klasse 0,09 – 0,20 mm. Chromit weiß, gleichmäßig grau kugelförmige und agglomerierte Sintermagnesia, weiß-grau gezeichnet Tonerdeschmelzzement. Graue Grundmasse Polyesterharz

Bei einem Feuerbeton, welcher anschießend näher behandelt wird, besteht das Bindemittel aus Tonerdeschmelzzement, das heißt, diese Masse wird mit Wasser angemacht und erdfeucht verarbeitet. Der Feuerbeton wird zunächst im frischen Zustand und im Kapitel 3.4.1.8 in seinem Reaktionsverhalten im Temperaturgefälle beschrieben.

Die chemische Analyse sagt schon einiges über den Aufbau des Feuerbetones aus:

$$SiO_2 \qquad 5,0$$
$$\text{„}Fe_2O_3\text{“} \qquad 20,2$$
$$Al_2O_3 + Mn_3O_4 \quad 16,6$$
$$Cr_2O_3 \qquad 29,7$$
$$CaO \qquad 5,4$$
$$MgO\,(\text{Diff.}) \qquad 23,1.$$

Die mineralogische Untersuchung wird erleichtert, wenn man derartige, lose Produkte in eng begrenzten Siebklassen bearbeitet. In großen Zügen bestehen die einzelnen Kornklassen dieser Masse aus:

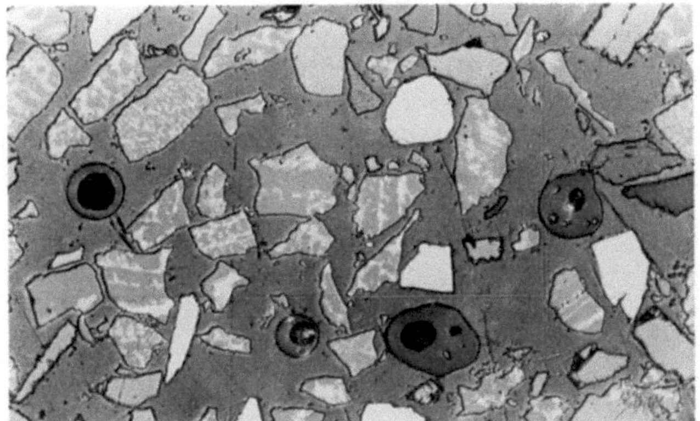

Abb. 86. 270×, Kornklasse − 0,06 mm. Chromit, weiß-grau gezeichneter Tonerdeschmelzzement, keine Sintermagnesia. Die runden Hohlkugeln sind Glaskügelchen einer kalorischen Kraftwerks-Flugasche. Die Lichtbrechung dieser Glaskügelchen liegt unter der des Polyesterharzes ($n = 1{,}573$)

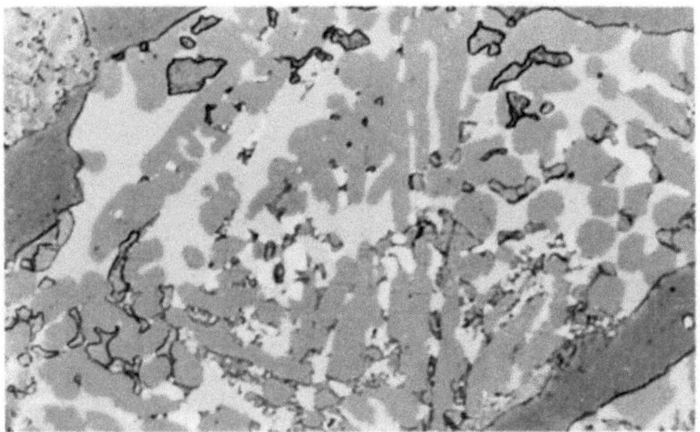

Abb. 87. 920×, Kornklasse < 0,06 mm, Tonerdeschmelzzement-Einzelkorn geätzt mit 0,2 n-KOH. Grau und leistenförmig CA, hellgrau $C_2(AF)$, weiß $C(AF)_2$ [1] und geätzt C_2S

+ 0,5 mm	hauptsächlich Chromit, keine Sintermagnesia
0,2 mm − 0,5 mm	hauptsächlich Chromit, wenig unzerkleinerte Sintermagnesia
0,09 mm − 0,2 mm	viel unzerkleinerte Sintermagnesia, Chromerz, wenig Schmelzzement
0,06 mm − 0,09 mm	unzerkleinerte Sintermagnesia, Schmelzzement und Chromerz etwa im Verhältnis 1 : 1 : 1
− 0,06 mm	hauptsächlich Tonerdeschmelzzement, wenig Sintermagnesia, deutliche Menge kalorischer Flugasche, wenig Chromit, siehe auch das RD-Diagramm der Abb. 89.

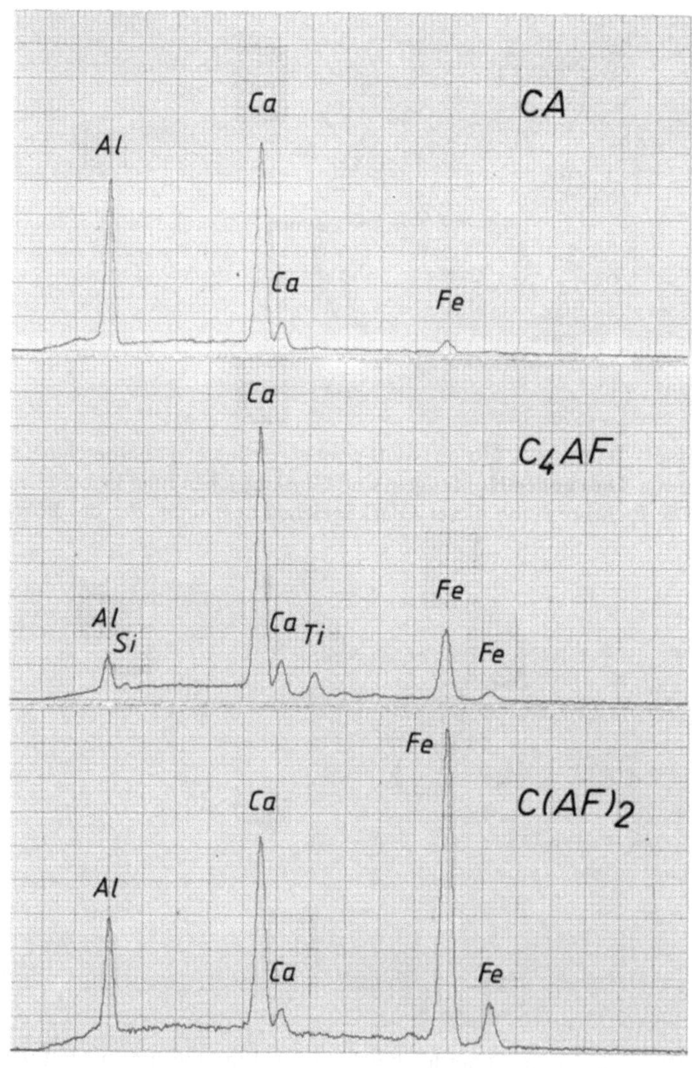

Abb. 88. ESMA-Spektren der drei Aluminatphasen des Schmelzzementanteiles des Feuerbetones

Andere Bestandteile, wie etwa lösliche Zusätze, waren nicht aufgefallen. Sie bestimmt man natürlich am besten durch wässrige Auszüge. Abb. 84 gibt ein Chromerz-Korn von 1 mm Größe wieder. Es besteht aus oktaedrisch begrenzten Chromit-Kristallen, die in Bronzit (grau) eingebettet sind, siehe Kapitel 3.1.2. Die Chromit-Körner in den kleineren Kornklassen sind größtenteils lose Oktaeder oder Oktaeder-Bruchstücke, wie es Abb. 85 zeigt.

Zu Abb. 85 wäre noch zu bemerken, daß die unzerkleinerte, ofenfallende Sintermagnesia (Sinterfeinkorn) teils mit $M_2S + CMS$ und teils mit C_2F verwachsen ist, daß es sich also um zwei Sintersorten handelt.

Nach Abb. 87 liegt die chemische Zusammensetzung des Tonerdeschmelzzementes im 4-Phasengebiet CA-$C(AF)_2$-$C_2(AF)$-C_2S mit geringen C_2S-Anteilen. Die ESMA-Spektren der drei Aluminat-Phasen gibt Abb. 88 wieder.

Das Ti ist in $C_2(AF)$ eingebaut, CA ist mit $HF = 1:20$ ätzbar und verfärbt sich leicht. Das C_2S ließ sich durch Ätzung mit alkohol. HNO_3 oder $0,2\,n$-KOH (Abb. 87) nachweisen. Im Durchlicht war wegen der feinen Verteilung das C_2S nicht auffindbar.

Röntgendiffraktometrisch sind in der Kornklasse $0,06 - 0,09$ mm die folgenden Phasen nachweisbar: Chromit, Periklas, C_2S (vom Tonerdeschmelzzement und der Sintermagnesia), Quarz und Plagioklas (von der Flugasche), $C_4AF + C_2F$ (vom Tonerdeschmelzzement und der Sintermagnesia), $C(AF)$, $C(AF)_2$ (vom Tonerdeschmelzzement), Forsterit von der Sintermagnesia und Bronzit vom Chromerz. Das CA besitzt eine Lichtbrechung von $n\gamma' > 1,661 > n\alpha'$, woraus auf nur geringe Gehalte von Fe^{3+} geschlossen werden kann.

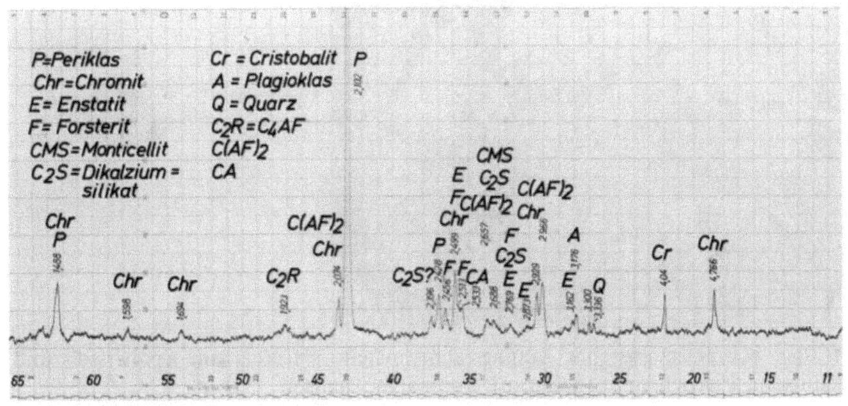

Abb. 89. RD-Diagramm der Kornklasse $-$ 0,06 mm des Feuerbetones

Wie vorteilhaft die Untersuchung einzelner Kornklassen gegenüber der gesamten Masse ist, zeigt der Vergleich von Abb. 89 mit der RD-Aufnahme von Abb. 146 im Abschnitt 3.4.1.8. Aus dem letzteren Bild läßt sich kein Hinweis auf den Tonerdeschmelzzement-Gehalt, die Flugasche (Quarz + Cristobalit) und die Art der Sintermagnesia finden.

Literatur

1. Brisi, C.: Ann. Chim. (Rome) **44**, 510 (1954).

3.3.3 Schmelzgegossene Steine

Bei diesem sehr hochwertigen und teuren Steintyp finden die Vorgänge des Schmelzens, der Formgebung und des „Steinbrandes" in einem Arbeitsgang unmittelbar hintereinander statt. Typisch für diese Produkte sind ein hoher Anteil an direkter Bindung zwischen den Komponenten und eine wechselnde Menge größerer Poren — auch Lunker genannt. Die Mikrogefüge solcher Schmelzsteine sind weitgehend identisch mit dem der Schmelzkörnungen (siehe Kapitel 3.2.3).

Als technisches Produkt ist von den basischen Stoffen bislang nur ein schmelzgegossener Magnesiachromstein im Handel (Corhart 104). Er enthält etwa 20% Cr_2O_3, 60% MgO, 12% Fe_2O_3, 3% SiO_2 und 7% Al_2O_3. Diese Steine gelten als hochfeuerfest, schlackenbeständig und mäßig temperaturwechselbeständig. Abb. 90 zeigt das Mikrogefüge eines solchen Steines, nämlich einen Periklaskristall mit der typischen Spaltbarkeit und Chromspinell $(Mg, Fe)O \cdot (Cr, Al)_2O_3$ koaxial mit dem Magnesiakorn verwachsen. Bei der hohen Temperatur des Schmelzvorganges finden Diffusionen von MgO in Richtung Chromspinell und von FeO, Cr_2O_3 und Al_2O_3 in Richtung Magnesia statt, ähnlich wie bei Simultansinter.

Abb. 90. 500×. Schmelzgegossener Magnesiachromstein. Periklas mit Spaltrissen und Spinelleinschlüssen, Picrochromit (hellgrau), koaxialverwachsen

Eine Variante dieses Steintyps ist der sogenannte rebonded (aggloméré) Stein, bei dem die Schmelze in Körnungen aufbereitet, geformt und anschließend in einem Steinbrand keramisch gebunden wird. Hierdurch erreicht man eine bessere Temperaturwechselbeständigkeit. Als Einsatzgebiet ist der Bereich der scharfen Phase in Elektrolichtbogenöfen und der Düsenbereich in AOD-Konvertern zu nennen.

3.4 Veränderungen des Phasenbestandes der feuerfesten Baustoffe nach ihrem Einsatz

Feuerfeste Steine und Massen verschleißen durch eine Vielzahl von Faktoren, besonders aber durch hohe Temperaturen, schroffe Temperaturwechsel, thermomechanischen Angriff und Reaktionen mit den gasförmigen, flüssigen oder festen Stoffen aus dem Ofenraum. Am Verschleißmodell (Abb. 91) sollen die wichtigsten dieser Verschleißarten und ihre Folgen für den Stein aufgezeigt werden.

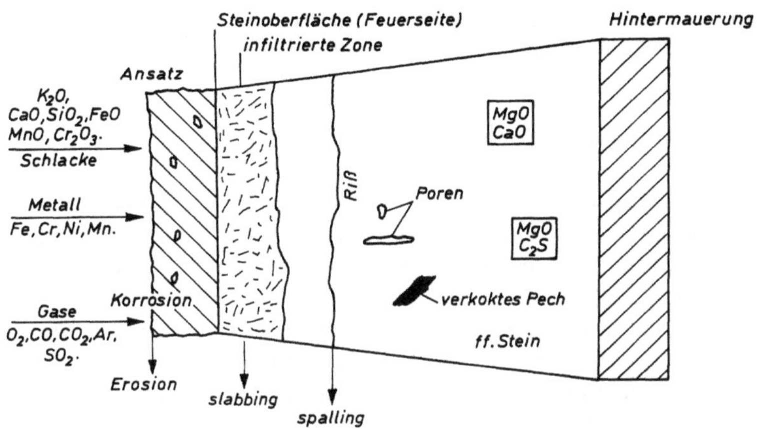

Abb. 91. Verschleißmodell bei feuerfesten Steinen

Der feuerfeste Stein selbst stellt ein Mehrphasensystem aus hochschmelzenden Komponenten, Poren und Bindemittel dar, wobei letzteres durch die Temperatureinwirkung noch umgewandelt wird.

Bei der Stahl- und Nichteisenmetallproduktion dringen bei hohen Betriebstemperaturen Metalle, Oxide und Gase gemeinsam oder getrennt über die Kontaktfläche durch Poren und Diffusion in das Steingefüge ein und reagieren dort mit den relativ reaktionsträgen Komponenten (Korrosion). Das führt zunächst zu Ansätzen und infiltrierten Zonen und bei den basischen feuerfesten Baustoffen im späteren Verlauf durch Entstehen niedrigschmelzender Phasen und thermomechanischer Belastung (Erosion) zum Abschälen (slabbing) der stark veränderten Bereiche.

Mechanische Schwächezonen (Risse) haben durch Temperaturwechsel dagegen das gefürchtete Abplatzen (spalling) zur Folge, bei dem Verluste in Dicken von 30—50 mm eintreten können.

In Prozessen der Steine- und Erdenindustrie überwiegen dagegen die Infiltration und Kondensation von Gasen und Dämpfen der Ofenatmosphäre, oft verbunden mit einem Wechsel des Sauerstoffpartialdrucks (oxidierend — reduzierend), die zu starken Gefügeverdichtungen führen und sich bei Temperaturwechselbeanspruchung in Abplatzungen äußern. Ohne Einfluß von Fremdstoffen führt gerichtete Kristallisation bei extrem hohen Temperaturen zur Auslöschung des ursprünglichen Steingefüges und zu verstärktem „Spalling".

Es muß bei dieser Gelegenheit betont werden, daß bei der zu beschreibenden Mineralogie der feuerfesten Baustoffe nach dem Einsatz immer auf die Verhältnisse im Ofen, im besonderen auf den Phasenaufbau an der heißen Steinseite, und im Temperaturgefälle rückzuschließen ist (Kristall-, Schmelz- und Gasphasen) [1] – [3].

Literatur

1. Trojer, F.: Neues Jahrbuch Miner. Abh. **94**, 1425 – 1440 (1960).
2. Zednicek, W.: Radex-Rundschau Heft 4/5, 323 – 341 (1968).
3. Zednicek, W.: Radex-Rundschau Heft 2, 499 – 513 (1973).

3.4.1 Verschleißerscheinungen bei der Stahlerzeugung

Der mit Abstand wichtigste Verschleiß erfolgt durch die Schlackenabfolge während der Raffinationsprozesse. Um zu einer Aufklärung der Verschleißmechanismen zu kommen, benötigt man vor allem die chemische Zusammensetzung und den Phasenaufbau der Schlacken in den metallurgischen Früh-, Mittel- und Endphasen und ihr Reaktionsverhalten gegenüber den feuerfesten Oxiden MgO, CaO, Chromspinell u. ä. Dazu ist eine enge Zusammenarbeit mit den Hüttenwerken erforderlich. Die Schlackenproben sollten möglichst repräsentativ gezogen und rasch abgekühlt werden, um den jeweiligen Zustand zu erfassen. Dabei auftretende, glasig erstarrte Silikate weisen auf den ungefähren Schmelzphasenanteil hin. Sie können durch anschließende Temperung um 1000°C in kristallisierte Phasen überführt werden. Eine sehr wichtige Rolle beim chemischen Angriff spielt die Basizität, hier als $B_1 = CaO/SiO_2$ [6] definiert.

stark sauer $\equiv$ kleiner 1
sauer $\equiv$ etwa 1 – 1,5
neutral $\equiv$ etwa 1,8
basisch $\equiv$ größer 2,0.

Bei der Anwesenheit größerer Mengen $Al_2O_3 + MgO$ gilt die Formel für eine erweiterte Basizität [6]:

$$B_3 = \frac{CaO + MgO}{SiO_2 + Al_2O_3}.$$

Eisen-, Chrom- und Manganoxid verhalten sich gegenüber MgO und CaO chemisch als saure Partner oder Mischkristallkomponenten, gegenüber SiO_2 als basischer Partner. Spencer [2] stellte insbesondere für die sekundäre Stahlerzeugung (AOD, VOD, Entschwefelungspfannen usw.) die Forderung auf, daß die feuerfeste Zustellung der entsprechenden Aggregate dem Chemismus der Schlacken weitgehend angenähert sein sollte: das heißt, daß bei basischen Prozessen (z. B. Entschwefelung mit CaO) der Dolomitstein einen Vorteil hat.

Bei der Herstellung von Massenstahl mit dem Sauerstoffaufblasverfahren kann man andererseits die Verschleißrate der pechgebundenen Magnesiasteine in der

Schlackenlinie durch Zugabe von dolomitischem Kalk zur Schlacke schon in der Anfangsphase [3], [4] und [5] entscheidend senken.

Literatur

1. Münchberg, W.: Mineralogische Probleme beim Verschleiß feuerfester Steine. Fortschritte der Mineralogie H. 58/2 (1980).
2. Alcock, S., Spencer, D. R. F.: The Application and Performance of Basic Refractories in Secondary Steelmaking Ladles. Trans. Brit. Ceram. Soc. **77**, 45−57 (1978).
3. Obst, K. H., Nolle, D., Mahn, G., Münchberg, W.: Stahl u. Eisen **100**, 1194 (1980).
4. Green, J., Quin, J.: The Influence of MgO on BOF Slag Fluidity and Its Correlation with BOF Refractory Wear Rate; Werksmitteilung Fa. Steetly Minerals Workshop GB (1979).
5. Kaufmann, J. W., Aguirre, C. E.: Characterization of Refractory Wear Provides Basis for New Practice for AOD Process; Industrial Heating 12−14 (1978).
6. Keil, F.: Hochofenschlacke, S. 44. Düsseldorf: Verlag Stahleisen. 1963.

3.4.1.1 Veränderungen des Phasenbestandes der feuerfesten Baustoffe im Sauerstoffaufblaskonverter

Das heute wichtigste Herstellungsverfahren für Massenstahl der Aufblaskonverter (= LD-Konverter) verwendet flüssiges Roheisen aus dem Hochofen und Schrott als Einsatzgut. In birnenförmigen Gefäßen wird durch Aufblasen von Sauerstoff (LD) mittels einer Blaslanze bei Futtertemperaturen von etwa 1600°C gefrischt, das heißt, der Kohlenstoffgehalt im Stahl wird von etwa 4 auf 0,1% herabgesetzt. Die dabei mitoxidierten Nebengemengteile Si, Mn, S, P werden durch Zugabe von Stück- oder Feinkalk verschlackt. Bei den neueren OBM-Konvertern wird der Sauerstoff nicht von oben sondern unter Mantelschutzgas vom Boden aus eingeblasen. Die LD- bzw. OBM-Konverter sind in ihren Hauptverschleißzonen mit 650 mm langen pechgebundenen, eisenarmen Magnesiasteinen und in weniger beanspruchten Partien mit pechgebundenen Dolomitsteinen ausgemauert. Ihr Verschleiß findet durch Reaktion und Infiltration der neu entstehenden Schlacken bei hohen Reaktionstemperaturen und Turbulenzen statt, wobei der aus dem Pech entstandene Restkohlenstoff einen gewissen Widerstand gegen Infiltration und/oder Oxidation bietet (siehe Kapitel 3.3.2.1).

Während des etwa 16 Minuten dauernden Blasprozesses wirken sehr unterschiedliche Schlacken auf das feuerfeste Futter ein. Zu Prozeßbeginn überwiegt die Oxidation von Si. Es liegt dann je nach CaO-Angebot Ferromonticellit, $Ca(Mg, Fe)SiO_4$, oder Olivin, $(Mg, Fe)_2SiO_4$ (Abb. 92), neben eigengestaltigen Wüstitmischkristallen $(Fe, Mg, Mn)O$ vor. Diese Frühschlacken sind niedrigviskos und infiltrieren entlang von Poren und Korngrenzen besonders stark bei Steinen auf Magnesiabasis. Infolge fehlendem oder noch nicht gelöstem CaO wird verstärkt MgO aufgelöst. Man setzt daher seit einiger Zeit dolomitischen Kalk in Stück- und/oder Pulverform zu, um die Löslichkeit für MgO in der Schlacke herabzudrücken.

Im weiteren Verlauf bilden sich in der Schlacke immer kalkreichere Verbindungen vom Typ Merwinit (C_3MS_2) und Dikalziumsilikat (C_2S), Abb. 93, bis schließlich in der Endschlacke C_3S, Magnesiawüstit ((Mg, Fe)O), Kalkwüstit ((Ca, Fe)O) und Dikalziumferrit (C_2F), Abb. 94, den Phasenbestand bestimmen.

Diese Endschlacken mit hohen FeO-Gehalten um $15-20\%$ greifen besonders Steine auf Dolomitbasis an. Ein pechgebundener Reststein aus Magnesia oder Dolomit von einem Aufblaskonverter zeigt drei Zonen.

Abb. 92–94. Mikrogefüge von LD-Schlacken aus einem Aufblaskonverter

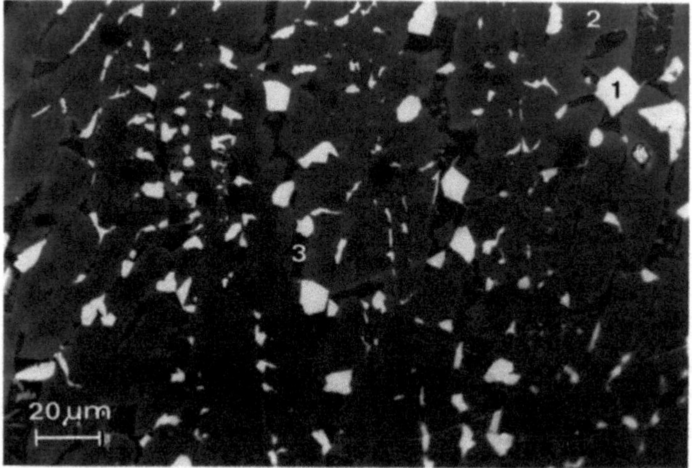

Abb. 92. Frühschlacke nach 1,7 min. $CaO/SiO_2 = 1,2$. *1* Wüstit (FeO), *2* Ferromonticellit (CMS-CfS), *3* Glas

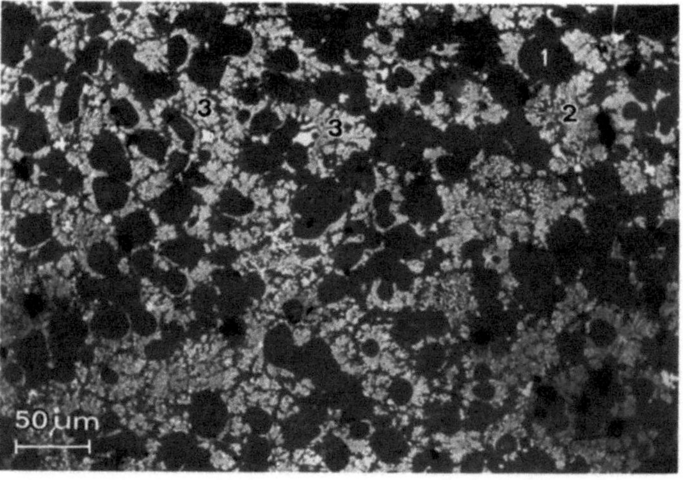

Abb. 93. Mittelschlacke nach 6,1 min. $CaO/SiO_2 = 1,5$. *1* Merwinit (C_3MS_2), *2* Wüstit (FeO), *3* fallweise Magnetit

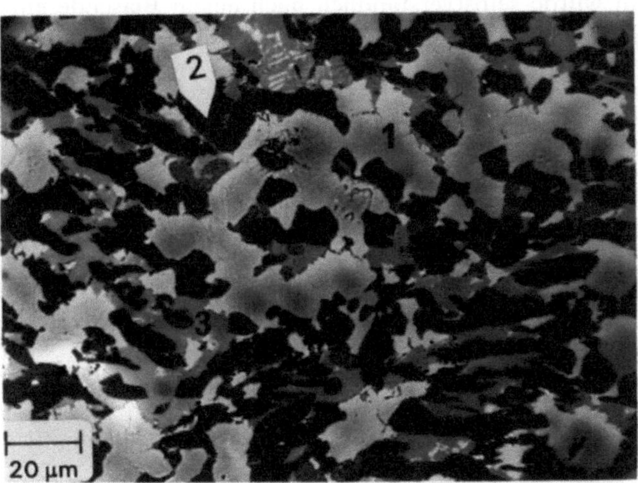

Abb. 94. Endschlacke nach 14,5 min. $CaO/SiO_2 = 3,5$. *1* (Ca, Mg, Fe)O, *2* C_3S, *3* Dikalziumferrit (C_2F)

a) verschlackte Zone, meistens nur 1 – 2 mm stark,

b) reduzierte Zone, meistens nur 1 – 2 mm stark,

c) Zone mit Restkohlenstoff (unverschlackter Steinrest).

Da der Restkohlenstoff die Verschlackung aufgrund verschiedener Mechanismen hemmt (siehe Kapitel 3.3.2.1), bestimmt u. a. die Dicke der ausgebrannten Zone die Verschleißgeschwindigkeit [1] – [3]. Durch Anreicherung des Bindemittels mit Hartpech und/oder Ruß bei homogener Verteilung lassen sich weitere Haltbarkeitsverbesserungen erzielen [4], [5].

Von den vielen Verschleißerscheinungen kann nur ein Beispiel herausgegriffen werden, nämlich ein aus einem LD-Konverter entnommener Stein, von dem die Herstellerfirma selbst folgende Angaben macht: „Magnesitstein aus hochreinem synthetischen Schachtofensinter, pechgebunden, extrem niedrig im Fe_2O_3-, SiO_2- und Boroxydgehalt, schlackenbeständig, mit erhöhtem Restkohlenstoff (4,5 bis 4,9% C) und erhöhter Warmfestigkeit getempert".

Der Steinrest, nach all den aufgezeigten Beanspruchungen, war noch 200 mm stark und zeigte unter der verschlackten Oberfläche eine nur 1 bis 2 mm tief reichende Schlackeninfiltration. Daß es sich hier um einen Steinrest handelt, der kurz vor der Entnahme aus dem Konverter eine stärker infiltrierte heiße Seite verloren hätte, ist nach den folgenden Beschreibungen wohl auszuschließen.

Parallel dem Temperaturgefälle ergaben sich, angefangen von der verschlackten Oberfläche, relativ einfache Verhältnisse, die grob in drei Bereiche unterteilt werden können:

a) Schlacke im Kontakt mit dem Stein,

b) die 1 bis 2 mm stark infiltrierte Schicht,

c) die ursprüngliche Steinzusammensetzung.

a) Die Schlacke und ihr Kontakt zum Stein

In diesem Zusammenhang muß berücksichtigt werden, daß sich die Schlacke vom Blasbeginn bis zum Blasende von sauer bis basisch abwandelt, ähnlich wie bei dem SM-Prozeß. Der Stein wurde selbstverständlich nach einem Blasende entnommen, daher sind die Schlackenreste an der Oberfläche basisch.

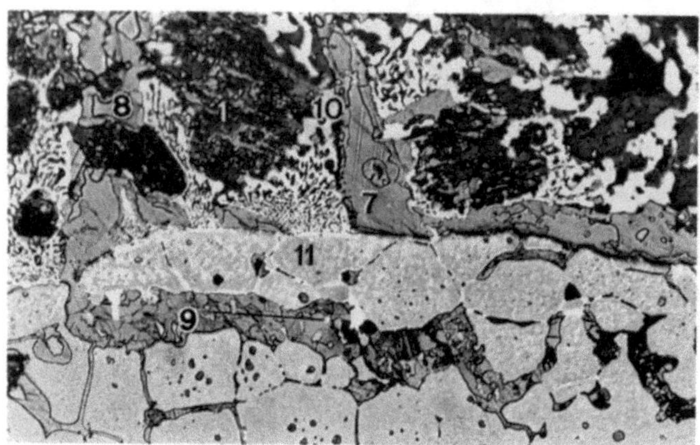

Abb. 95. 210×. LD-Schlacke im Kontakt zum feuerfesten Magnesiastein, geätzt mit alkohol. HNO_3. Die Schlacke in der oberen Bildhälfte besteht aus α-C_2S (dunkel gefärbt), Merwinit und Wüstit. Die untere Bildhälfte nimmt die schlackeninfiltrierte Steinschicht ein und enthält vornehmlich Periklas vergesellschaftet mit Merwinit

Die Schlackenreste enthalten nach Abb. 95 Dikalziumsilikat der α-Form ($+ 2V = 0 - 5°!$, $n_\omega = 1{,}724$, $n'_\varepsilon \sim n_\varepsilon = 1{,}736$, nach ESMA-Diagramm in Abb. 98 reines C_2S), Wüstit, Magnetit und Hämatit. Das Dikalziumsilikat zeigt gelegentlich schlecht entwickelte Zwillings-Lamellierung mit teilweise gezahnten Flächen. Als weitere Silikatphasen der Schlackenreste konnte Merwinit und vielleicht C_5MS_3 festgestellt werden. Merwinit läßt sich durch alkohol. HNO_3 sehr gut nachweisen, indem dadurch polysynthetische Zwillings-Lamellierung entsteht, die durch ausbleibende Niederschlagsbildung keine Interferenzfarben zeigt. In Abb. 95 wurde die Stelle 7 mittels Elektronensonde analysiert. Das erhaltene Diagramm ist ebenfalls in Abb. 98 wiedergegeben. Gleichzeitig wurde auch die Stelle 8, die vielleicht ein Reaktionsprodukt zwischen C_3MS_2 und C_2S, nämlich C_5MS_3 darstellt, mittels ESMA untersucht (Abb. 98). Ein röntgendiffraktometrischer Nachweis des vermuteten C_5MS_3 ist bei der geringen Menge natürlich hoffnungslos. Grenzen die C_2S-Kristalle an Merwinit, erscheint häufig ein Reaktionssaum des vermuteten C_5MS_3.

Die Schlackenreste enthalten reichlich Wüstitphasen mit allen Oxidationserscheinungen, die immer nach dem Abgießen der Charge auftreten. Die Wüstit-Phasen der Abb. 95 zeigen ein ESMA-Diagramm nach Abb. 98. Sie enthalten demnach viel Magnesiumoxyd, das vom feuerfesten Futter stammt, MnO vom metallurgischen Prozeß her, interessanterweise immer etwas CaO und hin und wieder TiO_2. Es sind keine reinen RO-Kristalle, denn es wird stets ein Teil des Fe wie auch des Ti als Spinell-Phasen im RO gelöst sein. Daß es aber RO-Mischkristalle sind, zeigt eine durch Ätzung häufig entwickelte Spaltbarkeit ||(100).

Feuerseitig oxidierte der Wüstit komplett zu Spinell, der ebenfalls MgO und etwas CaO enthält, jedoch wesentlich Fe-reicher ist. Diese feuerseitigen Spinellphasen gehen randlich noch durch Oxidation in wohl ausgebildete Hämatit-Lamellen über, die reines Fe_2O_3 sind. Am Kontakt zwischen Schlacke und feuerfestem Magnesiastein drang FeO bis zu einer Tiefe von etwa 0,4 mm vor und oxidierte beim Abstellen des Konverters zu manganhaltigem Magnesiumferrit, der, wie Abb. 95 zeigt, in dem Periklas entmischte.

b) Die 1 bis 2 mm stark infiltrierte Schicht

In den feuerfesten Magnesiastein drang kein C_2S ein. Was an Silikaten in dem hochreinen Magnesiastein an der Kontaktseite festzustellen war, waren C_3MS_2

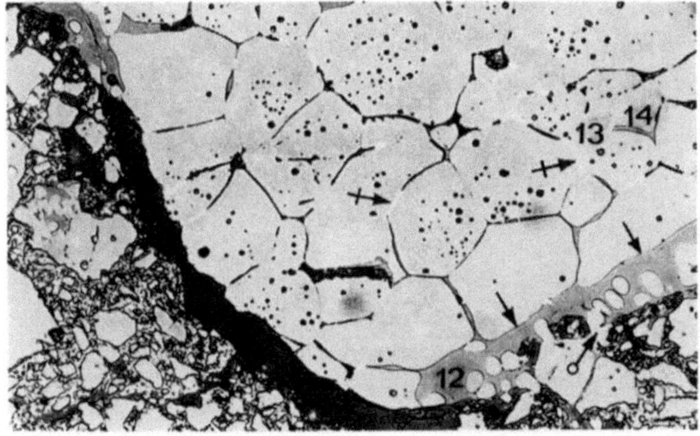

Abb. 96. 210 ×. Sintermagnesiakorn mit C_3MS_2- und CT-umsäumten Periklasen. Linke und rechte Bildecke geben den unveränderten Feinkornbereich des Steines wieder, rechte untere Bildecke die Monticellit-Front ∠

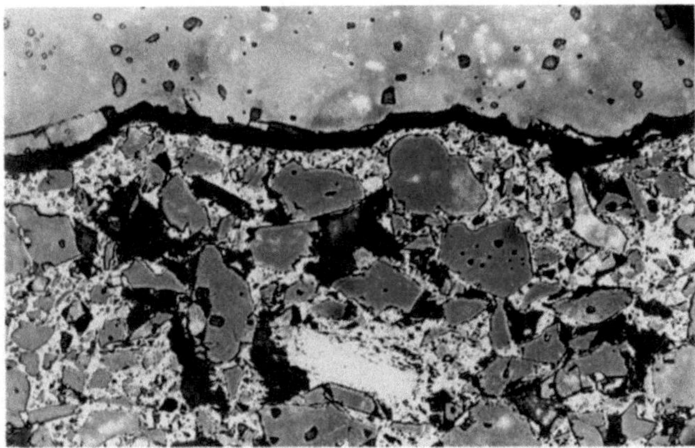

Abb. 97. 210 ×. Schlackeninfiltrierte Front mit Kluft zum Steingefüge. Die obere Bildhälfte nimmt ein Monticellit-Periklas-Gemenge ein, die beträchtlichen Graphitgehalte im Steinfeinkorn sind hellweiß (untere Bildhälfte). Schwarz sind die Poren des Steingefüges (kunstharzerfüllt)

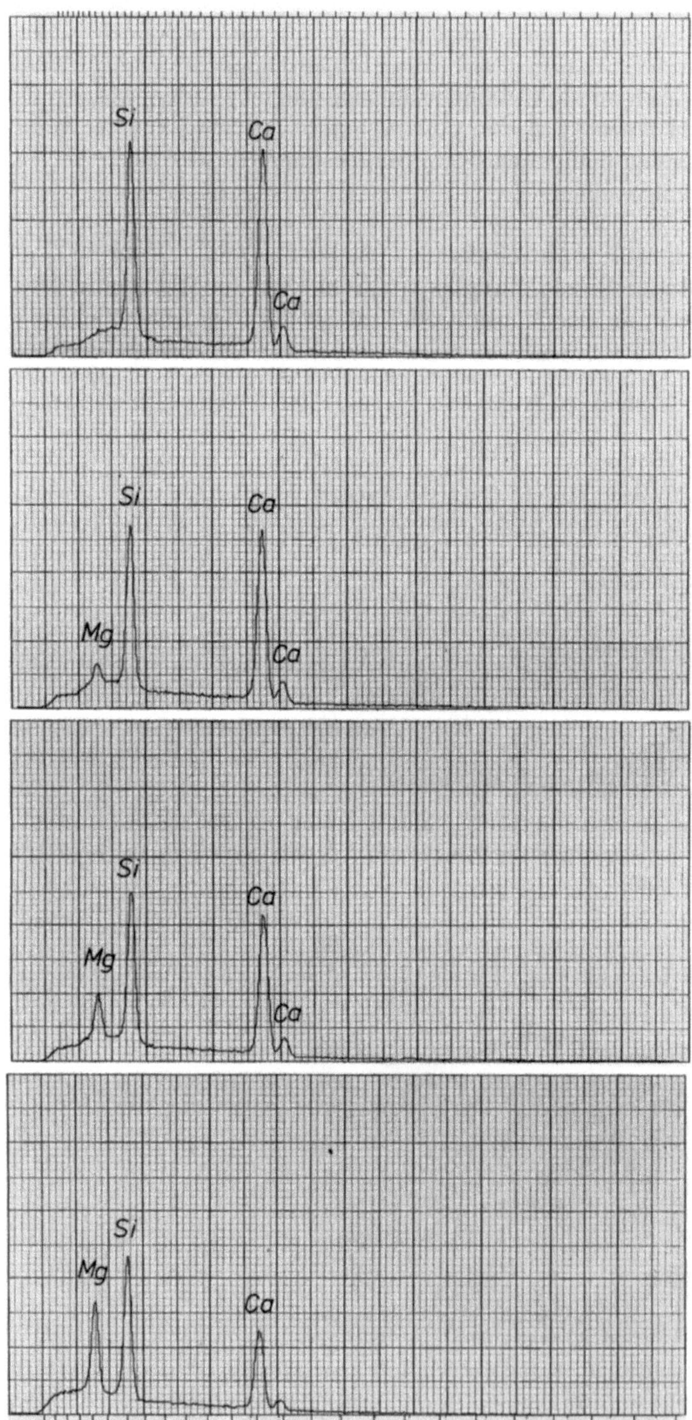

Abb. 98. ESMA-Diagramme (10 kV) von C_2S (frei von P_2O_5!), C_5MS_3?, C_3MS_2 und CMS der Schlackenschicht bzw. der infiltrierten Steinschicht. Zum obersten Bild: die Lamellen des C_2S zeigen dasselbe Bild wie die Masse zwischen den Lamellen, die auch C_2S ist

und bei etwa 2 mm Tiefe CMS (ESMA-Diagramm in Abb. 98). Selbstverständlich waren C_3MS_2 und CMS bei der Betriebstemperatur flüssig und daher beweglich, während das C_2S vielleicht schon im festen Zustand vorlag. Diese Feststellung ist auch ein Zeichen für die Änderung des Schlackencharakters gegen Chargenende von sauer zu basisch. Abb. 95 zeigt in der unteren Hälfte eine Spaltenfüllung mit C_3MS_2 und Abb. 96 in der rechten unteren Bildecke CMS ∠ von der Front zum unveränderten graphithaltigen Stein.

Gewöhnlich liegt zwischen der Infiltrationsfront und dem ursprünglichen Stein eine Kluft (Abb. 96 und 97). Die Infiltrationsfront wird von Monticellit eingenommen, und dort, wo Monticellit mit den Periklassplittern des Feinkornes des Steines in Berührung kommt, werden diese Splitter sofort in rundliche Periklase umgeformt ∠. Das TiO_2, welches über die Schlacke eingebracht wird, setzt sich zwischen den Periklasen als Kalziumtitanat = CT ab. In Abb. 96 sind es die mit ∠ bezeichneten Säume. Laut ESMA-Diagramm handelt es sich dabei um reines CT.

c) Die ursprüngliche Steinzusammensetzung

Abb. 97 vermittelt einen Einblick in die getemperte Pechbindung. Sie erfaßt wieder den Kontakt zwischen Silikatfront von der Schlacke stammend und dem ursprünglichen Steingefüge (untere Bildhälfte) mit einer Kluft an der Silikatfront. Die Poren des Feinkornbereiches des Steines sind größtenteils erfüllt mit hell reflektierenden Vorstufen von Graphit, der überwiegend von der Pechbindung und zum geringen Teil von einer Graphitzumischung stammt. Die durch Temperung aus dem Pech gebildeten Vorstufen des Graphites messen $< 1\,\mu$m. Das Gefüge ändert sich bis zur kalten Seite des Steines oder umgekehrt, von der kalten Seite bis etwa 2 mm hinter der Feuerseite, nicht. Eine solche Konstanz des Gefüges und der Textur ist nur bei extrem reinen Magnesiasteinen zu erwarten. Es frägt sich nun, wo sich das durch Reduktion von seiten des Kohlenstoffs aus dem Eisenoxid der Schlacke entstandene metallische Fe befindet. Zum geringsten Teil befindet sich das metallische Fe in der silikatinfiltrierten Schicht, zum überwiegenden Teil aber etwa in 3 bis 5 mm Steintiefe, so daß man den Eindruck gewinnt, daß das Eisen über die Dampfphase erst in entsprechend temperierten Steinzonen kondensierte. Ferner trifft man nur selten auf einen Kontakt zwischen CMS und Graphit, was vielleicht

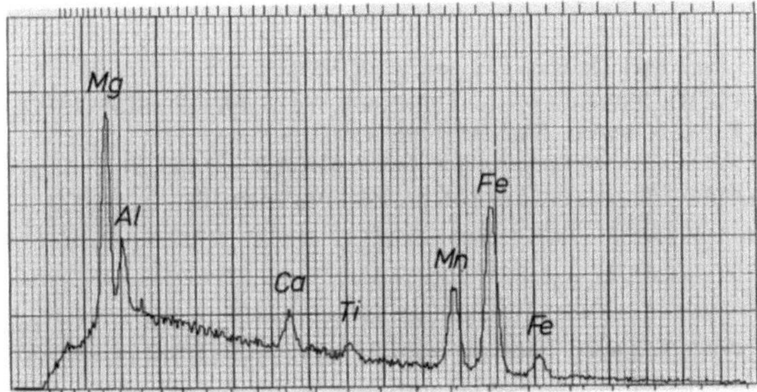

Abb. 99. ESMA-Diagramm (10 kV) der Wüstitphasen von Stelle 10 der Abb. 95

in erster Linie auf die sehr häufig auftretende Kluft zwischen Silikatfront und ursprünglichem Steingefüge zurückzuführen ist. Immer wieder ist die silikatinfiltrierte Schicht außerordentlich dünn, etwa 2 mm bis max. 4 mm stark.

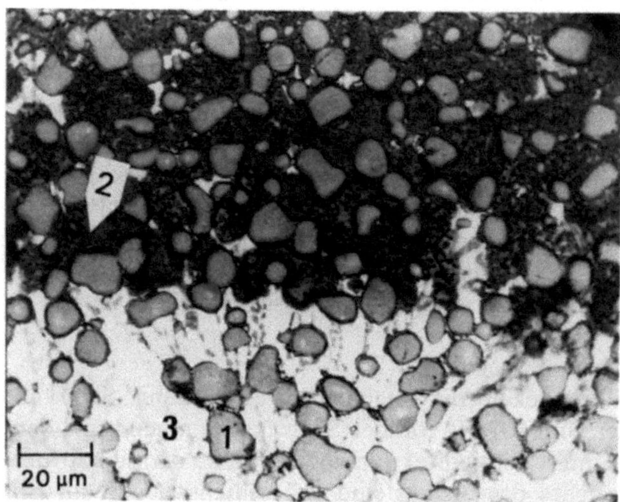

Abb. 100. Gebrannter Dolomitstein aus einem LD-Aufblaskonverter. Mikrogefüge der Feuerseite. *1* Periklas (MgO), *2* Kalziumoxid (CaO), *3* Dikalziumferrit (C$_2$F)

In Abb. 100 ist die verschlackte Zone eines pechgebundenen Dolomitsteines wiedergegeben. Die infiltrierenden Schlackenoxide FeO, Fe$_2$O$_3$, CaO, SiO$_2$ und P$_2$O$_5$ reagieren vorzugsweise mit dem CaO des Dolomits zu Dikalziumferrit und Dikalziumsilikat bzw. Kalziumsilikophosphat. Der Periklas verbleibt zunächst unter Eisenoxidaufnahme an seinem ursprünglichen Gefügeort und wird später infolge der Erosionsbeanspruchung mit der niedrigschmelzenden Umgebung ausgeschwemmt. Die mikroanalytische Untersuchung solcher Verschlackungszonen ergibt noch weitere Einzelheiten in kristallchemischer Hinsicht (siehe Abb. 5, Kapitel 2.2).

Literatur

1. Barthel, H., Pascal, J.: Ber. dtsch. keram. Ges. **40**, 373 (1963).
2. Obst, K. H., Münchberg, W., Stradtmann, J.: Tonindustrie-Ztg. **94**, 225 – 230 (1970).
3. Herron, R. H., Runk, E.: U.S. ceram. Bull. **48**, 1048 (1969).
4. Peatfield, M., Spencer, D. R. F.: Ironmaking and Steelmaking **5**, 221 (1979).
5. Zoglmeyr, G.: Radex-Rundschau H. 4, 1128 (1979). Stahl u. Eisen **100**, 822 (1980).

3.4.1.2 AOD-Konverter

Die Herstellung von Edelstählen (Cr, Ni) im Argon (A)-Oxygen (O)-Decarburization (D)-Prozeß gehört zu den modernen sekundären Stahlproduktionsverfahren.

Im ersten Verfahrensschritt wird Edelstahlschrott im Elektrolichtbogenofen eingeschmolzen. Diese Vormetallschmelze wird in den AOD-Konverter umgefüllt und in drei Blasperioden mit Sauerstoff auf Kohlenstoffgehalte von etwa 0,02% gefrischt, mit Ferrosilicium reduziert, auf die Sollwerte legiert und anschließend mit Kalk/Flußspat entschwefelt. Das Charakteristikum des AOD-Verfahrens ist die Erniedrigung des CO-Partialdruckes durch das Inertgas Argon und eine Prozeßtemperatur von max. 1750°C. Das Einblasen der Prozeßgase O_2 und Ar erfolgt durch 3 – 5 Düsensteine im unteren Wandteil des Konverters. Entsprechend der jeweiligen metallurgischen Arbeit wirken recht unterschiedliche Schlacken (siehe Tabelle) auf das Futter ein, das entweder aus gebrannten Dolomitsteinen oder Magnesiachromsteinen besteht [5]. Hinzu kommt noch starke Heißerosion durch die Badbewegung im Gefäß.

Schlackencharakteristik AOD

Metallurgie	Basizität CaO/SiO_2	Mineralogische Phasen	Aggressivität
Vormetall	etwa 1	Chromspinell, CMS_2, Melilith	stark
1. Blasperiode	1,3 – 2,0	Metall, Chromspinell	mittelstark
2. Blasperiode	1,3 – 2,0	C_3MS_2, C_2S, CaO	(besonders
3. Blasperiode	2,0	$CaCr_2O_4$	Frühschlacken)
Reduktion	etwa 1,5	C_3MS_2	mittelstark
Entschwefelung	2 – 3	C_3S, CaF_2, CaO, γ-C_2S	niedrig

Verschleißmäßig ist zu unterscheiden zwischen der Gefäßwand (besonders in der Nähe der Tragezapfen) und dem Düsenbereich.

a) Dolomitstein (Konverterwand) [5]
Typisch ist nach dem Entleeren des Konvertergefäßes eine konkave Verschleißfront ohne Schlackenauflage, die infolge β-γ-C_2S-Zerfalls abgesprengt wurde. Es folgt eine grün verfärbte und infiltrierte Zone von geringer Stärke, in der chemisch ein höherer SiO_2- und CaO-Gehalt festgestellt wird. In der auflichtmikroskopischen Abb. 101 sind Metallegierungstropfen, Ca-Silikate (meistens C_3S) und vereinzelt auch leistenförmiges Ca-Chromit auszumachen, letzteres ein Hinweis auf Schlacken der späteren Blasperioden.

b) Dolomitstein (Düsenbereich) [5]
In diesem Bereich herrscht gegenüber der Konverterwand ein voreilender Verschleiß, wovon nicht nur der Düsenstein sondern auch seine unmittelbare Umgebung mit betroffen wird. Verantwortlich dafür ist die Heißerosion durch das O_2-Ar-Gasgemisch und durch die beschleunigte Bewegung hocherhitzter oxidierter Metall- und Schlackenteilchen [3]. An der Steinoberfläche bildet sich eine etwa 5 mm dicke Verschlackungszone aus, die je nach AOD-Anlage unterschiedlichen Phasenaufbau zeigt. In einigen Anlagen (Typ A) überwiegt die Infiltration von Eisen- und Chromoxid bei nur geringen Ca-Silikatmengen. Als Neubildungen

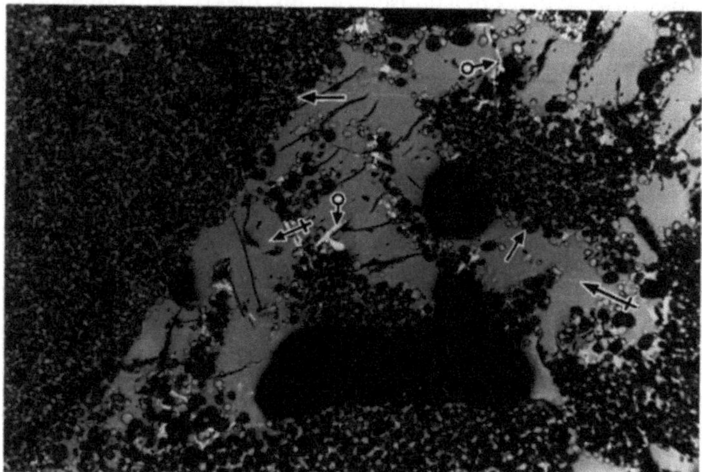

Abb. 101. 100 ×. Mikrogefüge eines Dolomitsteines (Feuerseite) aus der Wand eines AOD-Konverters (Silikatverschlackung). Dolomitsinter ↙ (CaO dunkel, MgO dazwischen hell), C_3S ↙ mit hellen Nadeln von $CaCr_2O_4$ ↙

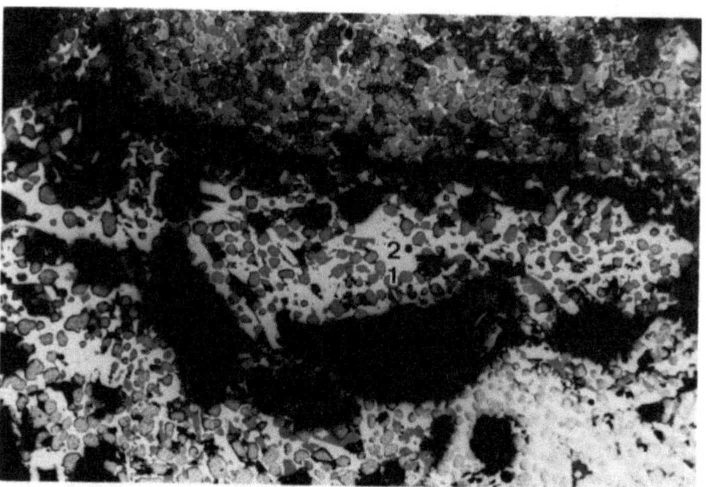

Abb. 102. 200 ×. Mikrogefüge eines Dolomitsteines (Feuerseite) aus dem Düsenbereich eines AOD-Konverters (Typ A), (Ferritverschlackung). *1* MgO, *2* C_2F

findet man niedrigschmelzendes Dikalziumferrit (C_2F), Abb. 102, und leistenförmiges Kalziumchromit ($CaCr_2O_4$), besonders in der Nähe von Metalleinschlüssen, Abb. 103.

Bei den Betriebstemperaturen von 1700°C ist daher mit einem raschen Abtrag durch Erosion zu rechnen.

Bei Verschlackungstyp B beruht die Verschlackung dagegen vorrangig auf Ca-Silikaten (Abb. 104) wie im Wandbereich. Außerdem werden infiltrierte größere Metallegierungstropfen beobachtet. Der Unterschied zwischen Typ A und B ist

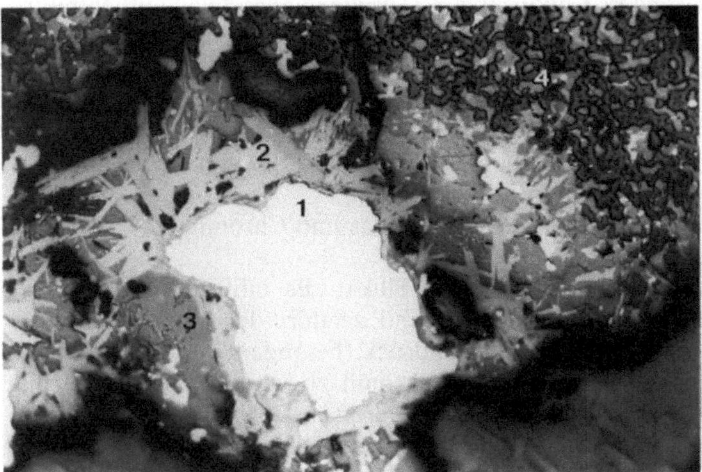

Abb. 103. 300×. Mikrogefüge eines Dolomitsteines (Feuerseite) aus dem Düsenbereich eines AOD-Konverters (Typ A); *1* Metall, *2* $CaCr_2O_4$-Leisten, *3* C_3S

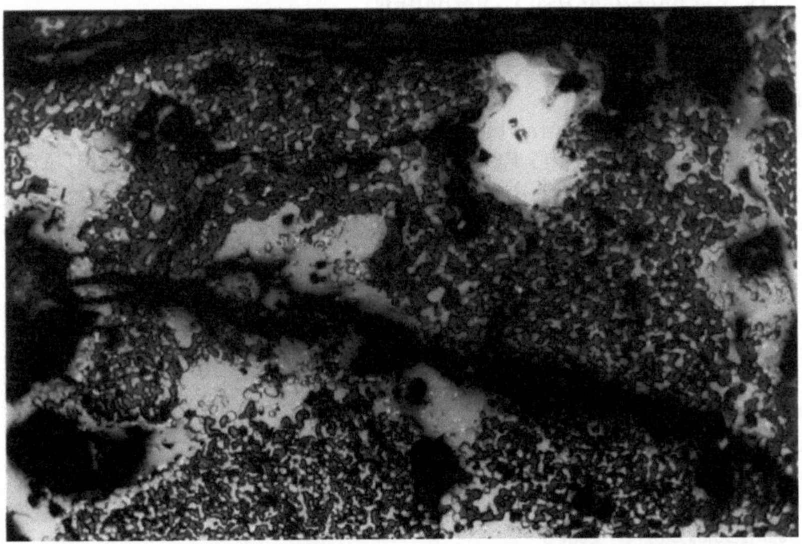

Abb. 104. 100×. Mikrogefüge eines Dolomitsteines (Feuerseite) aus dem Düsenbereich eines AOD-Konverters (Typ B) (Silikatverschlackung). Größere graue Bereiche bestehen aus C_3S. In diesen und in der nächsten Umgebung Periklas

vermutlich auf einen unterschiedlichen Sauerstoffpartialdruck in der Düsenumgebung zurückzuführen.

c) Magnesiachromstein

Über den Verschleißmechanismus von Magnesiachromsteinen in AOD-Konvertern berichteten Anfang der siebziger Jahre eine Reihe von ausländischen

Autoren [1] – [4]. Besonders Calkins u. a. [2] zeigten anhand von auflichtmikroskopischen Bildern und chemischen Zonenanalysen den komplexen Verschleißmechanismus von direktgebundenen Magnesiachromsteinen (60% MgO).

Beobachtet wurde zunächst ein erhöhter Gehalt an CaO und SiO_2 in den vorderen 60 mm des Steines bei Porositätsrückgang von 18 auf 9 Vol.-%. Die damit parallel verlaufende Änderung des Mikrogefüges beruht im wesentlichen auf

1. Ausfüllung der offenen Poren durch Silikat,
2. Veränderung der Steinkomponenten Periklas und Chromit,
3. Unterbrechung der direkten Bindung.

Angriffsmedium ist auch hier eindeutig Silikat. Es infiltriert zwischen die Periklase und Chromspinelle, löst sie an und zerstört den direkten Kontakt zwischen ihnen. Niedriger Sauerstoffpartialdruck (besonders in der Reduktions- und Entschwefelungsperiode) führt beim Chromit zu wurmartiger Zerstörung. Dabei werden Metalleinschlüsse sowohl im Periklas, Chromit und Silikat beobachtet. Im Chromit sind Fe-Ausscheidungen auf eine Teilreduktion zurückzuführen. Das Silikat löst ebenfalls einen Teil der Chromite an und scheidet sie später als Sekundärspinelle wieder aus. Über die Zusammensetzung der infiltrierten Silikate wird zunächst keine Aussage gemacht. Erst bei einem Verschlackungstest mit zwei AOD-Schlacken berechnete man Forsterit (M_2S), Monticellit (CMS) und Merwinit (C_3MS_2) je nach CaO/SiO_2-Verhältnis.

Die ebenfalls beobachtete Mikrorißbildung führen die Autoren auf die unterschiedlichen Wärmeausdehnungskoeffizienten von Periklas, Chromit und den Silikaten zurück.

Reiner und Mörtl [3] untersuchten einen gebrauchten Schmelzmagnesiachromstein nach 43 Chargen im AOD-Betrieb. Sie beobachteten feuerseitig Auflösungserscheinungen der Periklase bei intakten Spinellen. Auch bei ihnen wird zunächst Forsterit (M_2S) und im späteren Verlauf Monticellit (CMS) gebildet, der

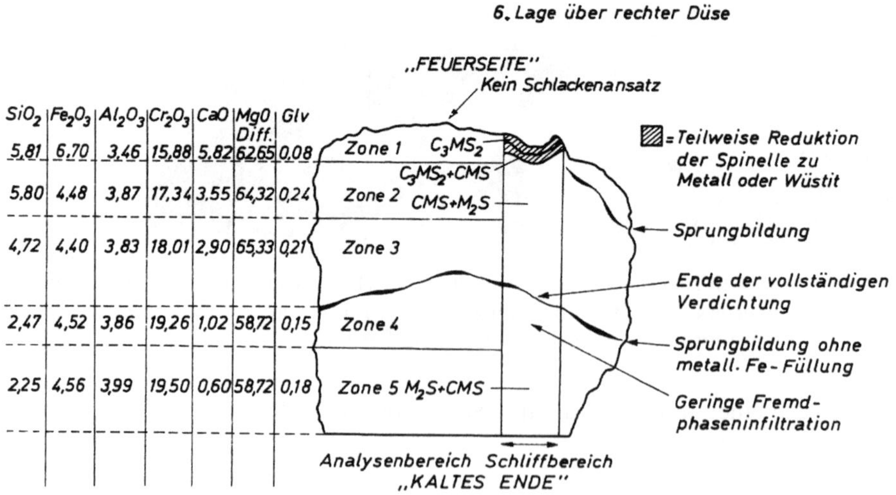

SiO_2	Fe_2O_3	Al_2O_3	Cr_2O_3	CaO	MgO	Glv Diff.
5,81	6,70	3,46	15,88	5,82	62,65	0,08
5,80	4,48	3,87	17,34	3,55	64,32	0,24
4,72	4,40	3,83	18,01	2,90	65,33	0,21
2,47	4,52	3,86	19,26	1,02	58,72	0,15
2,25	4,56	3,99	19,50	0,60	58,72	0,18

Abb. 105. Zonenanalyse eines gebrauchten Probesteines (Qualität Schmelzmagnesiachrom). (Nach G. Reiner und G. Mörtl [3])

tief in den Stein einwandert und später an der Feuerseite sogar zu Merwinit (C_3MS_2) umgewandelt wird, Abb. 105. Da die Spinelle nur wenig Eisenoxid enthalten (Picrochromit), ist Reduktion zu Fe feststellbar.

Literatur

1. Carniglia, S. C.: An Oxidation-Reduction Mechanism for Wear of Basic Refractories in the Argon-Oxygen Steelmaking Vessel; AIME Conference, Chicago (Ill.), Dec. 1972.
2. Calkins, D. J., Van Gilbert, Saccomano, J. M.: Refractory Wear in the Argon-Oxygen-Decarburization Process; U. S. ceram. Soc. Bull. **52** (7), 570 – 574 (1973).
3. Reiner, G., Mörtl, G.: Feuerfestfragen und Betrieb von AOD-Konvertern. Radex-Rundschau H. 4, 630 – 651 (1973).
4. Whitworth, D. A., Jackson, F. D., Patrick, R. F.: Fused Basic Refractories in the Argon-Oxygen-Decarburization Process; U. S. ceram. Soc. Bull. **53** (11), 804 – 808 (1974).
5. Münchberg, W.: Verschleißablauf bei AOD-Konvertern. Stahl u. Eisen **100**, 1051 – 1053 (1980).

3.4.1.3 Elektrolichtbogenöfen

Der heutige Elektrolichtbogenofen dient sowohl zur Produktion von Edel- als auch Massenstahl. Dabei findet im zunehmenden Maße nur das Einschmelzen des Schrotts oder von Eisenpellets in diesem Gefäß statt, während die weiteren Raffinationsprozesse, das heißt das O_2-Frischen, Reduzieren, Legieren und Entschwefeln, in AOD-Konverter bzw. VOD-Pfannen verlagert wird. In kleineren Lichtbogenöfen laufen aber auch heute noch alle metallurgischen Verfahrensschritte nacheinander ab. Dort wirken dann ähnliche Verschleißfaktoren auf das feuerfeste Ofenfutter ein wie in den AOD- bzw. VOD-Gefäßen. Von der Zustellung her und vom Verschleiß gliedert sich dieses Aggregat in Wand, Deckel und Herd.

a) Wandverschleiß

Bedingt durch den Lichtbogen findet oberhalb der Schlackenlinie an bestimmten Stellen ein starker voreilender Verschleiß statt, sie werden als „hot spots" bezeichnet. Diese Bereiche verschleißen mitunter so schnell, daß die gesamte andere Auskleidung kaum wirtschaftlich genutzt werden kann. Den Verschleißmechanismus kann man sich wie folgt vorstellen [1]: Der Lichtbogen setzt schräg auf die Badoberfläche auf, dabei läßt der Gasdruck Schlacken- und Metallteilchen seitwärts weg- und auf die Wand schleudern. Bei niedriger Schlacke enthalten die Teilchen mehr Stahl, bei hohem Schlackenspiegel mehr Schlackenanteile. Diese sogenannten Spritzschlacken treffen bei den hohen Temperaturen des strahlenden Lichtbogens auf das Wandfutter. Messungen [2] ergaben einen Massenstrom von 38 kg/h m² Wand bei etwa 1700°C. Die äußere Form der Spritzschlacken ist rund bis eckig, bei einem mittleren Durchmesser von 1,5 mm. Sie bestehen aus Schlacke/Metallverwachsungen und auch einzelnen Graphitteilchen von Elektrodenspitzen, Abb. 106.

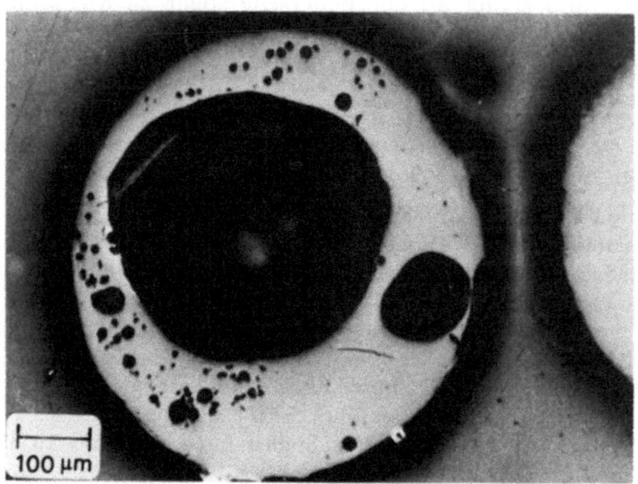

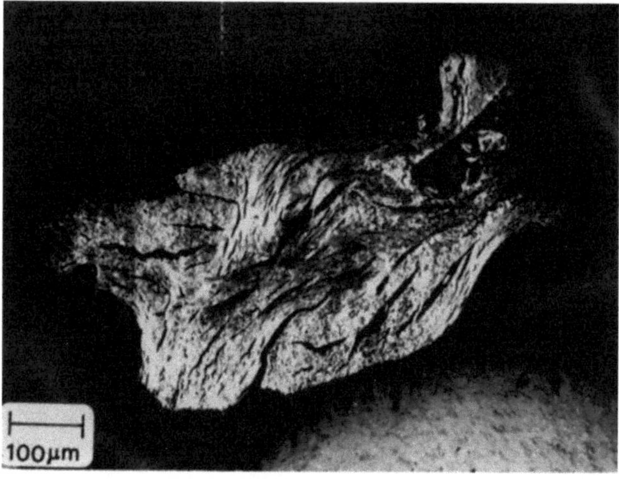

Abb. 106. Spritzschlacken aus Elektrolichtbogenofen, unlegierte Schmelze. Oben: Schlakkenhohlkugel aus Kalziumsilikat. Unten: Graphitteilchen von der Elektrode

Es bilden sich auch Voll- und Hohlkugeln mit Metallkern, die je nach Stahltyp ferromagnetisch sind. Ihr Phasenaufbau ist stark wechselnd: Metall (Fe, Cr, Ni), Metalloxide, Spinelle und Silikate bestimmen das inhomogene Gefüge.

Um die Metallteilchen werden häufig starke Oxidationsränder beobachtet, Abb. 107.

Diese Spritzer treffen mit Geschwindigkeiten bis zu 5 m/sec auf die Ofenwand, schweißen auf und werden sofort oxidiert. Dann beginnt die Diffusion der Oxide in den feuerfesten Stein, Abb. 108.

Weil an diesen Stellen entsprechendes Kalziumoxid in Form von zugesetztem Branntkalk meistens fehlt, kommt es zu einem starken Angriff auf die Komponenten des Steines. Da man auch mit höchstwertigen feuerfesten Stoffen diesen Verschleiß nicht bewältigt (z. B. schmelzgegossene Steine), setzen sich seit einigen

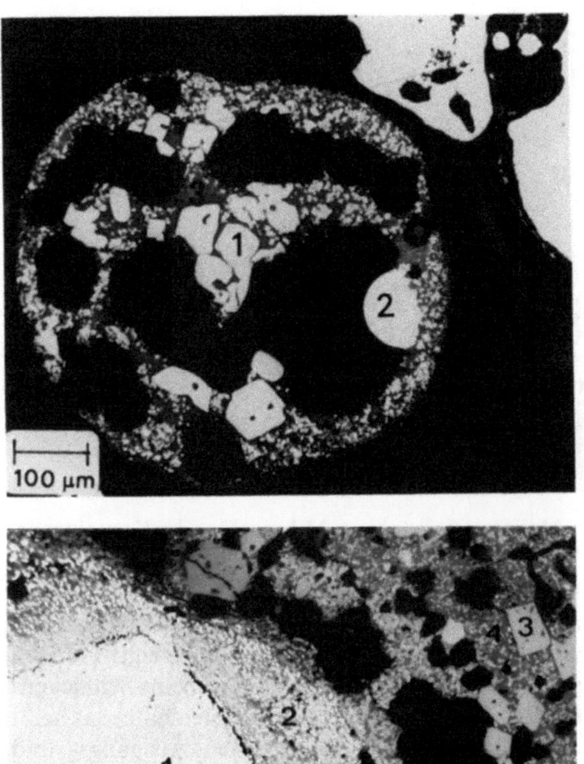

Abb. 107. Spritzschlacken aus Elektrolichtbogenofen, legierte Schmelze. Oben: Hohlkugel aus (*1*) Chromspinell, (*2*) Metall, (*3*) Kalziumsilikat. Unten: (*1*) Metalleinschluß mit Oxidationsrand (*2*), (*3*) Spinell, (*4*) Silikat

Jahren wassergekühlte Wandelelemente in Lichtbogenöfen höchster Leistung (UHP) immer mehr durch [3]. Zwischen und unter diesen Kühlelementen aus Stahl mit sich sofort bildender Schlackenauflage baut man Magnesia-Carbon-Steine (PMT) mit Kohlenstoffgehalten bis zu 20% und sehr reiner Sinter- oder Schmelzmagnesia ein (siehe Kapitel 2.1.2.2).

Die eigentliche Schlackenlinie wird mit gebrannten Steinen aus Dolomit, eisenarmer Magnesia und Magnesiachrom (Sinter- und Schmelzkorn) [4] zugestellt, wobei immer reinere und dichtere Steine mit hohem Anteil an direkter Bindung den Markt erobern. Der Zusatz von dolomitischem Kalk hilft, den Schlackenangriff auch hier zu vermindern.

In einem technischen Großversuch haben Obst, Münchberg und Comes [5] 1976 die Verschlackungsmechanismen bei den oben angeführten Steintypen in Ab-

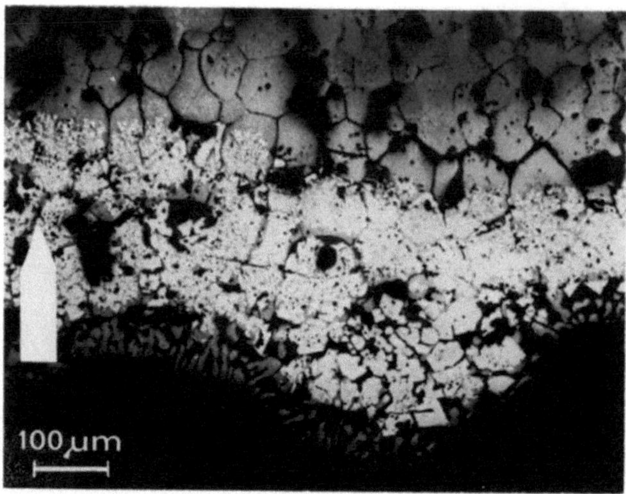

Abb. 108. Spritzschlacke haftend am Magnesiastein (oben): Mikrogefüge der Kontaktzone. Beginnende Diffusion von „Cr_2O_3"

hängigkeit vom jeweiligen metallurgischen Abschnitt und vom Stahlprogramm unter besonderer Berücksichtigung der Legierungselemente aufgezeigt. Danach liegt der Hauptverschleiß z. B. am Ende des Einschmelzens und beim Schlackenwechsel in der Legierungsperiode. Das Verhalten der Legierungselemente, das heißt ihr Einbau in die feuerfesten Oxide, wurde in den einzelnen Ausgangs- und neugebildeten Phasen mit Hilfe der Mikrosonde bestimmt, Abb. 109.

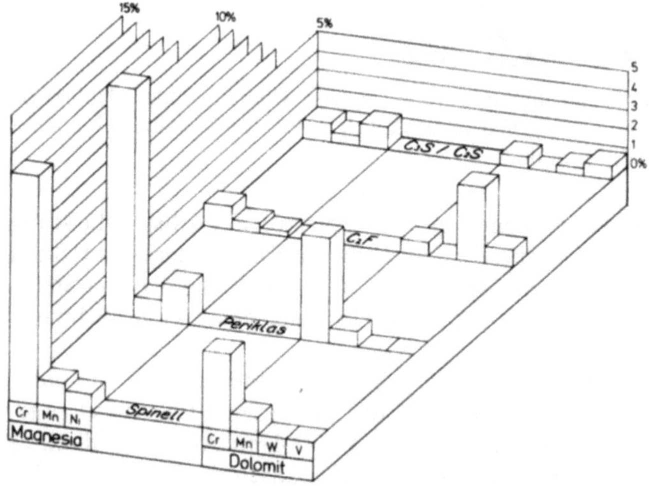

Abb. 109. Verteilung der Legierungselemente auf die Hauptphasen in einem verschlackten Dolomit- und Magnesiastein nach Einsatz im Elektrolichtbogenofen

Chrom bevorzugt den Periklas zunächst unter Aufnahme in dessen Gitter und bildet dann später Picrochromit. In deutlich geringeren Mengen wird Chrom von Dikalziumferrit und den Kalziumsilikaten aufgenommen. Manganoxid ist sowohl im Spinell, im Periklas und im Dikalziumferrit zu finden. Vanadin und Wolfram werden bevorzugt im Dikalziumferrit eingebaut, etwas jedoch auch in den Kalziumsilikaten. Nickel findet sich in größeren Mengen im Spinell und im Periklas und in kleineren Mengen im Kalziumsilikat. Dieses Verhalten läßt sich kristallchemisch anhand ähnlicher ($\pm$ 15%) oder gleicher Ionenradien unter Berücksichtigung der Wertigkeit und in der chemischen Aktivität erklären.

b) Deckelverschleiß

Als Angriffsfaktoren der Verschlackung sind es hier die Beaufschlagung mit Flugstaub und Schmelztröpfchen [4] besonders während des Sauerstoffblasens. Diese bestehen aus Eisenoxiden und Oxiden anderer Komponenten des metallischen Einsatzes (Mn, Cr). Weiterhin herrschen am Deckel starke Temperaturschwankungen, extrem bis zu 150°C/min.

Von den basischen Steinen hat in diesem Ofenteil bis jetzt nur in geringem Umfang ein keramisch gebundener pechgetränkter Dolomitstein von hoher TWB guten Erfolg erzielt [6].

Die hohe Temperaturwechselbeständigkeit wird durch ein relativ grobporiges Gefüge erreicht, das jedoch leider dem Eindringen des Oxidstaubes wenig Widerstand entgegensetzt. Entsprechend ist die verschlackte Zone bis 30 mm dick und stark verdichtet. Vorwiegend findet ein Angriff durch Eisenoxid statt. Es kommt zu Neubildungen von Magnesiowüstit (Mg, Fe)O bei starker Kristallitvergröberung sowie von Dikalziumferrit (C_2F), Abb. 110.

Mitinfiltriertes SiO_2 bewirkt die Neubildung von C_3S und C_2S. Bei Vorherrschen von reduzierenden Bedingungen tritt auch metallisches Eisen in den Porenräumen auf. Der aus der Pechtränkung gebildete Restkohlenstoff brennt feuerseitig aus und

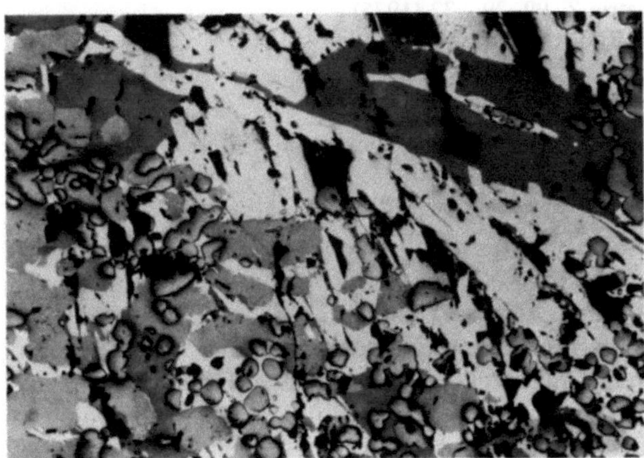

Abb. 110. 100 ×. Gebrauchter Dolomitstein aus E-Ofendeckel. Starke Infiltration von Ferrit und Silikat unter Auflösung des ursprünglichen Gefüges, rundlich MgO, grau C_3S, weiß C_2F

begünstigt den stärkeren Verschleiß durch Abschmelzen der veränderten Steinzonen.

c) Herd

Die Zustellung der E-Ofenherde geschieht je nach Stahlprogramm durch
Ausmauerung mit keramisch gebundenen Dolomit- bzw. Magnesiasteinen oder
auch durch Ausstampfen mit dolomitischen oder magnesitischen Massen (Crespi-
masse), die gewisse Mengen an Flußmitteln enthalten. Im Herd findet der
Hauptverschleiß durch Infiltration von Fremdoxiden und chemische Abtragung
statt [4].

Beim magnesitischen Herd wird Eisen- und Manganoxid weitgehend in der
Oberflächenschicht durch Periklas gebunden; die sich bildenden niedrig schmelzenden Verbindungen des SiO_2, Al_2O_3 und TiO_2 sowie Phosphat- und Fluoridschmel-
zen dringen tief in das Bodenmaterial ein und reichern sich durch Erstarren in
Temperaturzonen um 1000°C an. Die Folgen sind Rekristallisation des Periklases,
Sintervorgänge, Porenbildung und Veränderung der Feuerfestigkeit. Die Oberflächenschicht enthält manganhaltigen Magnesiowüstit = (Mg, Fe, Mn)O, Ma-
gnesioferrit, Metallinfiltrationen und CaO, C_3S, C_2S und C_4AF. In der Diffusions-
front lassen sich überwiegend Monticellit (CMS) und Mayenit ($C_{10}A_7X_2$) nachweisen. Beim Abkühlen können Zerrieselungen durch β-γ-C_2S-Zerfall auftreten
[7].

Literatur

1. Bowmann, B., Fitzgerald, F.: J. Iron Steel Inst. **211**, 178−186 (1973).
2. Obst, K. H., Münchberg, W., Walter, M.: Fachberichte Hüttenpraxis **5**, 336−363 (1978).
3. Ameling, D., u. a.: Stahl u. Eisen **98**, 429−434 (1978).
4. Majdic, A., Routschka, G.: Keram. Z. **25**, Nr. 10, 11, S. 1−15 (1973).
5. Obst, K. H., Münchberg, W., Comes, H.: Arch. Eisenhüttenw. **47**, 77−84 (1976).
6. Bollmohr, H., u. a.: Tonindustrie-Z. **99**, 29−32 (1975).
7. Deilmann, W., Zednicek, W.: Radex-Rundschau **1**, 395−413 (1973).

3.4.1.4 Veränderung des Phasenbestandes der feuerfesten Baustoffe nach dem Einsatz im SM-Ofen

SM-Öfen gibt es noch, besonders im osteuropäischen Raum. Gegenüber den LD-
und Kaldo-Konvertern können sie höhere Schrottsätze verarbeiten. Dieser Vorteil
wird aber in zunehmendem Maße von den Elektroöfen abgebaut. Es werden keine
neuen SM-Öfen mehr errichtet. In SM-Öfen, wie sie zuletzt gebaut wurden, ergeben
sich je nach Ofenteil, ob Brenner, Hängedecke, Rückwand oder Herd, verschiedene
Verschleißarten, natürlich auch durch verschiedene Stein-Qualitäten. Die während
einer Charge sich abwandelnden physikalisch-chemischen Bedingungen rufen des
weiteren eine starke Variation des örtlichen Verschleißbildes hervor. Aus der
Vielzahl der Möglichkeiten kann nur ein Beispiel herausgegriffen werden. Dafür
wurden, was die Veränderungen in der Phasenzusammensetzung betrifft, die

Verschleißvorgänge in einem Hängedecken-Stein (Steelklad-Stein) aus Magnesia + Chromerz gewählt.

Die Steelklad-Steine zählen zu den chemisch gebundenen Steinen. Wenn sie einem entsprechenden Temperaturgefälle ausgesetzt werden, dann tritt in ihnen schon allein dadurch eine Veränderung in der Struktur und Textur auf. Im kalten Bereich von 100 bis 500°C verändert sich die chemische Bindung nur geringfügig. Über 500°C verliert sich die chemische Bindung allmählich, wodurch die Festigkeit der Steinmasse abgebaut wird. Diesem Umstand wirken die Stahlblechummantelung und die Stahlblechbewehrung im Inneren entgegen. Der Blechteil beginnt ab 500°C zu oxidieren. Es entsteht zuerst Wüstit, der in die Steinmasse diffundiert und diese in der näheren Blechumgebung verfestigt. Der Wüstit erfüllt die Porenräume, löst sich im Periklas und veranlaßt die feineren Periklassplitter zu intensiver Rekristallisation. Ab etwa 1000°C setzt die keramische Bindung ein, und die Steinmasse verfestigt sich wieder. Ab etwa 800°C ist der Wüstit völlig in die Steinmasse abgesaugt und teilweise durch Luftsauerstoff von der kalten Seite her auch zu Magnetit oder Magnesiumferrit umgesetzt. Die Wüstit-Diffusion kompensiert zu einem gewissen Teil den Verlust der chemischen Bindung.

Von den Steinveränderungen durch fremde Stoffe im Temperaturgefälle werden auch nur einige wichtige Texturen und Strukturen beschrieben. Die Steinmasse enthielt im gewählten Beispiel im Mittel- und Grobkorn Simultansinter aus Chromerz und Magnesia und im Mittel- und Feinkorn Sintermagnesia verschiedener Zusammensetzung, Abb. 111 und 112.

Körnungs- bzw. Texturaufnahmen an Original-Steinmassen zu machen, ist, wie bereits erwähnt, schwierig, da die chemische Bindung die notwendige Kunstharztränkung sehr behindert. Wesentlich besser lassen sich solche Aufnahmen an einer Steinmasse machen, die 400°C erreichte, wie dies in Abb. 112 geschehen ist. Im Bereich von etwa 500 bis 1000°C ist fern dem oxidierten Blech eine Reaktion von SO_3 mit MgO zu $MgSO_4$ festzustellen, Abb. 113 [1].

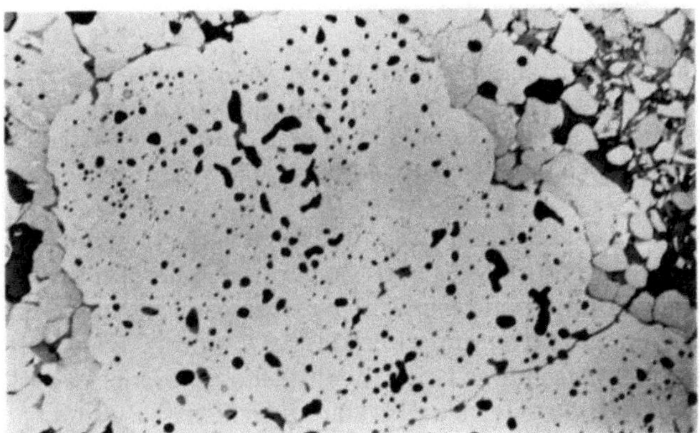

Abb. 111. 80 ×. Simultansinter aus Chromit und Periklas in Direktbindung. Der Chromit enthält zahllose Hohlräume, teils durch Substanzabgabe an die Magnesia (hoher Brand), zum geringen Teil durch Ausschmelzen von Silikaten. Kaltes Steinende. Ein Großteil des Chromites wurde beim Sinterbrand in Periklas gelöst, erkenntlich an zahllosen Entmischungen darin

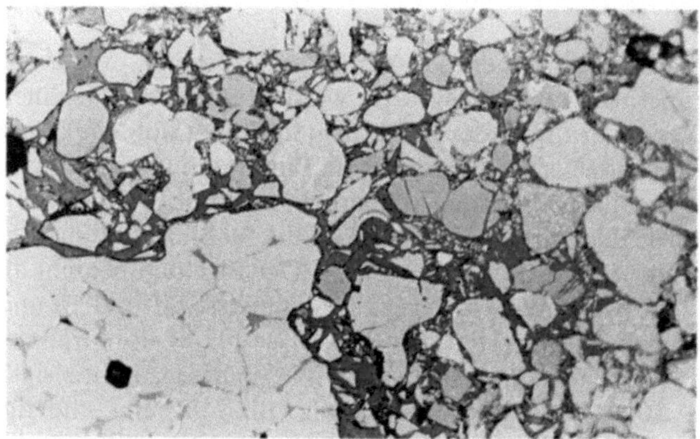

Abb. 112. 140 ×. Verschiedene Sinterkörner im Bereich von 15 mm von der kalten Seite, etwa 400°C entsprechend. Die feineren Periklassplitter zeigen noch keine Rekristallisation. Sehr gute Kunstharztränkung nach Zerstörung der chemischen Bindung

Abb. 113. 320 ×. SO_3-Angriff auf die ehemalige chemische Bindung und einzelne Periklase, besonders in der Bildmitte, unter Zurücklassung von losen Spinellentmischungen. Etwa 1000°C. Teilweise Rekristallisation der Silikate, vor allem von M_2S, geätzt mit wässeriger 1%iger HNO_3. Dunkel gefärbt sind auch die zugewanderten Fremdphasen

Es ist anzunehmen, daß das SO_3 vom SO_2 der Ofenatmosphäre und nicht von der chemischen Bindung des Steines stammt. Reines MgO ist gegen SO_3 empfindlicher als Periklas mit gelösten Spinellkomponenten. Nicht zu übersehen ist auch ein geringer SO_3-Angriff entlang der Direktbindung Periklas zu Chromit. Dieser ist mit dem völligen Entzug der Entmischungen und noch gelösten Spinell-Komponenten durch Chromit an der Periklas-Grenze zu erklären. Die Periklase sind bei Temperaturen < 1000°C völlig entmischt und an der Grenze zu Chromit auf eine Tiefe von 1 μm frei von Entmischungen. Die Entstehung von SO_3 aus SO_2 kann über Sauerstoffabgabe des Fe_3O_4 bzw. Fe_2O_3 der Oxidationsprodukte des Blechs oder auch über Sauerstoff-Diffusion von der kalten Seite her angenommen werden.

Abb. 114. 320 ×. Temperaturbereich etwa 800°C, ungeätzt. Fremdphasenanreicherung im Feinkornbereich. Im Bild tafelig und mit Spaltrissen Anhydrit, C_5BS gegen die Kunstharz-einbettung etwas heller

Abb. 115. 320 ×. Dieselbe Schliffstelle wie Abb. 114, jedoch geätzt mit wässriger 1%iger HNO_3. C_5BS tief herausgeätzt. Anhydrit schwach geätzt unter Entwicklung der Spaltbarkeit

Nachdem der Steinrest von der kalten bis zur heißen Seite nur mehr 150 mm lang war, ist durch die häufige feuerseitige Steinablösung (Abplatzung) mit einer ständigen Verkürzung des Temperaturgefälles und gegen Ende der Steinhaltbarkei-ten in der heißen Seite auch mit Phasengesellschaften zu rechnen, die sich vorher in kälteren Zonen bildeten. Zum Beispiel konnten die Periklaszerstörungen durch $MgSO_4$-Bildung auch im Bereich von 1200°C gefunden werden, wobei dann nicht mehr $MgSO_4$ sondern ein feinstkörniges MgO-Gemenge vorliegt, welches „ähn-lich" aussieht wie das $MgSO_4$ in Abb. 113.

In dem Bereich von etwa 500 bis 1000°C sind weitere interessante Kristallgesell-schaften zu beobachten. Es treten auf: Anhydrit [1] Abb. 114, 115 und 116, ein Kalziumborat, wahrscheinlich $Ca_3B_2O_6 = C_3B$ Abb. 114 und 117, wahrscheinlich $Ca_5B_2SiO_{10} = C_5BS$ Abb. 114 und 118 und schließlich ein Kalziumphosphat,

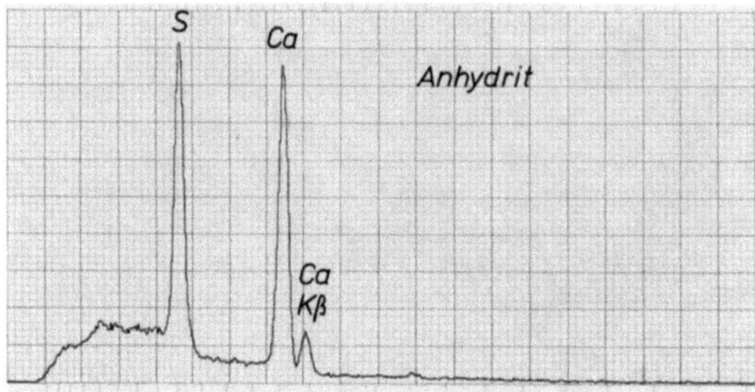

Abb. 116

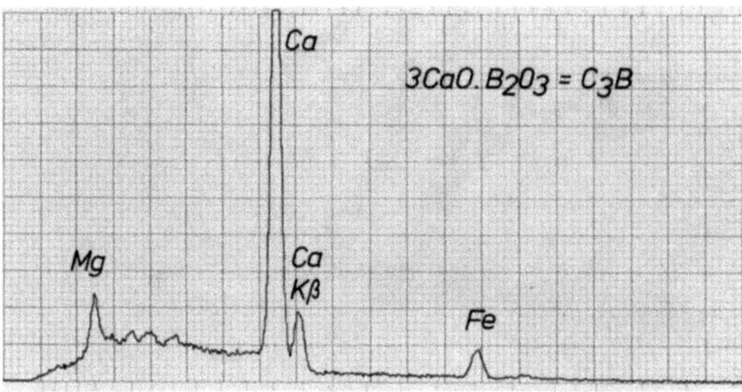

Abb. 117

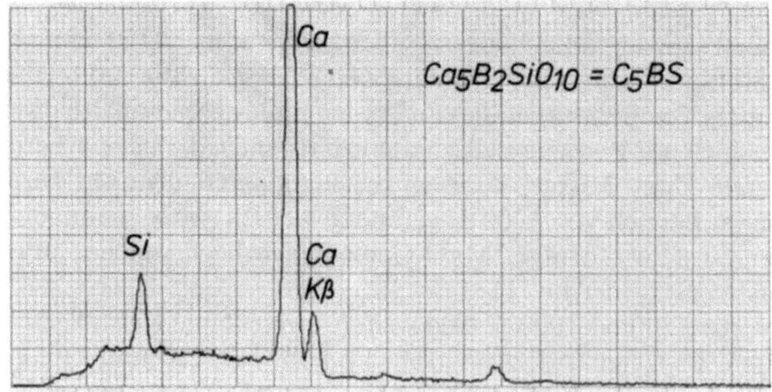

Abb. 118

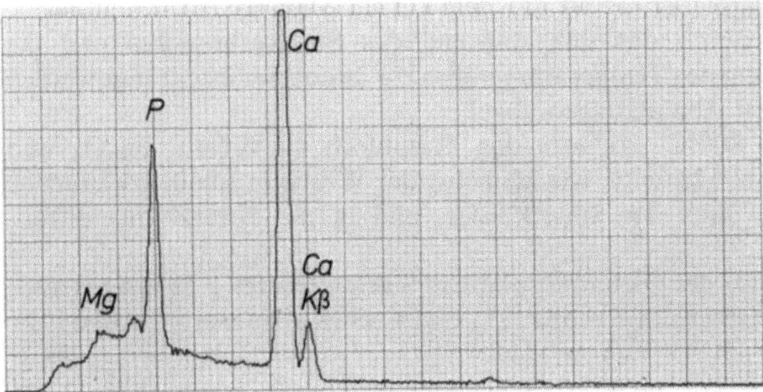

Abb. 119

Abb. 116, 117, 118, 119. ESMA-Spektren (10 kV) der Fremdphasen in dem Temperaturbereich von etwa 800°C, aufgenommen mit einem energiedispersiven Analysator, daher ist die Feststellung von Bor nicht möglich. Die Aufnahmen zeigen im Bereich der Ordnungszahlen unter 17 erhöhte Bremsstrahlung. In Abb. 117 treten Peaks für Mg und Fe aus dem Untergrund hervor

wahrscheinlich C_3P Abb. 114 und 119. In diesem Bereich konnte kein Kalziumsilikophosphat, kein Magnesiumphosphat und kein ternäres Ca-Mg-Phosphat gefunden werden. Anhydrit und C_3B sind auch im Durchlichtpräparat nachzuweisen, Anhydrit mit $n\gamma' > 1{,}580$ und $\alpha' < 1{,}580$, und $+2V$ mittel (gerade Auslöschung) und das andere Mal $-2V$ klein (C_3B). Die Bildung dieser Ca-haltigen Verbindungen kann nur über die Reaktion zugewanderter oder steineigener Komponenten mit den Ca-haltigen Phasen der Steinmasse erklärt werden. Das SO_3 stammt vom SO_2 der Ofenatmosphäre, das Bor von der chemischen Bindung des Steines, und der Phosphor wanderte über den metallurgischen Prozeß ein. Es ist im

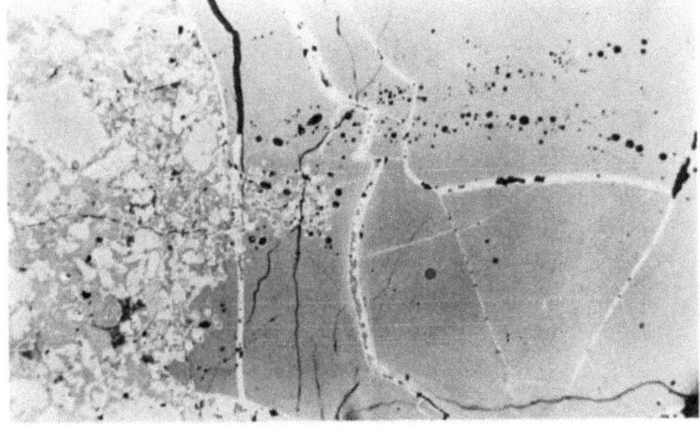

Abb. 120. 80 ×. Wüstit-Diffusion in die Chromit-Klüfte und entlang von Sinterkörnern mit gleichzeitiger Bildung fester Lösungen zwischen MgO und FeO entlang der Periklasoberflächen. Keine Wüstit-Füllung der Abkühlungsrisse. Temperaturbereich etwa 800°C

Bereich von 500 bis 1000°C eine beträchtliche Anreicherung dieser Phasen festzustellen. Diese Anreicherung ist auf den kurzen Steinrest zurückzuführen, indem diese Phasen durch das sich während des Steinverbrauches und die fortlaufende Verkürzung des Temperaturgefälles zur kalten Seite gedrängt werden und nicht etwa mit den Abplatzungen abgehen.

Zwischen 500 und 800°C oxidierte das Eisenblech zu Wüstit, Fe_3O_4 und schließlich Fe_2O_3. Abb. 120 zeigt, wie zunächst der Wüstit in schon vorhandene Klüfte des Chromits, auch der Sinterkörner, und in die Porenräume diffundiert.

Die Zerlegung des SO_2 der Ofenatmosphäre in Sulfidschwefel + SO_3 führt auch zur Bildung von FeS (Eisensulfid Abb. 121) und CaS (Kalziumsulfid Abb. 122),

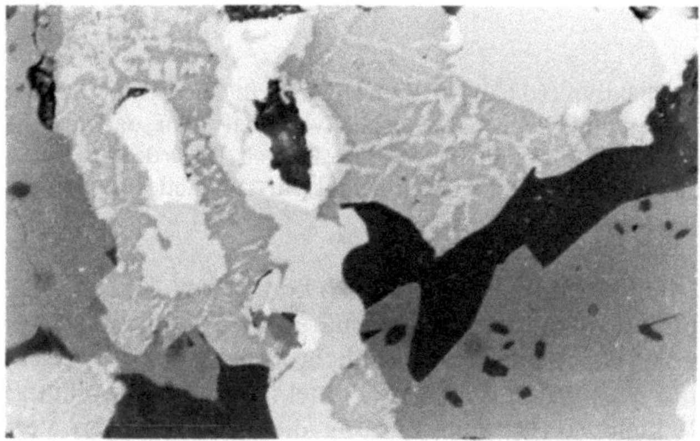

Abb. 121. 600 ×. Blechnähe, Temperaturbereich etwa 1000 C. Hellweiß FeS, hellgrau Chromit-Reste, grau Wüstit, voll hell reflektierende unregelmäßige Entmischungen von Fe_3O_4, ebenfalls grau Hedenbergit und dunkel Melilith

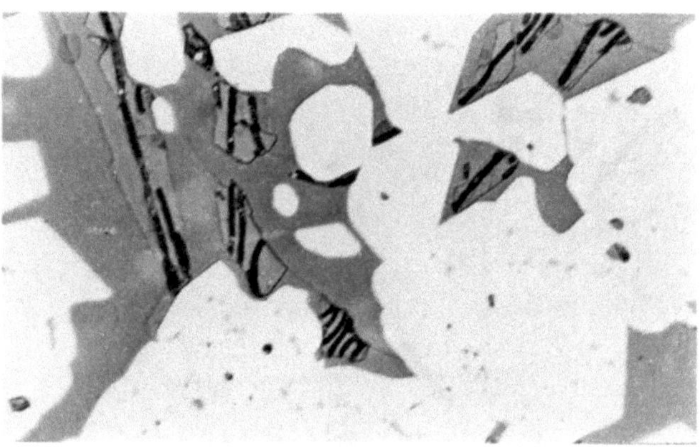

Abb. 122. 600 ×. Temperaturbereich etwa 1200°C. Geätzt mit alkohol. 1%iger HNO_3. Hell eisenoxidreiche Chromit-Mischkristalle, vergesellschaftet mit C_3MS_2 und Melilith-Mischkristallen. Die C_3MS_2-Kristalle enthalten durch Ätzung dunkel gefärbte CaS-Einlagerungen

etwa über die Gleichung $FeO + 4SO_2 \rightarrow FeS + 3SO_3$ (genauso mit CaO). Das SO_3 verbindet sich wiederum mit MgO zu $MgSO_4$. Das FeO liefert das oxidierte Blech, CaO ist durch die Kalziumsilikat-Phasen der Sintermagnesia verfügbar.

Der Magnetkies enthält bisweilen härtere und heller reflektierende Teilchen ähnlich Pyrit. Die Kalziumsulfid-Bildung ist in Abb. 122 festgehalten.

Die in Abb. 121 beschriebenen Silikate besitzen die folgenden optischen Kennzeichen:

Hedenbergit: $n\gamma < 1{,}770$ und $> 1{,}736$, anormale Polarisationsfarben, optisch zweiachsig mit starker Dispersion der optischen Achsen, im Durchlicht gelbbraun gefärbt, $d > 3{,}30$ (siehe Kapitel 2.1.1). Daher CfS_2 mit etwas fS in fester Lösung.

Melilith: $n_\omega < 1{,}668$ und $> 1{,}651$, $-2V = 0°$, im Durchlicht farblos (C_2AS-C_2MS_2), teils durch geringe Gehalte von Ferroakermanit gelb gefärbt mit

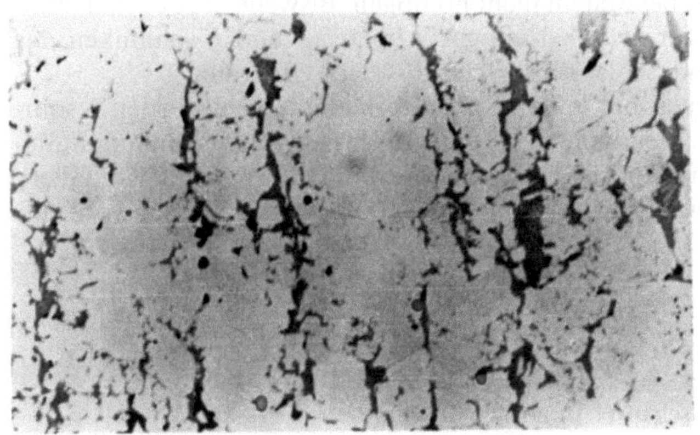

Abb. 123. 120 ×. Temperaturbereich etwa 1400°C. Umorientierung der Magnesiawüstit-kristalle. Die vierzähligen Achsen sind bevorzugt parallel dem Temperaturgefälle ausgerichtet, erkenntlich an der Längung der Kristalle, die durch die schwächer reflektierenden Silikatphasen gut zu erkennen sind

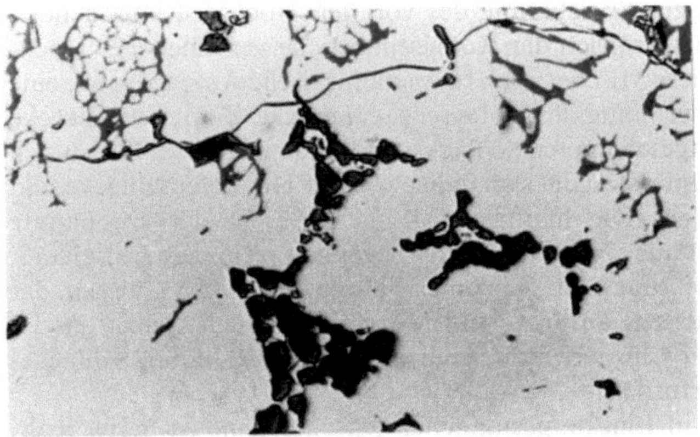

Abb. 124. 320 ×. Geätzt mit alkohol. 1%iger HNO_3, welche das C_2S dunkel färbt. Die C_2S-Kristalle (vermutlich P_2O_5 enthaltend) werden von C_2F umsäumt. Hellweiß reflektierend sind Spinellmischkristalle. Im Bilde oben befindet sich ein entmischter eisenoxidreicher Magnesiawüstit

$n_\omega = 1{,}651$. Die Melilithe sind also von uneinheitlicher Zusammensetzung. Darüber hinaus gibt es untergeordnet noch Silikatphasen, deren nähere Bestimmung zu aufwendig gewesen wäre.

In Richtung zur Feuerseite des Steines beginnen sich die Magnesiawüstit-Kristalle ab etwa 1300°C mit der vierzähligen Achse parallel dem Temperaturgefälle auszurichten [2]. Noch verbliebene Chromitreste deuten ein ähnliches Verhalten an, Abb. 123.

Unmittelbar an der Feuerseite, entsprechend etwa 1650 bis 1700°C, bestand die Phasengesellschaft aus eisenoxidreichen Spinellen, in denen der Chromit völlig gelöst ist, C_2S und C_2R (bei dieser Temperatur in flüssiger Form) und eisenoxidreichem Magnesiawüstit, der beim Abstellen des Ofens und Auskühlen der Steine entmischte, Abb. 124.

Die „heiße" Oberfläche ist bei weitem nicht homogen. Bisweilen beobachtet man auch C_3MS_2, ein Zeichen für zwischenzeitiges Abplatzen und Nachhinken der Reaktion mit Kalkstaub und Schlackenspritzer aus dem Ofenraum.

Während man an der Feuerseite in den Spinellen keine Hämatit- oder Sesquioxid-Entmischungen beobachten kann, die Temperatur liegt bereits im Stabilitätsbereich des $FeFe_2O_4$, treten Hämatit-Entmischungen in den Magnetit-Kristallen, gebildet durch Oxidation der Bleche im Bereich von 1000 bis 1300°C, sehr wohl auf.

Literatur

1. Krönert, W., Zednicek, W.: Radex-Rundschau H. 4, 328–393 (1977).
2. Zednicek, W.: Radex-Rundschau H. 2, 80–86 (1956).

3.4.1.5 Veränderung des Phasenbestandes der feuerfesten Baustoffe nach dem Einsatz im Roheisenmischer

Roheisenmischer dienen zur Speicherung des von den Hochöfen kommenden Roheisens sowie auch zum Ausgleich der Roheisenabstiche verschiedener Hochöfen. Gleichzeitig werden diese Mischer auch für metallurgische Aufgaben, wie eine möglichst intensive Entschwefelung des Roheisens, eingesetzt. Zu diesem Zwecke wird der vom Hochofen mitgeschleppten Schlacke z. B. Soda zugesetzt. Die so sich bildende Mischerschlacke unterscheidet sich daher von der Hochofenschlacke und den späteren Stahlschlacken. Die häufigste Mischerform ist der sogenannte Rollmischer. Dieser besteht aus einem horizontal liegenden, zylindrischen Gefäß, meist mit Magnesiasteinen zugestellt. Chromerzhaltige Steine sind wegen der größeren Gehalte des Roheisens an Si, C und Mn nicht möglich. Selbst das Fe würde Chromoxid aus dem Chromit reduzieren, soweit es die Metall-Schlacke-Feststoff-Gleichgewichte erfordern.

Charakteristisch für die in Einsatz gestandenen Mischersteine ist deren Roheisentränkung, oft bis zur Isolierung reichend. Abb. 125 zeigt diese Fe-Tränkung nach einer Durchsatzmenge von etwa 1,5 Mio. Tonnen Roheisen. Man gewinnt sogar den Eindruck, daß an der kalten Seite mehr Roheisen vorhanden ist, als es der Steinporigkeit entsprechen würde, daß dort die Steintextur aufgeweitet wurde.

Abb. 125. 1/2 der natürlichen Größe. Intensive Roheisentränkung eines Mischersteines. Aufnahme im Reflexlicht, dadurch ist das Roheisen hellweiß reflektierend. Den Stein durchziehen parallel dem Temperaturgefälle mehrere Risse, die vielleicht auf Steinpressung durch die thermische Dehnung zurückzuführen sind

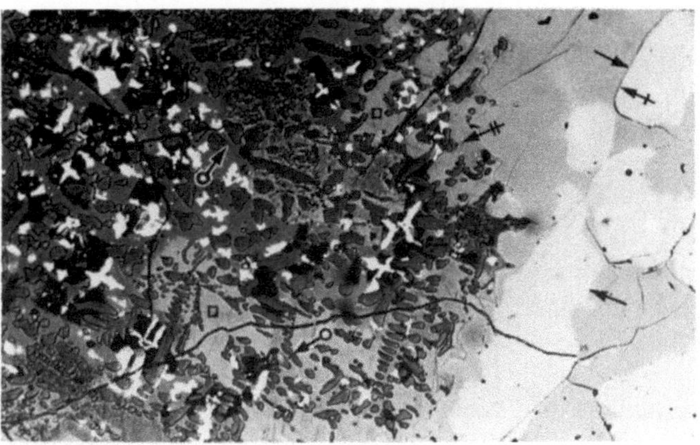

Abb. 126. 210 ×, geätzt mit alk. H_2SO_4. Mischerschlacke im Kontakt zum feuerfesten Magnesiastein (in der Abbildung rechts helle Periklase ∠). Die hellen Sternchen sind CT, schwarz durch Ätzung ist C_3MS_2. Im direkten Kontakt zu Periklas M_2S ∠, anschließend CMS ∠ (noch ungeätzt), dunkelgrau leicht geätzt in eutektischer Textur NAS_2 ∠ eingebettet in Glas oder verwachsen mit Melilith ∠ , $KFeS_2$ ist durch Ätzung ebenfalls schwarz gefärbt

Wenn nun das Roheisen gegen Ende der Haltbarkeit der Ausmauerung so weit in den Stein eindrang, so trifft dasselbe auch für die Mischerschlacke zu. Im vorliegenden Beispiel besteht die Mischerschlacke selbst und im Kontakt zum Mischerstein aus einer Vielzahl von Phasen, die nicht mehr der ursprünglichen

Hochofenschlacke entsprechen. Es sind nach Abb. 126 vorhanden NAS_2, Melilith ($n_\omega < 1{,}650$, $-2V \sim 0°$), CMS, C_3MS_2, CT (immer etwas SiO_2 enthaltend) und Glas.

Im Kontakt zu den Periklasen des Magnesiasteines bildet sich im vorliegenden Fall reichlich M_2S ($n\beta = 1{,}650$, $2V \sim 90°$). Die Schlacke war daher relativ sauer. Die ESMA-Diagramme, Abb. 127 und 128, stammen von NAS_2 und der Glasphase.

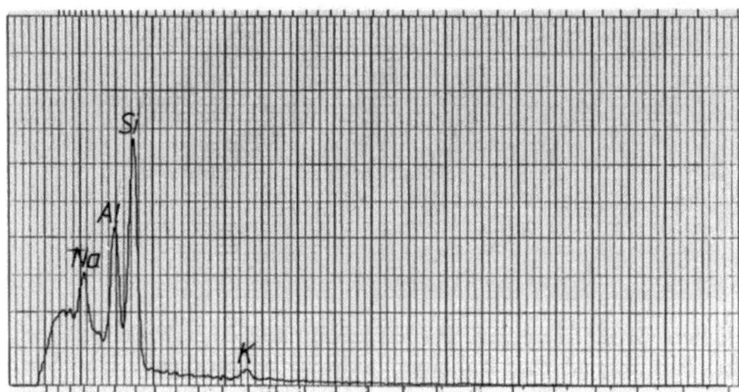

Abb. 127

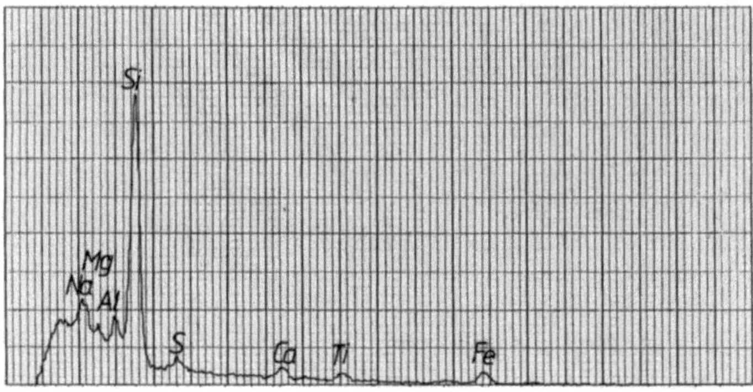

Abb. 128

Abb. 127 und 128. ESMA-Diagramme. Aufgenommen mit 10 kV-Beschleunigungs-spannung von Nephelin (oben) und der ihn umgebenden Glasphase (unten)

Die Nephelin-Kristalle $= NAS_2$ enthalten stets geringe Mengen an K_2O. Ein Teil des Schlackenschwefels befindet sich im Melilith. Ein weiterer Schwefelanteil tritt in einer sehr auffälligen Phase auf, nämlich als $KFeS_2$, Abb. 129.

Diese Phase fällt durch ihren enormen Reflexionspleochroismus auf (dunkel olivgrün gegen hell kupferrot, im Durchlicht $n\alpha$ hellgrün, $n\gamma$ sehr dunkelgrün, nahezu opak) [1]. Häufig ist das $KFeS_2$ mit Magnetkies $= FeS$ lamellar ver-

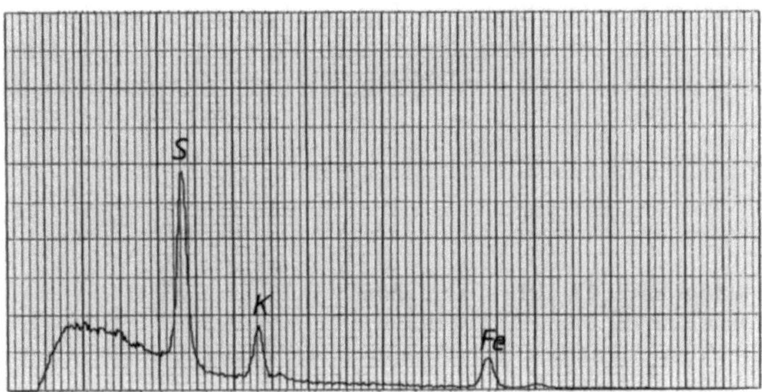

Abb. 129. ESMA-Diagramm des $KFeS_2$, 10 kV Beschleunigungsspannung

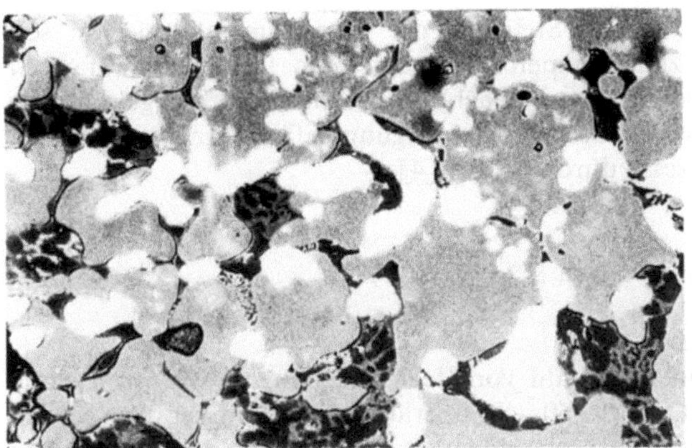

Abb. 130. 270×, ungeätzt. Kaltseitiger Steinbereich mit infiltriertem metallischem Fe (hellweiß), Periklas (grau) und Mineralphasen der zugewanderten Schlacke, bestehend hauptsächlich aus NAS_2 (dunkel, sehr schwach reflektierend) und CMS

wachsen. Der Magnetkies ist bisweilen manganhaltig. Als akzessorische Phasen konnten in der Schlacke noch festgestellt werden: magnesium- und manganhaltiger Ilmenit (dünne gebogene Lamellen), Mischkristalle zwischen $(Mg, Mn)_2 TiO_4$ und $Fe(Fe,Al)_2 O_4$ und schließlich Akmit $= NFS_4 (n\alpha' = 1{,}750, -2V$ groß, starke Dispersion der Auslöschung). Die NAS_2-Phase dürfte anhand der Röntgeninterferenzen ($2\theta = 3{,}00$ und 4,178 Å) dem hexagonalen Nephelin entsprechen.

Zum Teil findet man diese Kristallphasen auch in den tieferliegenden Poren des feuerfesten Magnesiasteines nach Abb. 130.

Örtliche Anreicherungen von $M_2 S$, hervorgerufen durch Schlackeninfiltration schwankender Zusammensetzung, sind stark rissig. Offenbar führen die Unterschiede in den thermischen Ausdehnungskoeffizienten zwischen $M_2 S$ und M zur Rißbildung (teilweise in Abb. 126 erkennbar).

Der feuerfeste Magnesiastein, hier als spezieller Fall, scheint sich hauptsächlich über den sauren Charakter der Mischerschlacke durch Aufzehrung des kontaktseitigen Periklases, Bildung von $M_2 S$ und andererseits $C_2 S$ und Lösung derselben in der flüssigen Schlacke zu verbrauchen. Entsprechend der angegebenen Haltbarkeit handelt es sich dabei um einen langzeitigen Vorgang [2], [3]. Die Mischerschlacke war tonerdearm, denn sie bildete im Kontakt zu Periklas kein MA.

Literatur

1. Trojer, F.: Ber. dtsch. keram. Ges. **43**, 101−102 (1966).
2. Buchhausen, C.: Stahl u. Eisen **73**, 1453−1457 (1953).
3. Harders, F., Kienow, S.: Feuerfestkunde. Berlin-Göttingen-Heidelberg: Springer. 1960.

3.4.1.6 In Stahlbehandlungspfannen

Der Einsatz basischer feuerfester Steine in der Pfannenmetallurgie hat seit einigen Jahren sprunghaft zugenommen. Während man früher Stahlpfannen hauptsächlich für Gießzwecke mit wenig Nachbehandlungen betrieb, gehören sie heute mit zu den wichtigen sekundären Stahlerzeugungsgefäßen. In ihnen werden folgende metallurgische Prozesse durchgeführt [4]:
1. Vakuumentgasung.
2. Legieren.
3. Desoxidation (Reduktion) durch FeSi, CaSi, Al.
4. Entkohlung.
5. Entschwefelung.

Entsprechend muß mit einer Vielzahl von Beanspruchungen, wie wechselnde Schlackenbasizität ($CaO/SiO_2 = 1−2$), Temperaturhöhe, Temperaturwechsel, Heißerosion und Atmosphärenwechsel, gerechnet werden. Aus der Vielzahl der Möglichkeiten [1] bis [13] sollen nur einige Beispiele herausgegriffen werden.

VOD* oder VF-Pfanne*
Dieses Verfahren wird neben dem AOD-Verfahren (siehe Kapitel 3.4.1.2) hauptsächlich bei legierten Stählen mit hohen Chrom- und anderen Legierungsgehalten angewandt. Bei den konventionellen Verfahren im Elektrolichtbogenofen steigen wegen der geforderten niedrigen C-Gehalte von 0,02% und möglichst geringer Cr-Verschlackung die Temperaturen bis etwa 1900°C. Bei solch hohen Temperaturen ist die Wirtschaftlichkeit des feuerfesten Futters nicht mehr gegeben. Das umgeht man beim VOD-Prozeß mit einer Partialdruckerniedrigung durch Vakuumbehandlung von etwa 0,27−0,04 bar während des Frischvorganges. Außerdem wird mit Ar gespült [14]. Die auf das feuerfeste basische Pfannenfutter einwirkenden Prozeßschlacken sind in ihrer chemischen Zusammensetzung und in ihrem Phasenbestand den AOD-Schlacken sehr ähnlich, wie die Tabelle ausweist. Auch in der VOD-Pfanne ist durch das Einblasen von Sauerstoff und die Ar-Spülung mit einer stärkeren Heißerosion zu rechnen.

---

* VOD Vakuum oxygen decarburization, VF Vakuumfrischen.

Schlackencharakteristik VOD [12]

Metallurgie	Basizität CaO/SiO_2	Mineralogische Phasen	Aggressivität gegenüber Dolomitstein
Vormetall	1,6	Chromspinell, Diopsid, Melilith	stark
nach Vakuumfrischen	4,7	Chromspinell, CaO, α-$CaCr_2O_4$, C_3S, γ-C_2S	gering
nach Reduktion	3,8	CaO, C_3S, CaF_2, α-$CaCr_2O_4$, γ-C_2S	sehr gering

Der Hauptverschleiß liegt in der Schlackenlinie der VOD-Pfanne. Ausgebaute Steine zeigen keine Schlackenauflage (C_2S-Zerrieselung) und feuerseitig eine durch Infiltration stark verdichtete Zone von etwa 30 .mm Dicke. Es infiltrieren überwiegend Silikate in das sehr feine Porensystem des Dolomitsteins. (Es kommen aus Stabilitätsgründen nur gebrannte Dolomitsteine in Betracht.) Bestimmt wurden C_3S und β-C_2S, Tropfen aus Legierungsmetall (Fe, Cr, Ni), sowie Nadeln aus Ca-Chromit, Abb. 131. Man kann sich den Verschlackungsablauf wie folgt vorstellen: Relativ saure Frühschlacken (CaO/SiO_2 1,5) der Frischperiode von niedriger Viskosität dringen in das Steingefüge ein, sättigen sich dort sehr schnell mit CaO zu einer Basizität von CaO/SiO_2 von 2,0 und frieren rasch ein. Diese geschwächten Steinzonen werden dann im späteren Verlauf durch die Heißerosion abgetragen, und die Vorgänge wiederholen sich.

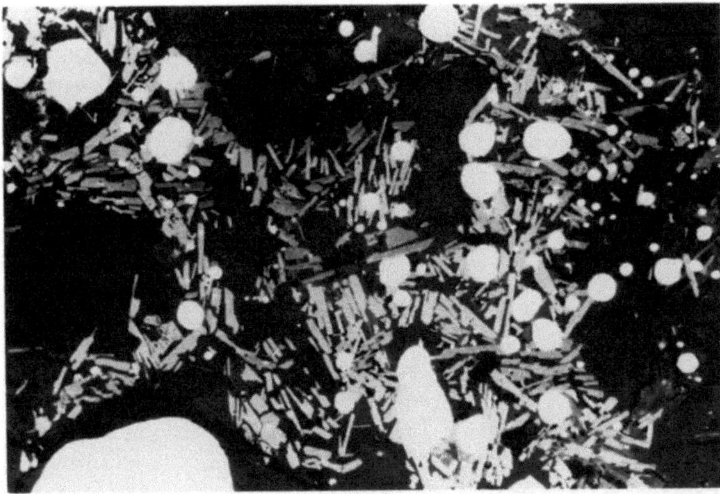

Abb. 131. 200 ×. In einen Dolomitstein infiltrierte VOD-Schlacke. Rundlich, weiß, Metall (Fe, Cr), Nadeln, grau, Kalziumchromit ($CaCr_2O_4$), Matrix grau, Trikalziumsilikat (C_3S)

War bis jetzt von Dolomitsteinen die Rede, so möge nun ein Verschlackungsfall bei Magnesiachromsteinen aus einer VF-Pfanne geschildert werden.
Ein Reststück davon wird im Längsschnitt nach Abb. 132 wiedergegeben.

Abb. 132. Etwa 3/4 der natürlichen Größe. Sehr breite Degeneration und deutliche Metallinfiltration von der Feuerseite (oben) her. Ein Temperaturwechsel-Riß verläuft parallel der Feuerseite. Die Metallinfiltrationen sind durch Reflexlicht weiß

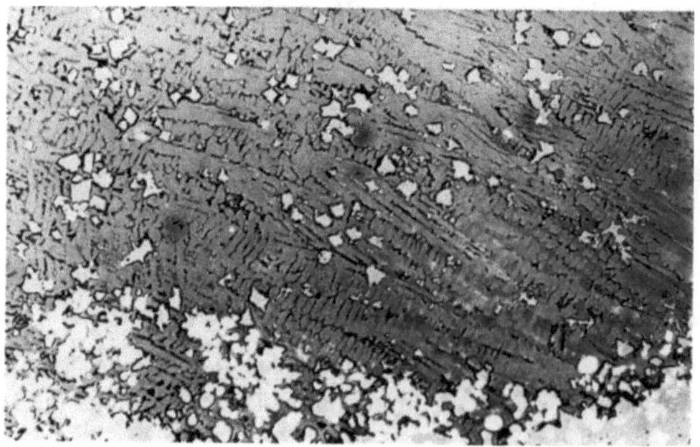

Abb. 133. 230 ×. Der Schlackenrest auf dem Magnesiachromstein enthält CA_2 + MA. Im Kontakt zum Magnesiachromstein Übergang zu MA und CA. Melilith ist in der Abbildung kaum auszumachen

Es ist interessant, die Mineralogie von der Schlacke bis zur ursprünglichen Steinzusammensetzung zu verfolgen. Man kann annehmen, daß hier mehrere Schlackenarten sich an der Degeneration des Steines beteiligten. Die Schlackenreste an der ehemaligen heißen Seite bestehen vornehmlich aus langgestreckten Tafeln von CA_2 mit dendritischer Oberflächenausbildung, Abb. 133 und 134.

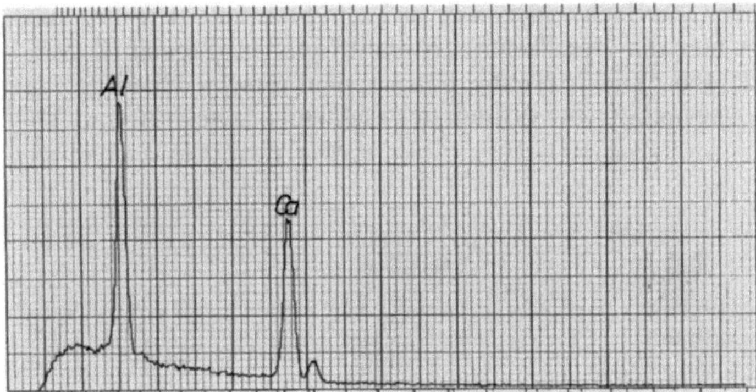

Abb. 134. ESMA-Diagramm des CA_2, 10 kV-Beschleunigungsspannung

In dem CA_2-Gefüge schweben fast reine Spinelle = MA in Oktaeder-Gestalt. Sie enthalten Spuren von Chrom und kein Fe. Die Zwischenräume zwischen den CA_2-Kristallen sind teils leer, teils erfüllt mit schwefelhaltigem Melilith und Glas (rasche Abkühlung), Abb. 135.

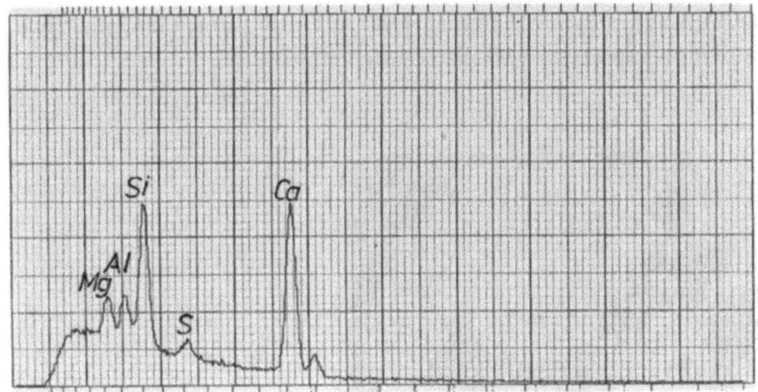

Abb. 135. ESMA-Diagramm des Meliliths, 10 kV Beschleunigungsspannung ($- 2V = 0°$, $n_\omega = 1,650$)

Im Kontakt mit dem feuerfesten Baustoff ging CA_2 durch angebotenes MgO in CA + MA über. Die Periklasreste sind stets mit einem Spinellsaum umgeben. In den erhalten gebliebenen Chromitkörnern der feuerfesten Auskleidung ist das Fe über Desoxydation mit Al völlig reduziert (Magnesiachromit) und zu Metalleinschlüssen im Spinell umgesetzt. Das neugebildete MA lagert sich an den Magnesiachromit-Mischkristallen (M(Cr,A)) unter Bildung schwächer reflektierender Ränder an. Vorhandene Metalltröpfchen bestehen nur aus Fe + Cr. Weiter in Richtung zur kalten Seite tritt oleanderblattförmiger Cuspidin = $C_3S_2 \cdot CaF_2$ auf, der ein Zeichen von Fluor- und SiO_2-Gehalten der Schlacke ist. Das ESMA-Diagramm des Cuspidins, aufgenommen mit einer energiedispersiven Anlage, gleicht dem des C_2S (Fluor wird nicht mehr registriert). Es ist kein $C_{11} \cdot A_7 \cdot CaF_2$ (Mayenit) vorhanden.

Bei etwa 5 mm von der Oberfläche oder in etwa 2 mm Steintiefe tritt nun auch C_3MS_2 auf. Man findet hier die Gesellschaft: Metalltröpfchen, Spinell, C_3MS_2, Cuspidin, Melilith und Glas. Die Melilithe nähern sich verschiedenenorts der Zusammensetzung des Akermanits sowie auch des Gehlenits, Abb. 136 und 137.

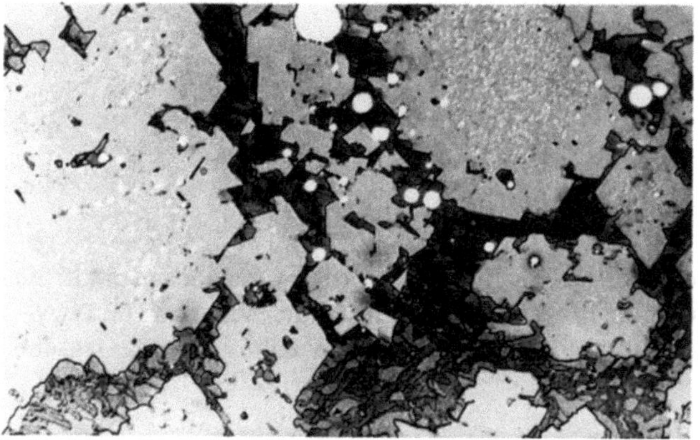

Abb. 136. 230 ×, 2 mm von der Steinoberfläche. Große idiomorph begrenzte Spinellmischkristalle (M(Cr,A)), mit C_3MS_2 (geätzt durch alkoh. HNO_3), Cuspidin in Gehlenit bzw. Glas (ungeätzt) dunkelgrau eingebettet. Die Metalltröpfchen sind weiß

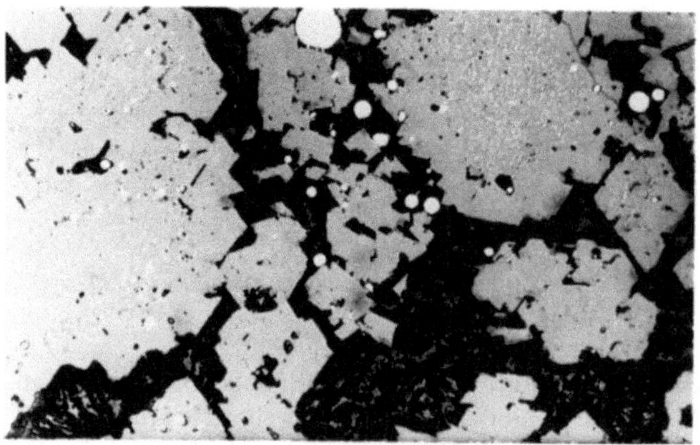

Abb. 137. 230 ×, dieselbe Bildstelle wie Abb. 136, jedoch zusätzlich geätzt mit alk. H_2SO_4. Nunmehr ist Cuspidin geätzt und gefärbt wie C_3MS_2. Ungeätzt sind Melilith und Glas

Mit dem verstärkten Auftreten von Periklas (etwa 10 mm von der Steinoberfläche), werden die Magnesiachromit-Mischkristalle chromreicher, der Melilith und der Cuspidin verschwinden zugunsten von C_3MS_2, CMS, MA und CaF_2 (Flußspat). Interessanterweise enthält der Merwinit auch etwas Schwefel. Die Metalltröpfchen bestehen hier aus Fe + Ni, sicher ein Zeichen eines gemischten metallurgischen Programms. Gleichzeitig treten neben den Periklasen des feuerfesten Steines noch Magnesiawüstite mit größeren Gehalten an Fe und etwas Cr auf, siehe ESMA-Diagramm Abb. 138 und Mikrofoto Abb. 139.

In 10 mm Tiefe (von der Steinoberfläche) begegnet man bereits CMS und M_2S, M_2S vom ursprünglichen Stein stammend. CMS wie M_2S enthalten in dieser Zone etwas FeO ($n\beta$ des M_2S = 1,663), M_2S enthält überdies noch etwas CaO. Die Lichtbrechung des M_2S geht in Richtung des ursprünglichen Steines auf $n\beta$ = 1,655 zurück. Das CMS, gebildet durch zugewandertes CaO, wandert in Richtung zur kalten Seite sehr tief in den Stein unter Verdichtung des Steingefüges, wie dies Abb. 132 veranschaulicht.

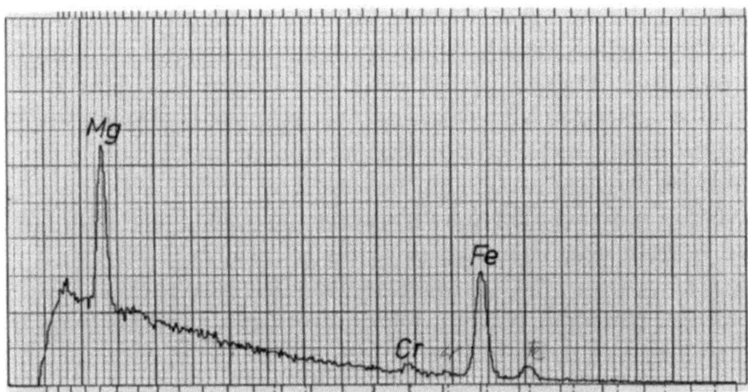

Abb. 138. ESMA-Diagramm des Wüstits aus Abb. 139

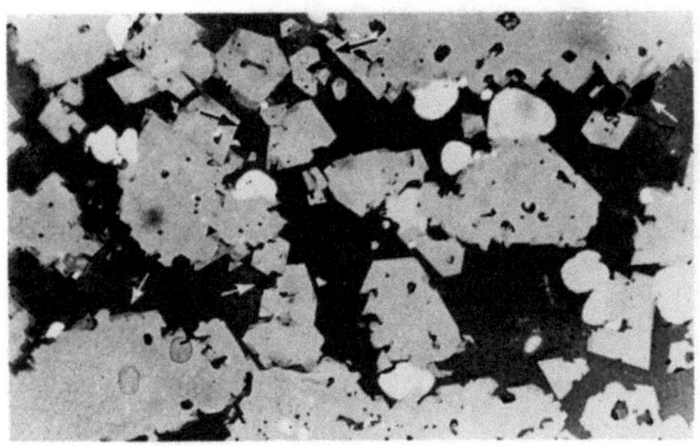

Abb. 139. 230×. 8 mm von der Steinoberfläche. Spinell, hell reflektierender Wüstit eingebettet in CMS und geringe Flußspatgehalte ✓

Die Schilderung der Phasenzusammensetzung von der heißen zur kalten Steinseite wurde vereinfacht dargestellt, sie ist es aber nicht. Die Mineralgesellschaften eilen stellenweise voraus, es gibt kein konzentrisches Gefüge senkrecht zum Temperaturgefälle. So gibt es örtlich Ungleichgewichte, wie das sporadische Auftreten von $(Mg,Fe)SiO_3$ beweist.

Die aluminatischen Schlackenreste auf der Steinoberfläche sind wohl als Rückstand von der Desoxidation mit Al, als auch von der Entschwefelung mit CaO, aufzufassen.

Man beachte die großen Unterschiede in der Mineralabfolge in den feuerfesten Steinen, Dolomit einerseits und Magnesiachrom andererseits.

Entschwefelung in der TN-Pfanne

Da vom Stahlverbraucher auch schwach legierte Stähle mit zum Teil niedrigsten Schwefelgehalten gefordert werden, der LD-Konverter mit einer Rate von 50% aber ein schlechtes Entschwefelungsgefäß ist, wird dem Primärprozeß (LD) ein Stahlbehandlungsprozeß (TN) nachgeschaltet. Als Entschwefelungsmittel werden beim TN-Verfahren Ca, CaC_2, CaSi und $CaO + CaF_2$ zusammen mit Argon als Trägergas in die Schmelze geblasen. Aus diesem Grunde wird die TN-Pfanne basisch zugestellt. Wenn mit einem Kalk/Flußspatgemisch entschwefelt wird, muß zur Desoxidation Aluminium entweder vorher oder zusammen mit dem Entschwefelungsgemisch in ausreichender Menge gesetzt werden, um den Sauerstoffpartialdruck zu senken und damit reduzierende Bedingungen einzustellen.

Die Schmelztemperatur beträgt während der Behandlung $1650-1700°C$, die Dauer liegt bei $15-20$ Minuten. Es werden Schwefelwerte um 0,005% erreicht. Die Entschwefelungschlacke besteht chemisch aus etwa 60% CaO, 25% Al_2O_3, 5% SiO_2, 5% MgO und 5% CaF_2, $1-2\%$ SO_3, mineralogisch aus Mayenit ($C_{10}A_7 \cdot 2CaF_2$), Kalziumoxid (CaO), Flußspat (CaF_2), Oldhamit (CaS), Periklas (MgO)

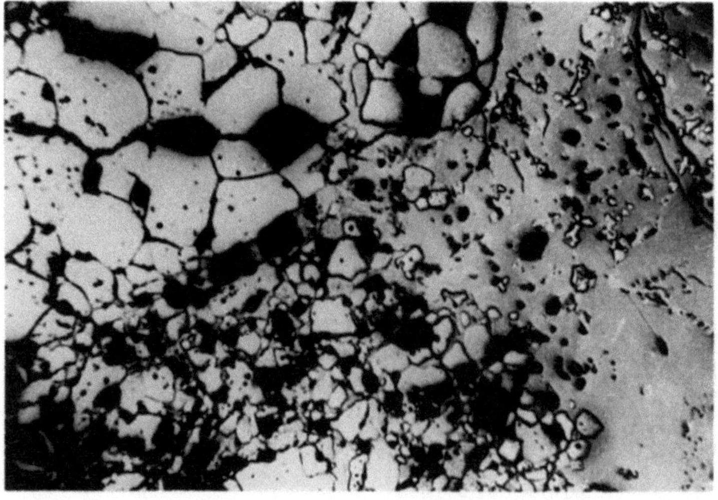

Abb. 140. 100×. Magnesiastein (eisenarm). Kalziumaluminatschlacke infiltriert an den Korngrenzen das Periklasgefüge und löst die silikatische Bindephase und auch das MgO auf

und C_3S. TN-Entschwefelungspfannen werden fast ausschließlich mit pechgebundenen oder keramisch gebundenen Dolomitsteinen zugestellt. Vereinzelt trifft man in der Schlackenlinie auch auf Magnesiasteine. Versuchsweise wurden auch keramisch gebundene Steine aus Sinterkalk (CaO) in dieser hochbeanspruchten Stelle eingebaut. Dabei schneidet der Dolomitstein — wenn man nach etwa 20−30 Schmelzen die Reststeinlänge mißt — am besten ab.

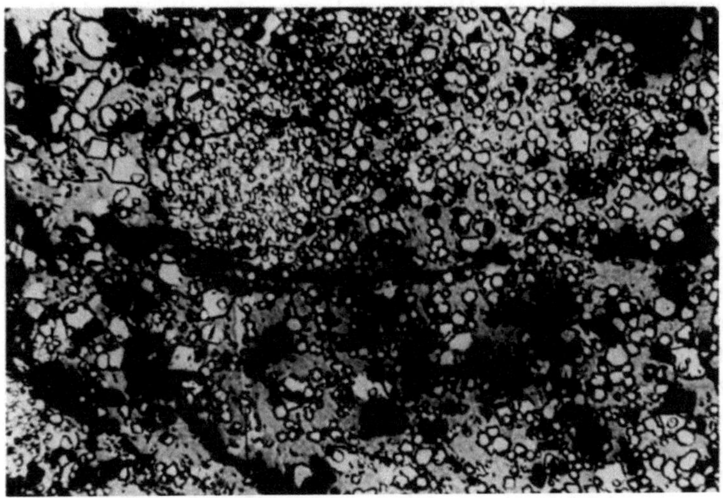

Abb. 141. 100×. Dolomitstein. Kalziumarme Aluminatschlacke löst das CaO auf, unter Bildung von Mayenit ($C_{10}A_7 \cdot 2CaF_2$)

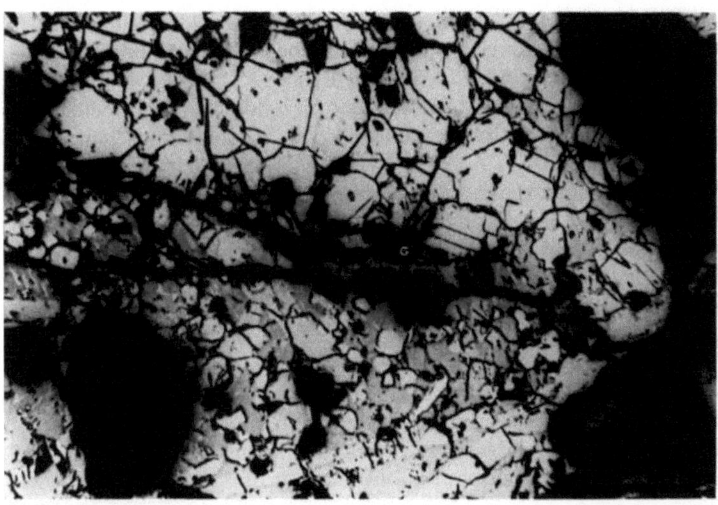

Abb. 142. 100×. Feuerfester Kalkstein. Kalziumarme Aluminatschlacke löst die CaO-Kristalle frontal an und bildet Mayenit ($C_{10}A_7 \cdot 2CaF_2$)

Das typische Verschleißbild von gebrauchten Dolomitsteinen in der Schlacken-zone besteht aus:

1. einer dunkel gefärbten, $1-2$ mm dicken Feuerseite. Mineralbestand: Periklas, Kalziumoxid, Mayenit ($C_{10}A_7 \cdot 2CaF_2$) und Brownmillerit (C_4AF), Flußspat (CaF_2) und vereinzelt Oldhamit (CaS) entstanden bei oxidierenden Verhältnissen;

2. einer hell gefärbten, mehrere Zentimeter dicken, stark infiltrierten Zone. Mineralbestand: Periklas, Kalziumoxid, Mayenit, metall. Eisen, Flußspat und vereinzelt Oldhamit. Der Gehalt an CaO-Kristalliten nimmt von der Feuerseite her zu, der an Mayenit entsprechend ab. Hier herrschen stark reduzierende Ver-hältnisse.

Die Abb. 140, 141 und 142 zeigen den Verschlackungsmechanismus anhand der Mikrogefüge für die drei basischen Steintypen Magnesia, Dolomit und Sinterkalk.

Während beim Magnesiastein die Aluminatschlacke die Silikatbindung zwischen den Periklasen zu Melilith umwandelt und so den Kornverband zur Feuerseite hin auflöst, greifen beim Dolomitstein CaO-arme Aluminate die CaO-Komponente unter Bildung von Mayenit ($C_{10}A_7 \cdot 2CaF_2$) an. Die Periklase liegen danach in einer Umgebung niedrigschmelzender Phasen und werden durch die Badbewegung später rasch abgetragen. Im Falle des Sinterkalksteins erfolgt der Angriff zweifach:

1. feuerseitig durch Reaktion des CaO direkt mit CaO-armen Aluminaten

2. durch Infiltration der Aluminate entlang von Porenkanälen und Spaltbar-keitsrissen des Kalziumoxid.

Die CaO-armen Aluminate entstammen mit Sicherheit dem Frühstadium der Entschwefelung, wenn die Schlacken noch CaO-untersättigt sind. Zahlreiche Versuche, diese Frühschlacken im Betrieb zu proben, schlugen bislang fehl. Erst halbtechnische Versuche in einem Induktionsofen bestätigten den oben an-geführten Ablauf.

Literatur

1. Baum, R., Zörcher, H., Großkopf, B., Naefe, H., Oberbach, M.: Untersuchung des Verschleißes der feuerfesten Zustellung von metallurgischen Gefäßen durch Radio-aktivitätsmessungen. Stahl u. Eisen **96**, 572 – 577 (1976).
2. Deilmann, W., Zednicek, W.: Untersuchungen über den Verschleiß von Pfannenzustel-lungen auf Sintermagnesiabasis im normalen Gießbetrieb. Radex-Rundschau H. 4, 567 – 585 (1975).
3. Sjödin, B., Jonsson, K. O.: Schlackenangriff in den ASEA-SKF-Pfannenöfen. Ton-industrie Ztg. **95**, 341 – 351 (1971).
4. Alcock, S., Spencer, D. R. F.: The Application and Performance of Basic Refractories in Secondary Steelmaking Ladles. Trans. Brit. Ceram. Soc. **77**, 45 – 57 (1978).
5. Deilmann, W., Zednicek, W: Versuchsergebnisse bei Gießpfannenzustellungen mit Magnesitprodukten und Steinen auf Basis Magdol-Simultansinter. Interceram **27**, 269 – 273 (1979).
6. Baum, R., Taake, F., Zörcher, H., Münchberg, W., Stradtmann, J., Zingel, G.: Ladles with Dolomitic Linings in a Stainless Steelplant. Interceram **27**, 258 – 262 (1979).
7. Münchberg, W., Stradtmann, J., Deilmann, W.: Wear Behaviour of Dolomite Based Refractory Bricks in Ladles for the Discontinuous Casting of Steel. Interceram **27**, 266 – 267 (1979).
8. Forchheimer, O. L., Brosnan, D. A.: USA Dolomite Brick Practice in Steel Ladles. Interceram **27**, 266 – 268 (1979).

9. Allcock, S., Newbound, D., Spencer, D. R. F.: The Application and Performance of Basic Refractory Materials in the United Kingdom. Interceram **27**, 251–257 (1979).
10. Mizuno, Y., Shimada, N., Kyoden, H., Namba, Y.: The Performance Results of Basic Ladles Linings. Interceram **27**, 274–277 (1979).
11. Störmann, J., Chaudhuri, S.: The Use of Basic Bricks in Steel Ladles, Especially that of Newly Developed Spinell Bricks for Secondary Steelmaking. Interceram **27**, 278–279 (1979).
12. Münchberg, W.: Verschleißablauf in VOD-Pfannen. Stahl u. Eisen **99**, 1322–1325 (1979).
13. Stradtmann, J., Münchberg, W., Thomas, R. C.: Dolomite in Secondary Steelmaking Units; U.K. Institut of Refract. Engineers, Sheffield 20-9-1979.
14. Meyer, H., u. a.: Stahl u. Eisen **99**, 1315 (1979).

3.4.1.7 Roheisentransportpfanne

Der Roheisentransport vom Hochofenbetrieb zum Stahlwerk wird von Gefäßen bewältigt, die je nach ihrer Form den Namen Torpedo- oder Rohrpfannen tragen. Sie sind mit ihrem Fassungsvermögen von bis zu 600 t durchaus in der Lage, den bisherigen Mischer im Stahlwerk ganz oder teilweise zu ersetzen.

Abb. 143. Gebrauchter pechgebundener Dolomitstein aus einer Torpedotransportpfanne. Starke Rißbildung und Abblättern durch β-γ-C_2S-Zerfall (siehe weißgefärbte Stellen)

Abb. 144. 1200 ×. Bruchfläche nach Abb. 143. REM-Sekundärelektronenbild

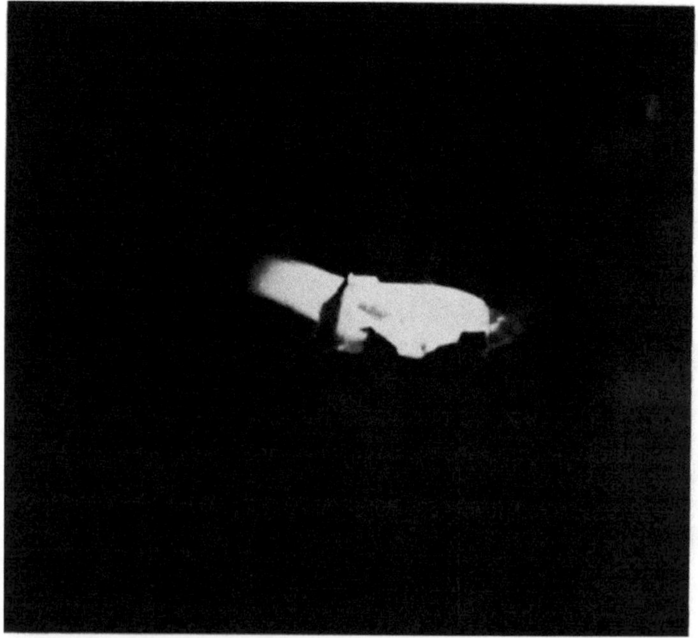

Abb. 145. 1200 ×. Dieselbe Bruchfläche wie in Abb. 144. REM-Kathodenlumineszenzbild. Das Teilchen in der Mitte ist γ-C_2S mit starker Kathodenlumineszenz

Wird dieses Gefäß nur zum reinen Transport verwendet, ist es auf der Basis Schamotte, Bauxit, Mullit, Korund zugestellt. Entschwefelt man jedoch das Roheisen in diesen Pfannen, z. B. durch Einblasen von CaC_2 durch eine Tauchlanze, finden auch basische Steine auf Dolomit- oder Magnesitbasis Anwendung. In diesem Fall ändert sich die Schlackenzusammensetzung entscheidend. Während vor der Entschwefelung eine Schlacke aus Melilith, Merwinit und Glasphase von einer Basizität von 1,3 vorliegt, steigt diese nach der Entschwefelung auf 4 an. Jetzt finden sich als Schlackenphasen C_3S, C_2S, Merwinit, Oldhamit (CaS) und feinverteiltes metallisches Eisen. Auf pechgebundene Dolomitsteine wirken natürlich die sauren Erstschlacken aggressiv, die basischen Zweitschlacken dagegen neutral.

Gebrauchte Steine aus diesen Aggregaten zeigen häufig tiefe Roheiseninfiltrationen und Verschleißerscheinungen durch Schlackenangriff auf der Feuerseite. Durch das Eindringen von sauren Schlacken in das Dolomitsteingefüge und vorgebildeten Rissen und Reaktion mit der CaO-Komponente kommt es zur Bildung von C_2S und bei Abkühlung zur Zwischeninspektion zum gefürchteten β-γ-C_2S-Zerfall, der bei den Steinen zu starken Abblätterungen führt (Abb. 143).

Solche Zerrieselungserscheinungen sind u. a. durch die Kathodenlumineszenz des γ-C_2S (Shannonit) sichtbar zu machen (Abb. 144 und 145).

Literatur

1. Koltermann, M., Schäfer, H.: Tonindustrie-Ztg. **98**, 29 − 32 (1974).
2. Höfges, H., u. a.: Tonindustrie-Ztg. **100**, 146 − 150 (1976).
3. Markus, K., Weber, A.: Keram. Z. **11**, 591 − 592 (1976).

3.4.1.8 Veränderung der Phasenzusammensetzung im Winderhitzer

Infolge der hohen Rohdichte (2,88 bis 2,95) und der damit verbundenen besseren Wärmespeicherung bieten Magnesiasteine bei teilweisem Ersatz des bisherigen nichtbasischen Besatzmaterials merkliche Vorteile. Offensichtlich reicht die Temperaturwechselbeständigkeit, besonders der eisenarmen Magnesiasteine, dafür aus, [1] bis [5]. Der Einfluß des Flugstaubes vom Hochofen her und der Wechsel zwischen Verbrennungsgas und Heißwind verursacht bei den Magnesiasteinen im oberen Besatzdrittel nach 4 Jahren kaum eine Veränderung, nach 9jähriger Betriebsdauer nur leichte Risse, geringes Wachstum und geringe Deformation.

Bisher gelangten Magnesiasteine mit $CaO : SiO_2$-Verhältnissen von über 1,8 und $CaO + SiO_2 < 4\%$ zur Erprobung. Um die Phasenveränderungen durch den Flugstaub aus dem Hochofen zu verstehen, sei die Zusammensetzung des Flugstaubes wiedergegeben.

$$
\begin{array}{ll}
SiO_2 & 12,7 \ -18,9 \\
Al_2O_3 & 4,6 \ -10,3 \\
Fe_2O_3 & 12,8 \ -60,1 \\
MnO & 0,35- \ 0,9 \\
CaO & 3,1 \ -13,4
\end{array}
$$

$$
\begin{array}{lll}
\text{MgO} & 1{,}35 - & 2{,}8 \\
\text{Na}_2\text{O} & 0{,}1\ \ - & 0{,}35 \\
\text{K}_2\text{O} & 0{,}15 - & 14{,}4 \\
\text{SO}_3 & 0{,}5\ \ - & 1{,}75 \\
\text{S} & 0{,}6\ \ - & 5{,}25 \\
\text{PbO} & 0\ \ \ \ - & 3{,}65 \\
\text{ZnO} & 0\ \ \ \ - & 18{,}9 \\
\text{Glv.} & 9{,}6\ \ - & 28{,}3. \\
\end{array}
$$

Dieser Flugstaub reagiert bei den in Betracht kommenden Temperaturen von 1150 bis 1350°C mit den Magnesiasteinoberflächen nur geringfügig unter Bildung von C_7MS_4 (Phase T) [6], [7], C_3MS_2, CMS und sogar M_2S [6].

Die Bestandteile Fe_2O_3, Al_2O_3, ZnO und MnO bilden zum Teil zusammen mit dem MgO entsprechende Spinellphasen. Die Alkalien werden bei diesen Temperaturen gegenüber Schamotte- und Korundbesatz durch den Magnesiastein bedeutend weniger absorbiert. Bisweilen konnten auch Spuren von C_3P festgestellt werden. Durch die langzeitige Temperatureinwirkung traten bei den erwähnten Versuchen jedoch starke Sammelkristallisation der Periklase und Silikatphasen ein, wodurch es auch zur Direktbindung von Periklas zu Periklas kam. Größtenteils verbleibt der Flugstaub jedoch auf den Steinoberflächen als poröser, leicht entfernbarer Ansatz. Die geschilderten Phasenneubildungen nehmen zu tieferen Steinlagen an Intensität ab.

Literatur

1. Koltermann, M.: Stahl u. Eisen **95**, 847 − 850 (1975).
2. Schatz, U., Sittsam, W., Fritsche, J.: Stahl u. Eisen **96**, 1335 − 1337 (1976).
3. Majdič, A., Routschka, G.: Keram. Z. H. 10, 583 − 591 (1971).
4. Laar, J.: Stahl u. Eisen **92**, 154 − 157 (1972).
5. Mayer, H., Mitter, G., Heczko, H.: Berg- u. Hüttenm. Mh. (1976), H. 11.
6. Barthel, H.: Commission des Hauts Fourneaux, P.122-C.74, 1977.
7. Gutt, W.: Nature **207**, 184 [4993] (1965).

Veränderung der Phasenzusammensetzung basischer Gießpfannen-Schieberverschlüsse

In letzter Zeit wurde für das Vergießen von unberuhigten und manganhaltigen Stählen versucht, die hochtonerdehaltigen Schieber-Keramikteile durch Schieberplatten und Ausgußhülsen aus chemisch gebundener Magnesia zu ersetzen. Basische Materialien werden durch den Abbrand der Desoxidationsmittel weniger angegriffen. Es sind hierbei Erfolge erzielt worden [1].

Was noch an Verschleißarten anzuführen ist, sind starke Erosion, Angriffe der Schlackenreste zu Ende der Abgüsse und schließlich das reiche Eisenoxid-Angebot durch Ausbrennen der Stahlkerne in den Schieberverschlüssen. In auffallender Weise nehmen hierbei die Periklase des basischen Materials das Eisenoxid (auch von der Schlacke) in fester Lösung auf, ähnlich Abb. 120. Zwischen den gebildeten Magnesiawüstiten sind hin und wieder skelettförmige Herzynit-Kristalle, auch von der Tonerde-Flickmasse herrührend, eingebettet. Die Schlackenreste führen wieder zur oberflächennahen Bildung von C_4AF und C_2S. All diese Phasen stehen durch die Aufeinanderfolge so verschiedener Einflüsse (Gießen, Schlackenreste, Ausbrennen) nur örtlich in Gleichgewichtsbeziehungen. Umfangreiche Untersuchungen über dieses Thema stehen noch aus, sie sind aber in nächster Zeit zu erwarten.

Literatur

1. Deilmann, W., Grabner, B., Krause, O.: Radex-Rundschau H. 1, 3 – 14 (1977).

Massen im Einsatz

Feuerbetone werden für Neuzustellungen und Reparaturen von Brennern diverser Industrieöfen, wie Zementdrehöfen, Walzwerksöfen, Brenner- und Schauöffnungen von Roheisenmischern usw., verwendet. Bei der Untersuchung gebrauchter Feuerbetonmassen zwecks Behandlung einer Reklamation fällt es immer schwer, Veränderungen in Textur und Struktur mit dem Temperaturgefälle in Verbindung zu bringen. Mit Hilfe von Versuchsbränden kann man sich über die Mikroskopie, die Röntgendiffraktometrie und die Elektronensonde eine Orientierung verschaffen. Der im Abschnitt 3.3.2.3 beschriebene Feuerbeton wurde wie bei der Verwendung mit Wasser zubereitet, zu Zylindern geformt, diese nach dem Trocknen bei verschiedenen Temperaturen in oxidierender Atmosphäre jeweils 2 Stunden (in der Praxis monatelang) gebrannt und anschließend auf die Änderung der Phasengesellschaft untersucht.

Bei Raumtemperatur kann man mikroskopisch natürlich nur die Reaktion der Schmelzzement-Körnchen mit dem Wasser beobachten, indem die kleinsten Körnchen unter Bildung eines Geles, bestehend aus Hydratphasen, verschwanden und die größeren Teilchen nur oberflächlich reagierten. Bezeichnenderweise hydratisierten dabei die in Kapitel 3.3.2.3 beschriebenen Phasen C_4AF und $C(AF)_2$ kaum. Bei Raumtemperatur liefert das Zementgel die Verfestigung. Im Röntgen-Diagramm von Abb. 146 treten die Hydratphasen nicht in Erscheinung, es dominieren Chromit und Periklas neben Spuren von Quarz, stammend von der beigemengten Flugasche.

Das Bild ändert sich röntgenographisch bis 600°C kaum. Mikroskopisch sind aber schon Spuren einer Oxidation des Chromits und die Bildung von vereinzelten R_2O_3-Entmischungen festzustellen. Bei 800°C beginnt das Zementgel zu zerfallen. Gleichzeitig oxidiert der Chromit unter Bildung zahlloser lamellarer R_2O_3-Entmischungen (etwa 75 Cr_2O_3 + 25 Fe_2O_3), die sich nach Abb. 147 im Chromit parallel (111) orientieren.

An der Chromit-Oberfläche entziehen diese Entmischungen dem angrenzenden Bronzit (nur zu beobachten bei Verwachsung mit wasserfreien Magnesiasilikaten, auch Forsterit) das MgO entsprechend der Reaktion

$$R_2O_3 + MgSiO_3 \rightarrow MgR_2O_4 + \text{„}SiO_2\text{“},$$

wobei das „SiO_2“ als gegenüber dem Bronzit schwächer reflektierendes Glas vorliegt und auch Ca + K enthält. Siehe ESMA-Spektren in Abb. 150.

Bei 1000°C vermehren sich die Entmischungen so stark, daß sie nun auch röntgenographisch nach Abb. 146 gut nachweisbar werden.

Schon vor 1300°C, jedenfalls aber bei dieser Temperatur, reagiert der Tonerdeschmelzzement mit der Sintermagnesia, dem Chromit und der Flugasche zu verschiedenen Phasen, die im abgekühlten Zustand im Anschliff an zwei aus-

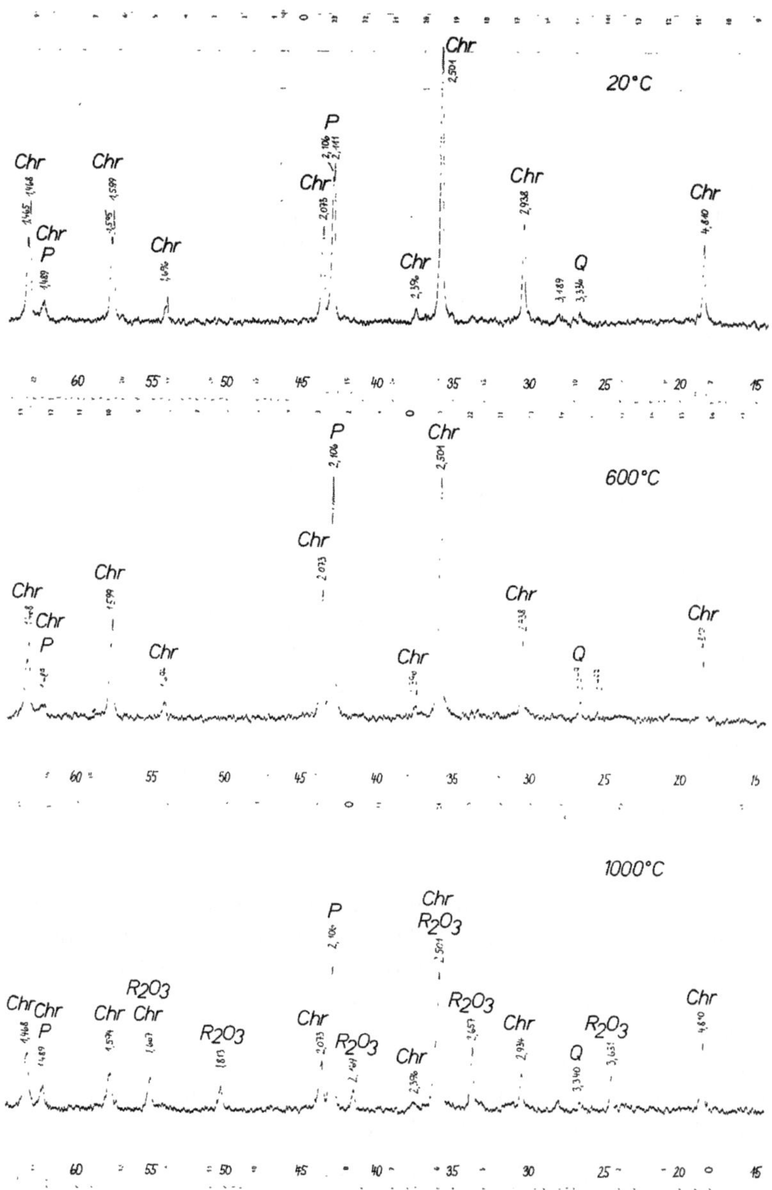

Abb. 146. RD-Diagramme des bei verschiedenen Temperaturen 2 Stunden erhitzten Feuerbetones

gewählten Stellen der Abb. 148 und 149 bei verschiedenen Vergrößerungen dargestellt sind. In Abb. 148 erkennt man starke Schmelzphasen-Bildung und eine Bindung der Chromit- und Periklas-Körner durch Schmelzhaftung.

Parallel dazu ist eine Zurückdrängung der R_2O_3-Entmischungen zu beobachten, die so stark ist, daß die R_2O_3-Entmischungen röntgendiffraktometrisch kaum mehr in Erscheinung treten. Ihr Verschwinden ist mit einer MgO-Aufnahme aus dem vergesellschafteten Periklas und einer beginnenden Rückbildung des Fe_2O_3 zu erklären. Die Reaktion des Tonerdeschmelzzementes mit Chromit ist bei stärkerer Vergrößerung und in Ölimmersion aus Abb. 149 zu entnehmen.

Die hellen, dicken Tafeln um die Chromitkörner entsprechen nach Untersuchung mit der Mikrosonde etwa einem $Ca(Al, Fe, Cr)_4O_7$. Die dunkelgrauen

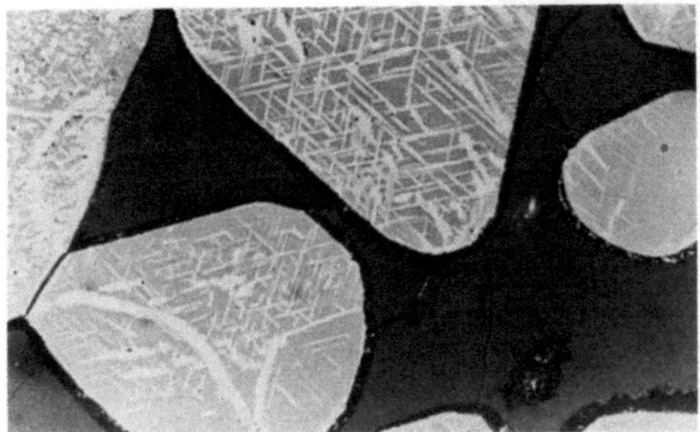

Abb. 147. 320 ×. Bei 800 C oxidierte Chromitkristalle, eingebettet in Bronzit. Deutliche Reaktion zwischen den R_2O_3-Entmischungen und Bronzit (Kapitel 3.3.2.3) unter Bildung eines dunklen, schwach reflektierenden sauren Saumes

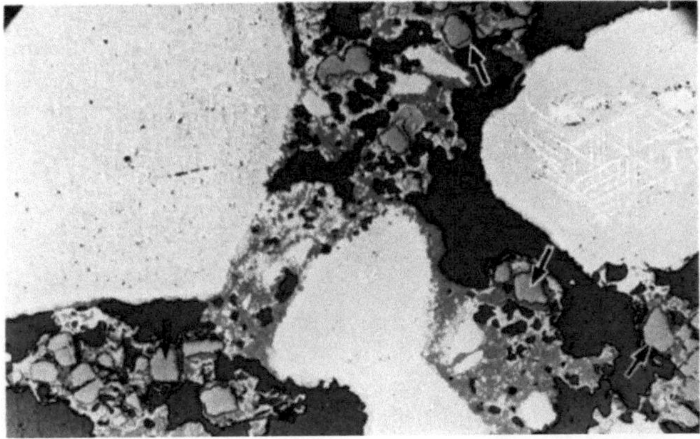

Abb. 148. 70 ×. Feuerbeton nach 2 Stunden bei 1300 C in oxidierender Atmosphäre. Periklas ∠, Chromit hell reflektierend mit lamellaren R_2O_3-Entmischungen, Reaktionsprodukte mittelgrau, einbettendes Polyesterharz dunkelgrau

Säume, auf diesen Reaktionsprodukten aufsitzend, enthalten nur SiO_2, Al_2O_3 und CaO und werden sehr wahrscheinlich einem Gehlenit zugehören. Röntgenographisch und durchlichtmikroskopisch sind beide nicht nachweisbar. Stellenweise

Abb. 149. 400×, Ölimmersion. Chromit mit R_2O_3-Resten und ein Reaktionssaum bestehend aus $Ca(Al, Fe, Cr)_4O_7$ (hellreflektierend) und höchstwahrscheinlich Gehlenit (außen, schwach reflektierend)

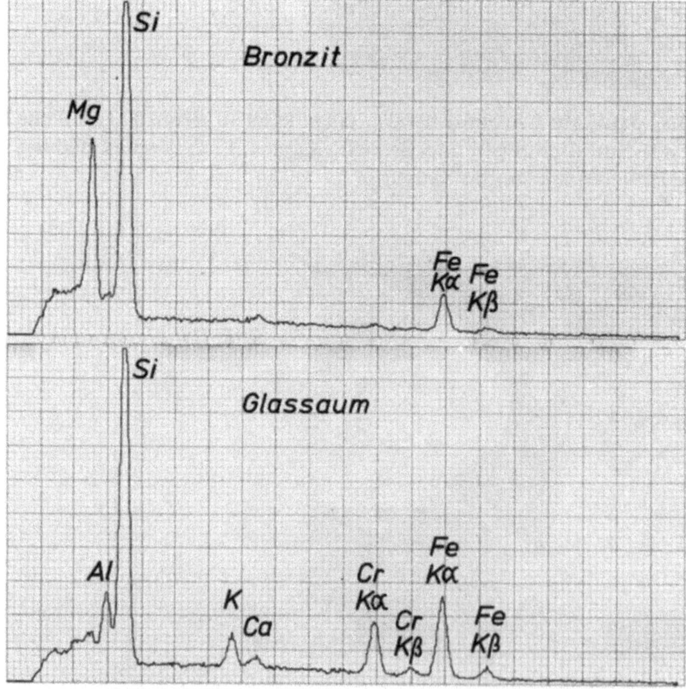

Abb. 150. ESMA-Spektren (10 kV) von Bronzit und dem sauren Reaktionsprodukt zwischen Bronzit und R_2O_3-Entmischungen

enthalten die bei 1300°C gebrannten Proben auch reine Spinellnester, die sich aus Flugasche, CA_2 des Tonerdeschmelzzementes und Periklas offenbar nach der Gleichung

$$\text{„SiO}_2\text{"} + CaAl_4O_7 + 3MgO \rightarrow 2MgAl_2O_4 + CaMgSiO_4$$

bildeten. Diese Spinelle lagern sich auch gerne an die Periklase an.

Insgesamt sind die dargestellten Phasenneubildungen sehr charakteristisch und in gebrauchten Feuerbetonen auch anzutreffen. Dazu kommen durch Zuwanderung von Fremdstoffen, wie Ölasche, verschiedene Alkalien und Eisenoxid, oft in erheblichem Ausmaße noch Phasenneubildungen.

3.4.2 Veränderungen des Phasenbestandes der feuerfesten Baustoffe nach dem Einsatz in der Metallindustrie

Die Metallhüttenindustrie betreffend wird lediglich auf Degenerationen der feuerfesten Baustoffe in der Kupfer- und Bleihütten-Industrie Bezug genommen.

Die heißmetallurgische Kupfergewinnung aus Stückerzen oder Konzentraten läuft über Erzschmelzen, Konvertieren und Raffinieren. Neueren Datums ist die Zusammenfassung der 3 Prozesse in einer Anlage, in dem Top-Blown-Rotary-Converter = TBRC. Dessenungeachtet werden noch die bisherigen Verfahren weitergeführt, von denen die Herdflammöfen für die Kupferraffination besondere Bedeutung haben.

3.4.2.1 Im TBRC der Kupferindustrie

In Kupfererzschmelzanlagen wie Rotationskonvertern (TBRC) werden Erzkonzentrate autogen zu Kupferstein geschmolzen und anschließend die Rohstein-

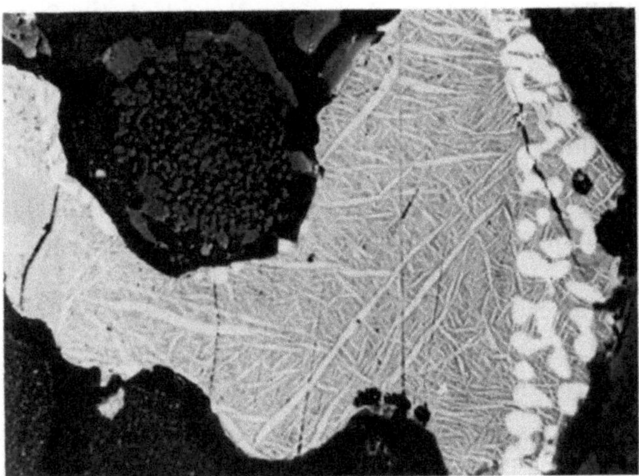

Abb. 151. 1200× (Photo W. Zednicek). Detail eines Magnesiachromsteines aus einem Cu-Kaldo-Konverter (TBRC) mit Porenfüllung durch Neodigenit, zahlreiche Entmischungen enthaltend, und myrmekitischen Bleiglanz, letzterer in Richtung zur kalten Seite angereichert. Dunkelgrau ist Periklas mit Spinellentmischungen

schmelze durch Sauerstoff zu metallischem Kupfer verblasen. Zu Beginn des Verfahrens liegen vornehmlich geschmolzene Sulfide vor, die im feuerfesten Magnesitchromfutter die Periklase und den Chromit kaum angreifen. Zum Verschleiß der Steine führen hauptsächlich die mitgeführten eisenreichen Silikatschmelzen. Hierbei werden besonders die Mörtelfugen in Mitleidenschaft gezogen. W. Zednicek [6] und H. Barthel [7] stellten in den feuerfesten Steinen und Mörtelfugen die folgenden Sulfide fest: Kupferglanz bis Neodigenit = Cu_2S bis Cu_9S_8, Buntkupferkies = Cu_5FeS_4, Kupferkies = $CuFeS_2$, PbS, ZnS, Abb. 151, verschiedene seltene Sulfide und Arsenide wie $(Ni, CO)As_2$, $Ni_3Pb_2S_2$, Ni_3S_2, ferner Pb_3O_4, je nach Erzzusammensetzung. Gefährlich werden diese Sulfide, wenn sie weiter in Richtung zur kalten Seite durch Luftsauerstoff oxidieren und sich neben Kupfer- und Bleioxiden und Eisenoxiden auch SO_2 bzw. SO_3 bilden [6], [7].

3.4.2.2 In Herdflammöfen für die Herstellung von Anodenkupfer

Für Decken in Herdflammöfen der Kupferindustrie, so in Anodenöfen, werden von der Feuerfestindustrie in Anbetracht der hohen Beanspruchung durch Schlacken und Temperaturwechsel gebrannte und auch chemisch gebundene Steine auf Basis Sintermagnesia + Chromerz (mit oder ohne Simultansinter oder Direktbindung) angeboten. Beschrieben möge eine Fall von vielen werden, nämlich ein gebrauchter, stark degenerierter, chemisch gebundener Steelkladstein aus der Decke eines Anodenofens.

Der Steinrest von der heißen bis zur kalten Seite war 10 cm lang, an der Feuerseite durch reichlich Kupferoxid schwarz gefärbt und 10 mm hinter der Feuerseite mit Kupfertröpfchen durchsetzt. Die geringe Mächtigkeit des Steinrestes hatte zur Folge, daß das Gefälle der chemischen Zusammensetzung sehr zusammengedrängt ist und durch wiederholte Abplatzungen der Feuerseite mehrmalige Überschneidungen aufwies. Die Schilderung der Veränderungen soll mit der kalten Seite beginnen.

Die kalte Seite hatte zu Ende der Verwendung des Steines eine Temperatur von etwa 600°C erreicht, was zur Erkennung der Steintype noch gut ausreicht. Der Stein setzte sich zusammen aus Sintermagnesia des Typs b und c des Kapitels 3.2.1.1 und Chromerz, beide in einer Körnung von etwa 0 bis 3 mm.

Schon im Bereich von 10 mm von der kalten Seite trifft man auf reichliche Ablagerungen von Anhydrit und einer prismatischen Phase, wie in Abb. 152 zu sehen ist.

Der Anhydrit bildete sich hauptsächlich über SO_3 von der Feuerseite etwa nach folgendem Reaktionsschema:

$$Ca_2Fe_2O_5 + 2SO_3 + MgO \rightarrow 2CaSO_4 + MgFe_2O_4,$$

$$Ca_2SiO_4 + 2SO_3 + 2MgO \rightarrow 2CaSO_4 + Mg_2SiO_4.$$

Ähnliche Verhältnisse gelten für C_3MS_2 und CMS. Das Resultat belegt Abb. 153.

Nun zur prismatischen Phase mit langgezogenen und gedrungenen rhombischen Querschnitten. Diese Phase liegt im Reflexionsvermögen unter dem Chromit und

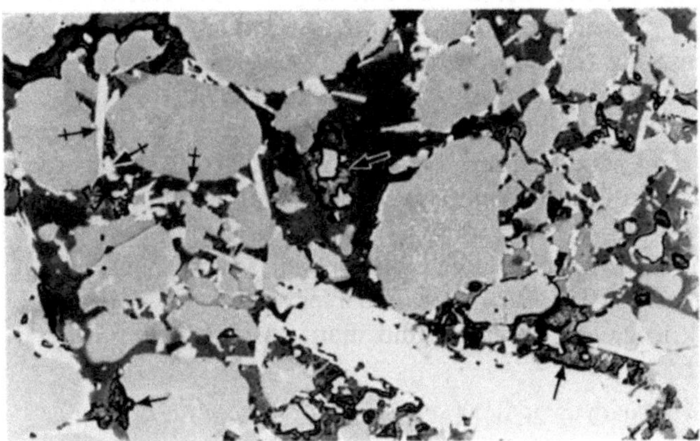

Abb. 152. 360 ×, 20 mm von der kalten Seite, Feinkornbereich des Steelkladsteines. Grau in großen rundlichen und kleineren splitterigen Körnern ist Periklas (hier hauptsächlich Sinter b), hellweiß ist Chromit. Anhydrit ✓ und Ludwigit ✗. Gleichmäßig grau ist Kunstharz

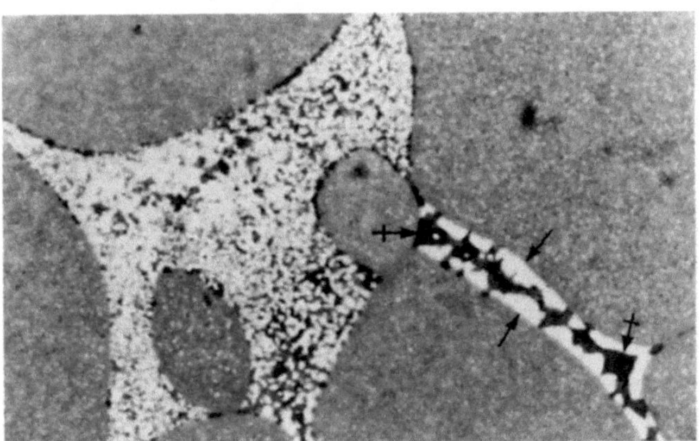

Abb. 153. 1000 ×, 12 mm von der kalten Seite, Ausschnitt aus Sinter b. Große graue Periklasbereiche mit MF-Entmischungskeimen. Die linke Bildhälfte nimmt ein C_2F-C_2S-Eutektikum ein, welches rechts im Bild in MF ✓ + $CaSO_4$ ✗ + M_2S umgesetzt wurde. M_2S ist im Bild schlecht auszumachen (Reaktionsablauf bei etwa 600°C, das neu gebildete MF ist daher im Periklas nicht in Lösung gegangen)

MF, ist im Auflicht deutlich bireflektierend mit $R\gamma\|$ der Prismenachse und etwa von gleicher Polierhärte wie Periklas. Abb. 154 zeigt die chemische Zusammensetzung dieser Phase anhand eines ESMA-Diagrammes, das selbstverständlich von einer reinen, durch andersartigen Untergrund nicht verfälschten Phase stammt.

Eine anisotrope prismatische Kristallphase, welche überwiegend MgO und nur wenig $Cr_2O_3 + Fe_2O_3$ enthält, ist derzeit nicht bekannt, außer sie enthält noch B_2O_3, welches mit einer energiedispersiven Elektronensonde nicht bestimmbar ist. Es kann daher mit Recht angenommen werden, daß es sich bei dieser prismatischen Phase um Ludwigit der Zusammensetzung $(Mg, Fe^{2+}, Mn)_2O_2 \cdot (Fe^{3+}Cr^{3+})BO_3$

handelt. Die Borsäure stammt aus der chemischen Bindung des feuerfesten Steines und ist durch die ständige Verkürzung des Temperaturgefälles infolge Steinabplatzungen an der kalten Seite zu deutlich sichtbaren Mengen angereichert.

Ergänzend sei bemerkt: Der Chromit ist schon merklich oxidiert und zeigt zahlreiche R_2O_3-Entmischungen, die an der Chromitoberfläche im Kontakt mit Periklas wieder zu Spinell umgesetzt wurden. Das Chromerz wie die Sintertype c bringen ein C : S-Verhältnis von 0 bis 0,7 mit, was in Richtung zur Feuerseite an Bedeutung gewinnt.

Ab etwa 35 mm nimmt die Zuwanderung von Kupferoxiden auf den Mineralphasenbestand bemerkenswerten Einfluß. Von der Feuerseite eindringendes Cu_2O diffundiert in die Sinterkörner des Steines und baut den Magnesiumferrit wahrscheinlich wie folgt ab:

$$3MgFe_2O_4 + 3Cu_2O \rightarrow 2Cu_3MgO_4 + 6FeO + MgO;$$

offensichtlich findet dabei ein Volumenschwund statt, Abb. 155.

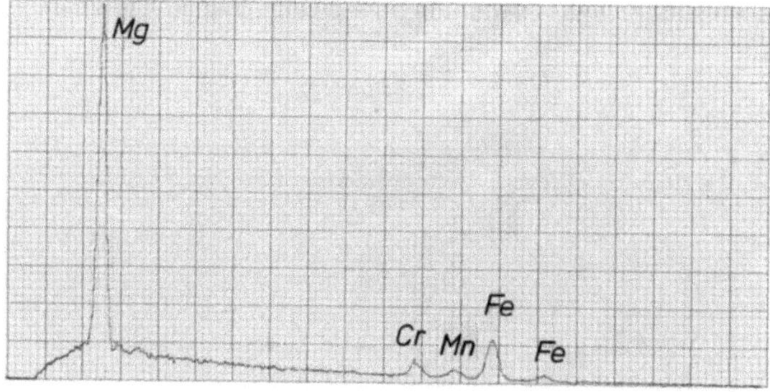

Abb. 154. ESMA-Diagramm (10 kV) des Ludwigits

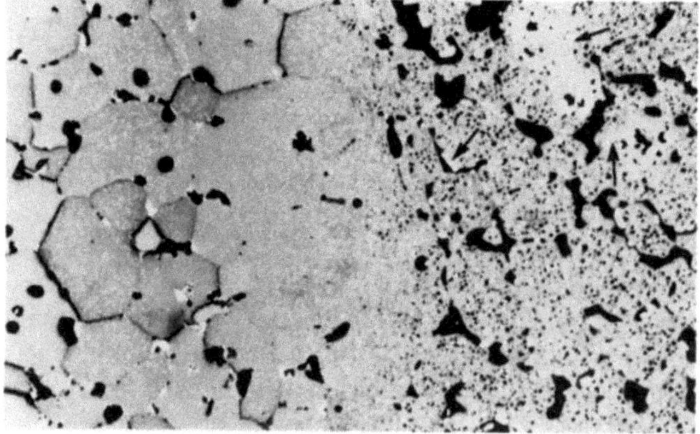

Abb. 155. 130 ×, 35 mm von der kalten Seite. Von rechts her auf ein Sinterkorn eindringende Kupferoxide bauen das MF des Periklases zu Cu_3MgO_4 ab, welches seinerseits während der Abkühlung des Ofens wieder zu $3CuO + MgO$ dissoziierte, Hohlräume in den Periklasen hinterlassend. In den Hohlräumen der Periklase treten dann CuO-Einschlüsse (weiß ✓) auf

Das Cu_3MgO_4 bildet sich bei Temperaturen $> 950°C$ und ist beständig in einem unbekannten Ausmaß über den Dissoziationspunkt des CuO hinaus (p_{O_2} für CuO und 1 atm bei 1105°C) [1]. Demnach waren schon bei 35 mm von der kalten Seite entfernt mindestens 950°C vorhanden. Dieses Cu_3MgO_4 dissoziierte jedoch überall.

Cu_3MgO_4 dissoziiert $< 950°$, das heißt, die Abkühlung des Steines im Ofen war langsam genug, um die Dissoziation vollständig ablaufen zu lassen, Abb. 156 [1], [2], [3].

Die Flächenanalyse über etwa 20×20 μm entsprechend der Zusammensetzung der dissoziierten Verbindung gibt Abb. 157 wieder.

Die Silikatphasen reicherten sich in diesem Bereich bereits stark an und bestehen überwiegend aus CMS und M_2S. Die optischen Daten des M_2S sind $n\beta \sim 1,682$ und $n\gamma \sim 1,700$ (daher FeO-haltig und farblos) bis herab zu $n\alpha \sim 1,635$ (nur CaO in fester Lösung, ESMA). Parallel dazu sind noch CMS, ferner auch CfS_2 und

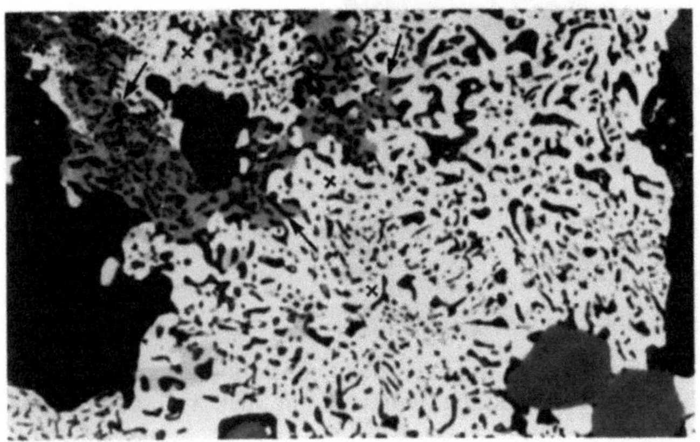

Abb. 156. $1250\times$, Ölimmersion, 44 mm von der kalten Seite. Das Cu_3MgO_4 dissoziierte völlig zu 3CuO + MgO. Die MgO-Teilchen messen etwa 0,5 bis 2 μm und ergeben eine eutektoide Textur. Das CuO seinerseits wieder kristallisierte zu großen Bereichen, die im polarisierten Auflicht durch die Bireflexion verschieden hell sind ↙ x

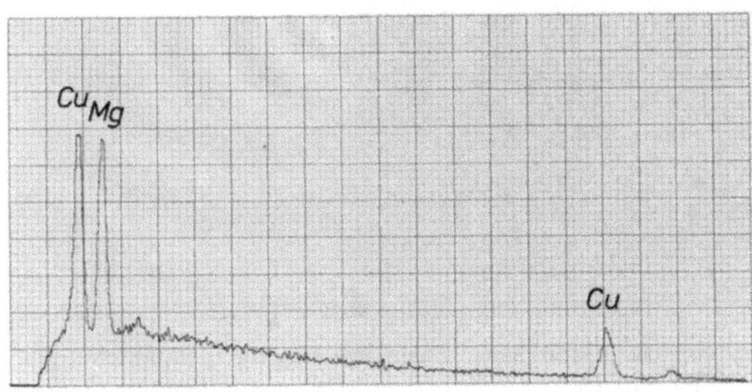

Abb. 157. Flächenanalyse (10 kV) über 20×20 μm der dissoziierten Verbindung Cu_3MgO_4

getrennt davon CMS_2 feststellbar, letztere natürlich nicht im Kontakt mit Periklas. Die Mineralphasengesellschaft ist damit nicht vollständig. In diesem Bereich lassen sich noch reichlich $CaSO_4$ erkennen und in dem Spinell interessante Entmischungen feststellen, die keine Sesquioxyd-Entmischungen sind, sondern einem dem Delafossit analogen Mischkristall nach Abb. 158 angehören. Diese Entmischungen sind in einem Bereich von etwa 50 mm von der kalten Seite, wo die Spinellphasen vom Chromit stammend noch chromreich sind, auch selbst chromreicher, etwa der Formel $Cu(Al, Cr, Fe)O_2$ entsprechend. Die Entmischungen zeichnen sich durch geringe Polierhärte und deutliche Bireflexion (braungrau und gelblichweiß) aus. Offenbar ist Cu_2O unter noch nicht bekannten Bedingungen in der Lage, Spinelle nach der Gleichung

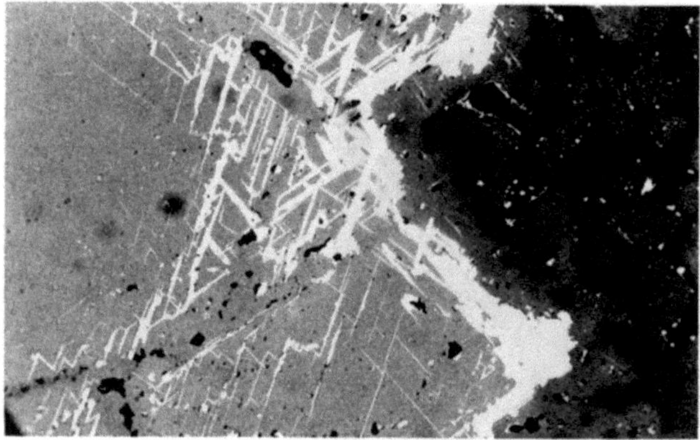

Abb. 158. 210 ×, 78 mm von der kalten Seite. $Cu(Al, Cr, Fe)O_2$-Entmischungen in einer Al-reicheren Spinellphase. Rechts in der Abbildung Periklase mit met. Cu- und Cu_2O-Anlagerungen

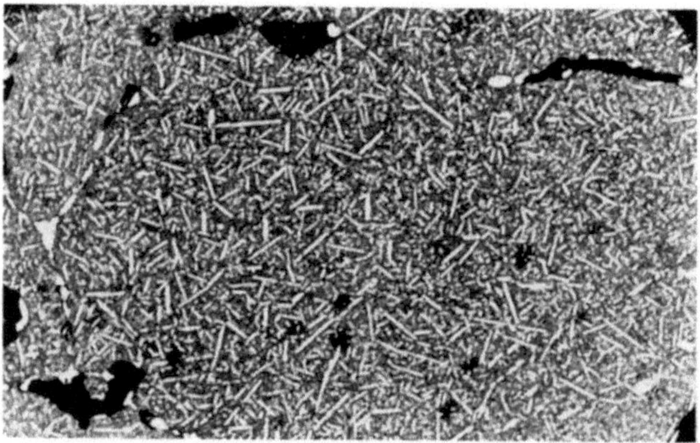

Abb. 159. 330 ×, 60 mm von der kalten Seite. Ehemalige Cu_3MgO_4-Entmischungen, nunmehr aber aus CuO bestehend. Das frei gewordene MgO wurde vom Wirtkristall = Periklas übernommen

$$Cu_2O + R^{2+}R^{3+}_2O_4 \rightarrow 2CuR^{3+}O_2 + R^{2+}O$$

anzugreifen.

Im Bereich von 60 bis 78 mm von der kalten Seite fallen in den Periklasen auch lamellare Entmischungen nach ehemaligem Cu_3MgO_4 auf, die parallel einer Pyramidenwürfelfläche (12 Scharen von Entmischungslamellen) orientiert sind, Abb. 159 [1].

Noch komplizierter werden die Verhältnisse an der Feuerseite. Auch hier gibt es wieder dem Delafossit analoge Entmischungen in den fast reinen Spinell-Kristallen mit einer Zusammensetzung von $Cu(Al, Fe)O_2$, Abb. 160 und 161.

Unmittelbar an der Feuerseite verdrängen Silikatschmelzen den Periklas unter Bildung von Forsterit, Monticellit, Melilith, merwinitähnlichen Phasen und Kalziumborosilikaten in nur ganz eng begrenzten Gleichgewichten, Abb. 162 und 163.

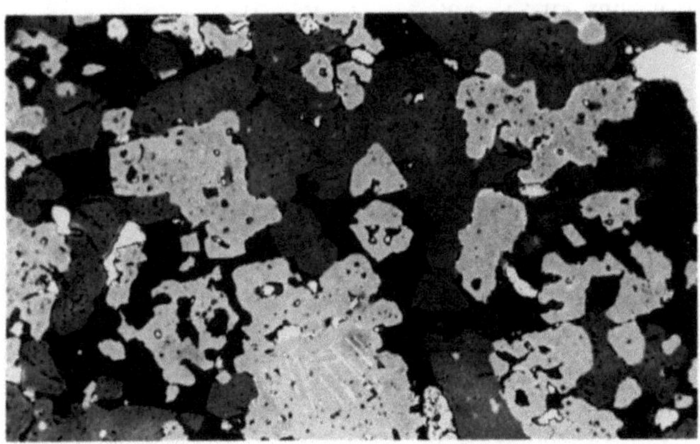

Abb. 160. 230×, 10 mm von der Feuerseite. Spinell vergesellschaftet mit Forsterit und Monticellit (letzterer dunkel gefärbt durch Ätzung mit alk. H_2SO_4). Der Spinell in der Bildmitte, unten, enthält $Cu(Al, Fe)O_2$-Entmischungen

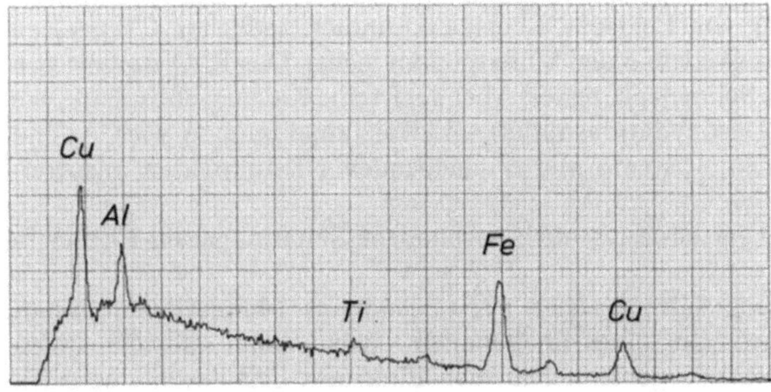

Abb. 161. ESMA-Diagramm (10 kV) der $Cu(Al, Fe)O_2$-Entmischungen nach Abb. 160

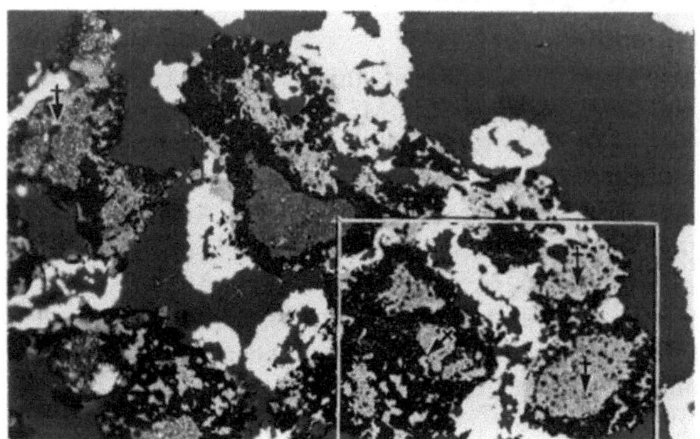

Abb. 162. 220 × , Feuerseite, geätzt mit alk. HNO₃. Periklas ✗ wird durch C₃MS₂ ? (dunkel) verdrängt. Weiß im Bild sind Cu₂O, welches an der Oberfläche während der Abkühlung zu CuO oxidierte (im Bild gleich hellweiß). Gleichmäßig grau ist Kunstharz

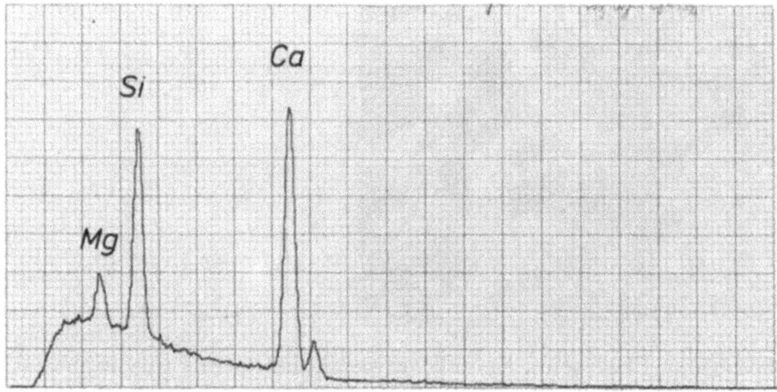

Abb. 163. ESMA-Diagramm (10 kV) von den geätzten, dunkel gefärbten Stellen der Abb. 162, dem C₃MS₂ entsprechend?

Verschiedentlich treffen auf die Feuerseite der Steine auch alkalihaltige Schmelzphasen, die zur Bildung von Feldspat, Leuzit und unterschiedlichen Glasphasen führen (auch Na fehlt bisweilen in den Silikatphasen nicht). Das K₂O stammt von dem Polen während des Schmelzprozesses. Aber auch reine Kalziumphosphate, wie etwa CP (Phosphor als Desoxydationsmittel), und Kalziumaluminate, wie CA, sind teilweise in sehr schönen, leistenförmig erscheinenden Kristallphasen anzutreffen.

Eindringendes Cu₂O zerteilt auch noch vorhandene Sintermagnesia-Körner in einzelne Periklase.

Die Spinelle der Feuerseite bestehen vorwiegend aus Magnesiumaluminat, manchmal mit geringen Cu- und Fe-Gehalten. Wenn man nun die vielen Kristallphasen überblickt, so gewinnt man den Eindruck, daß durch eine stark wechselnde Schlacke die verschiedensten Schlackenspritzer auf die Decke des

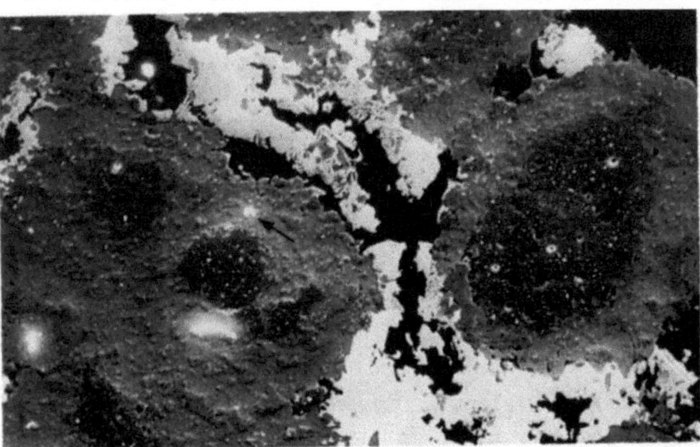

Abb. 164. 500 ×. Der in Abb. 162 umrahmte Teil nach neuer Politur im Rasterelektronenmikroskop aufgenommen. Große rundliche Gebilde aus C_3MS_2 (entsprechend Abb. 163) mit dunkleren Periklas-Kernen. Weiß sind Kupferoxidphasen. ESMA-Diagramm 163 von der mit ↙ bezeichneten Stelle

Anodenofens treffen. Sie liefern mit dem Stein keine zonaren Phasengleichgewichte und ergeben dadurch ein komplizierteres Bild.

Literatur

1. Trojer, F.: Radex-Rundschau H. 7, 365 – 374 (1958).
2. Schmahl, N. G., Barthel, J., Enkerling, G. F.: Z. anorg. allgem. Chemie 231 – 237 (1964).
3. Nitzsche, H. G.: Radex-Rundschau 383 (1963).
4. Trojer, F.: Mikroskopie H. 7/8, 232 – 236 (1951).
5. Zednicek, W.: Schriften der Gesellschaft Deutscher Metallhütten- und Bergleute, Heft 29 (1975). Clausthal-Zellerfeld.
6. Zednicek, W.: XXIII. Internationales Feuerfest-Kolloquium, Aachen 1980, S. 50 – 91.
7. Barthel, H.: XXIII. Internationales Feuerfest-Kolloquium, Aachen 1980, S. 30 – 49.

3.4.2.3 Veränderungen des Phasenbestandes der feuerfesten Baustoffe in Schmelz- und Reduktionsanlagen für Blei- und Zinkerze

Hierüber gibt es in der Literatur wenig Hinweise. Nach W. Zednicek [1] greifen Blei- und Zinkmetall- sowie Sulfid-Schmelzen die Komponenten der Magnesiachromsteine, wie Periklas und Chromit, nicht an. Sie hinterwandern aber die Steine entlang der porösen Mörtelfugen und infiltrieren leicht in die Steinporigkeit. Im wesentlichen sind es fayalitische Schlacken, die zum Verschleiß führen. Wenn sie oxidieren, bilden sich Magnetit und eine saure Restschmelze, die stufenweise mit dem Periklas des Steines reagieren. Chromit widersteht diesem Angriff, weswegen in solchen Öfen hauptsächlich Magnesiachromsteine verwendet werden. Nicht ungefährlich sind eindiffundierende Gase, wie SO_3, HF und Wasserdampf, die in tieferen Steinbereichen Fluoride, Magnesiumsulfat und Magnesiumhydroxid bilden, das Steingefüge auflockern und für den Angriff der Silikat-Restschmelze vorbereiten. Über Ablagerungen von Plumboferrit = $Pb_2(Fe, Cr, Al)_2O_5$ entlang der Periklasgrenzen und Auflösung von Plumboferrit in Chromit wird berichtet [1].

Literatur

1. Zednicek, W.: GDMB H. 29 (1975), Chaustal-Zellerfeld.

3.4.3 Veränderung der basischen feuerfesten Baustoffe in der Steine- und Erdenindustrie

3.4.3.1 Veränderung des Phasenbestandes der basischen feuerfesten Baustoffe nach dem Einsatz bei der Zementerzeugung

Für die Auskleidung der Zementbrennöfen in der Sinterzone kommen zwei verschiedene feuerfeste Baustoffe in Betracht. Zeitlich gesehen waren zuerst die Magnesitsteine mit Zusatz von Tonerde, Chromerz u. a. das vorwiegende Auskleidungsmaterial. In den letzten Jahrzehnten werden hierfür auch die feuerfesten Baustoffe auf Basis Dolomitsinter verwendet. Die Zementbrennöfen sind Rotieröfen und als solche ständig bewegt. Auch wenn der Ofenmantel sehr stabil ist, kommt es durch die Bewegung des Futters zu periodischen Pressungen in den Seitenlagen und Auflockerungen im „Gewölbe" des Mauerwerkes. Diese und auch die relativen Bewegungen des Futters zum Ofenmantel bzw. zum Isoliermauerwerk und der ständige Wechsel der Ansatzverhältnisse führen, vornehmlich in der Sinterzone, zur allmählichen Zermürbung des Steingefüges hinter der mit Schmelzphase infiltrierten Steinschicht. Gleichzeitig wandern Fremdstoffe von seiten des Brenngutes und der Ofenatmosphäre zu. Daraus ergeben sich die Verschleißerscheinungen des Mauerwerkes. Gemildert werden die Verschleißerscheinungen, wenn sich das feuerfeste Futter innseitig mit einem stabilen Ansatz von Zementklinker bedeckt, der die Kontakttemperatur zwischen Stein und Brenngut herabsetzt und außerdem die Stabilität des Mauerwerkes erhöht. Bei fehlendem Ansatz erodiert das Brenngut das Mauerwerk zusätzlich.

Während der Verwendung des feuerfesten Mauerwerkes kommt es zur Reaktion zwischen der Klinkerschmelzphase und der Ausmauerung, Rückwanderung der Schmelzphase in Richtung zur kalten Seite und zonenweisen Verdichtung bis zum eutektischen Erstarrungsbereich der letzten Schmelzphasenanteile, aber auch Gasphasen aus dem Ofenraum, wie CO_2, SO_2, H_2S, KCl und K_2SO_4, nehmen daran teil. Anhand zahlreicher mineralogischer Untersuchungen wurde dies in der Literatur behandelt [1], [7], [8], [10], [13].

Es müssen hier die Vorgänge zwischen den zwei verschiedenen Feuerfestmaterialien, wie Magnesiasteine mit einem C : S-Verhältnis < 0,9 und Dolomitbaustoffen, getrennt betrachtet werden.

In den Magnesiabaustoffen mit Tonerde- oder Chromerzzusatz werden die Silikatmengen bei einem $C:S$-Verhältnis $< 0,9$ möglichst niedrig gehalten. Die Klinkerschmelzphase setzt sich nach H. Kühl [14] z. B. bei etwa 1338°C im Erstarrungsbereich aus ungefähr 6,0 SiO_2, 22,7 Al_2O_3, 16,5 Fe_2O_3 und 54,8 CaO* zusammen. Sie ist im allgemeinen an MgO untersättigt und löst einmal aus dem Magnesiastein MgO, Abb. 165, zum anderen Teil dringt sie in die Steinporigkeit ein und bildet dort $C_2S + C_4AF$, Abb. 166.

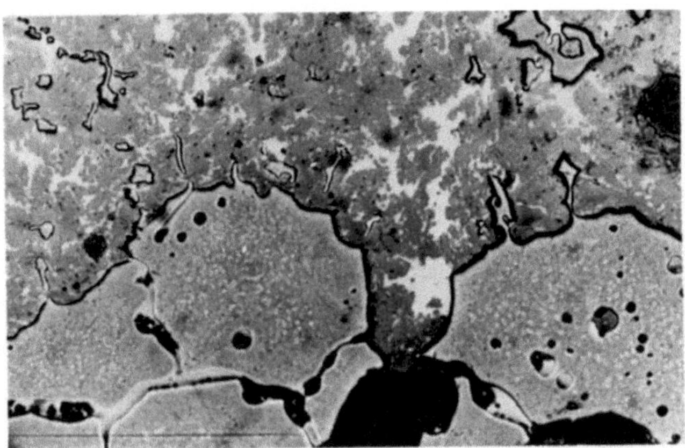

Abb. 165. 320 ×. Kontakt Zementklinker-Magnesiachromstein. C_3S ist komplett zu C_2S (Bild oben), abgebaut. Der Periklas wurde über die Schmelzphase des Klinkers korrodiert. Im Klinker des Bildes oben schweben Periklasteilchen, die vom Feuerfeststein stammen. Untere Bildhälfte: Große Periklase des Feuerfeststeines, vollgefüllt mit M(F, Cr)-Entmischungen in feiner Form (rasche Abkühlung)

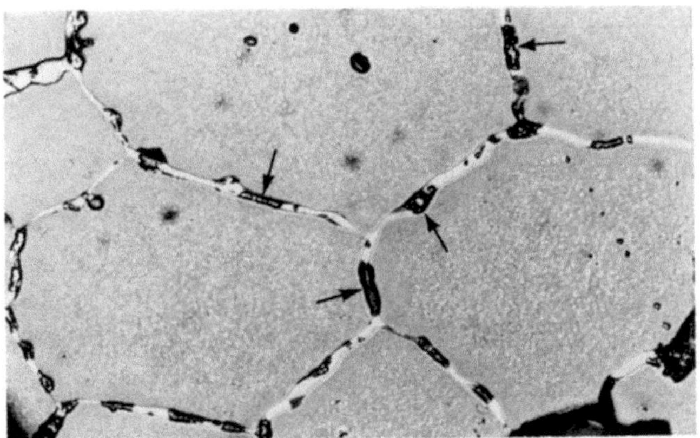

Abb. 166. 320 ×. 2 mm von der Steinoberfläche entfernt. Die Periklase sind mit C_4AF (weiß) und C_2S (in der Abbildung schwarz durch Ätzung mit alk. HNO_3) ∠ umgeben

---

* Bezogen allein auf das System CaO-SiO_2-Al_2O_3-Fe_2O_3, Kristallisation von Mischkristallen zwischen C_6AF_2 und C_6A_2F.

Je nach Ansatzstärke und Kontakttemperatur wandern die flüssigen Phasen verschieden tief bis max. 50 mm in den feuerfesten Stein ein. Es bilden sich nach den Abb. 167 und 168 Zonen aus [13].

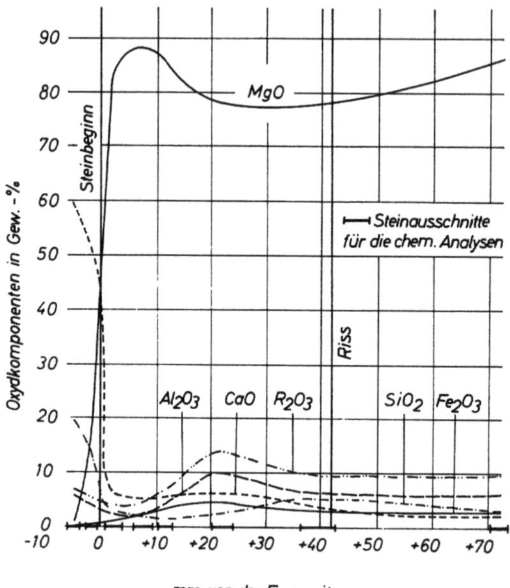

Abb. 167. Infiltrationsdiagramm eines Magnesiaspezialsteines aus einem Zementdrehrohrofen

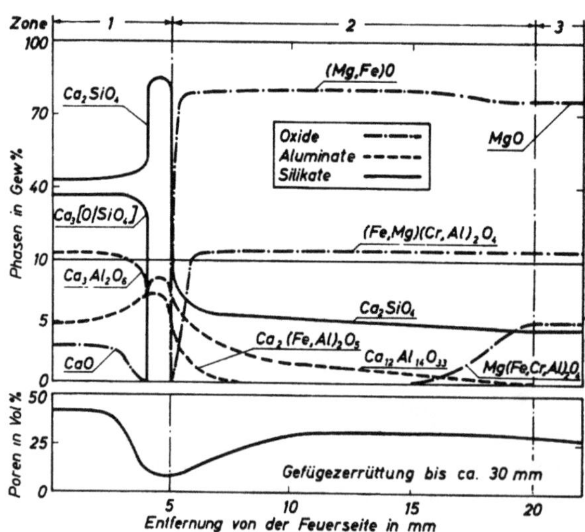

Abb. 168. Infiltrationsdiagramm eines Magnesiachromsteines aus einem Zementdrehofen (nach H. Barthel)

In diesen Steinbereichen verringert sich die CaO-Zuwanderung allmählich, man begegnet gegen Ende der Infiltrationsschicht den Silikaten C_3MS_2 und CMS, bis die ursprüngliche Silikatgesellschaft des feuerfesten Steines, nämlich M_2S mit wenig CMS, erreicht ist (C : S $\ll$ 0,9). Die Periklase unterliegen in der verdichteten feuerseitigen Steinzone einer Sammelkristallisation und häufig auch einer Umorientierung nach (100) parallel dem Temperaturgefälle (Thermotaxie [10]). Die Spinelle, ob MA (tonerdeversetzter Stein) oder Chromit, werden feuerseitig zu Kalziumaluminat und Brownmillerit abgebaut. Es kommt gelegentlich auch zur Bildung von tafelförmigem β-$CaCr_2O_4$.

Bei Dolomitsteinen fehlt die C_2S-Schicht im Sinterzonenfutter. Es kommt zur Anreicherung geringer Mengen von C_4AF und C_3S knapp hinter der Steinoberfläche und damit zum gewünschten Kontakt zwischen Stein und Ansatz, dessen Stärke im wesentlichen mit der Schmelzphasenmenge und den Temperaturverhältnissen bzw. der Einfriermöglichkeit der Klinkerschmelze zusammenhängt.

Die basischen feuerfesten Steine werden des weiteren durch die flüchtigen Nebengemengteile des Brenngutes und der Brennstoffe beeinflußt. Hier sind besonders die Alkalien, der Schwefel und das Chlor anzuführen [2], [4], [5], [6], [9], [10], [13]. Die Kondensation von Alkalisulfiden bzw. -sulfaten in kristalliner Form und z. B. die Reaktion des CaO in den Dolomitsteinen mit H_2S, CO_2 und $SO_2 + O_2$ führt ebenfalls zu Gefügeverdichtungen und Herabsetzung der Temperaturwechselbeständigkeit. Die Folge sind Abplatzungen, wobei auf den Bruchflächen oft mm-dicke Salzablagerungen zu beobachten sind, die wieder zu Treiberscheinungen Anlaß geben, Abb. 169.

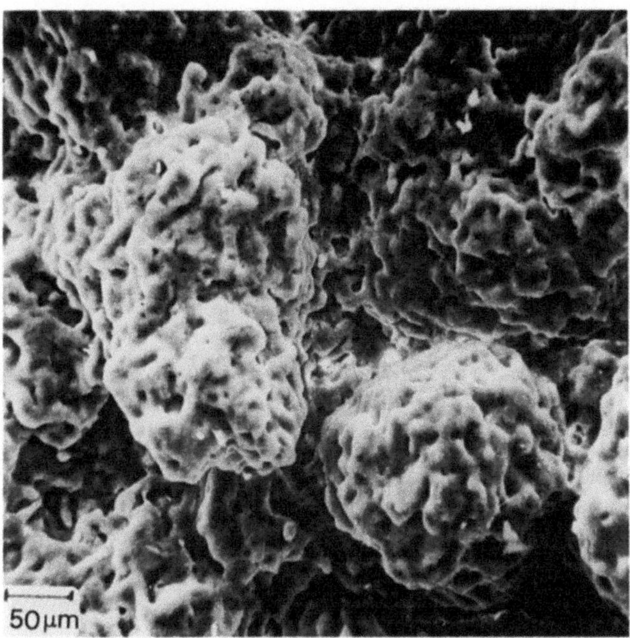

Abb. 169. 200 ×, REM-Aufnahme. $K_2Ca_2(SO_4)_3$-Ablagerungen in einem kaltseitigen Steinriß

Die chemische Zonenanalyse zeigt sehr eindrucksvoll, wie unterschiedlich tief Schwefel und Alkalien in das feuerfeste Futter eindringen und kondensieren können, Abb. 170.

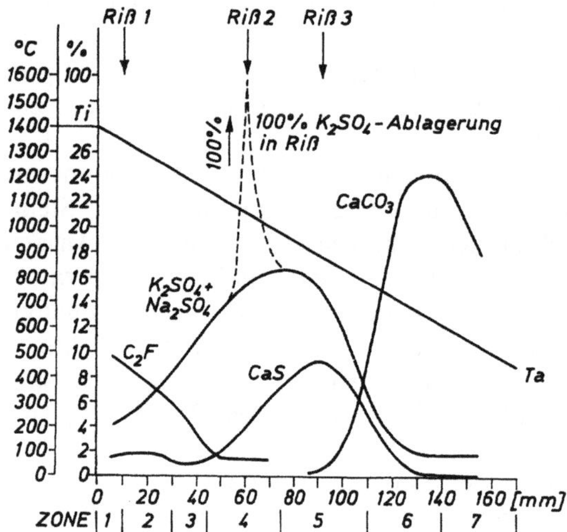

Abb. 170. Mineralneubildungen bzw. eingewanderte Fremdphasen des untersuchten Dolomitsteinprofils in Abhängigkeit von der Steintiefe bzw. vom Temperaturgefälle im Stein (nach P. Bartha)

In diesem Beispiel ist die Reihenfolge in Richtung des Temperaturgefälles C_2F, K_2SO_4, CaS und $CaCO_3$, wobei sich entsprechend der Maxima drei Risse ausgebildet haben. Über Röntgendiffraktometrie, Auflichtmikroskopie und Mikrobereichsanalyse ließen sich feststellen [9]:

Arkanit	β-K_2SO_4
	$K_2Ca_2(SO_4)_3$
Aphthitalit	$K_3Na(SO_4)_2$
	$2Ca_2SiO_4 \cdot CaSO_4$
Sylvin	KCl
Halit	NaCl
Bütschlit	$K_6Ca_2(CO_3)_5 \cdot 6H_2O$
Anhydrit	$CaSO_4$
Oldhamit	CaS.

Eine Zonenanalyse eines Magnesiachromsteines aus einem Weißzementofen wurde in [2] gebracht. Demnach liegt das Maximum der Alkali-Sulfat-Sulfid-Kondensation bei etwa 114 mm von der Feuerseite, das heißt sehr nahe dem kalten Steinende. Mikroskopisch wurde dort $KFeS_2$ gefunden. Die Folge waren mehrere parallel zur Feuerseite verlaufende Risse und starke Zermürbungserscheinungen am kaltseitigen Steinende, Abb. 171.

Als Schadensursache ergab sich dabei die Ablagerung von $KFeS_2$, dessen Oxidation und die damit verbundene Volumsvermehrung.

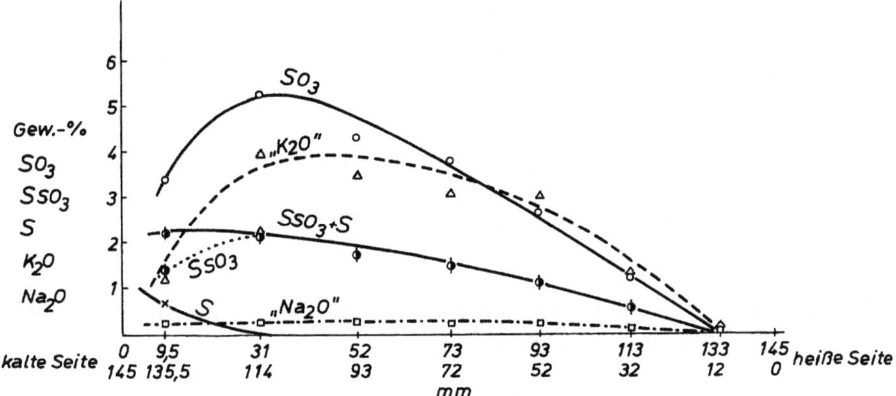

Abb. 171. Der Verlauf der Gehalte an S, SO$_3$, „K$_2$O" und „Na$_2$O" von der kalten bis zur heißen Seite des gebrauchten Magnesiachromsteines [2]

S. Kienow und M. Seeger [4] beschreiben an Magnesiachromsteinen Auflösungserscheinungen an Chromit durch tief infiltrierende Alkalisulfat-Schmelzen unter Bildung von Alkalichromat (gelbe Färbung) und Periklas. Die Kondensations- und Reaktionsprodukte sammelten sich an der Steinrückseite, in der Hintermauerung und am Ofenmantel an und zermürbten das Stein-Gefüge. Es resultierten Abplatzungen und rascher Verschleiß. Chromit wird hierbei als labilste Komponente angesehen.

Literatur

1. Trojer, F.: Kontakterscheinungen zwischen Portlandzementklinker und basischer Ofenausmauerung. Silicates Industriels 1 − 4 (1957).
2. Trojer, F.: Futterzerstörungen durch Alkalisulfid und -Sulfatphasen im Zement-Rotierofen. Radex-Rundschau 2, 546 − 552 (1961).
3. Hums, D., Leers, K. J., Niesel, K.: Zur Zerstörung von Magnesiachromsteinen in der Sinterzone von Zementdrehrohröfen. Tonindustrie-Ztg. **92**, 212 − 216 (1968).
4. Kienow, S., Seeger, M.: Die Zerstörung basischer Steine in der Sinterzone in Zementdrehrohröfen durch Alkalien, Sulfate und Vanadinverbindungen. Zement, Kalk, Gips **19**, 555 − 560 (1966).
5. Derie, R.: Änderungen an einem Chrom-Magnesitstein nach 60 Tagen Drehrohrofenbetrieb. Zement, Kalk, Gips **22**, 265 − 270 (1969).
6. Bartha, P.: Mineralogisch-chemische Veränderungen an Dolomitsteinen während ihres Einsatzes in Zementdrehrohröfen. Zement, Kalk, Gips **25**, 359 − 364 (1972).
7. Polesnig, W., Zednicek, W.: Beitrag zur Bewertung des Ansatzverhaltens und der Ansatzbildung in Zementrotieröfen. Radex-Rundschau H. 5, 695 − 712 (1973).
8. Zednicek, W.: Feuerfestes Material und Zement. Radex-Rundschau H. 2, 499 − 515 (1973).
9. Münchberg, W., de Jong, J. G. M.: Verhalten von keramischgebundenen Dolomitsteinen in Zementdrehrohröfen bei Infiltration von Ofengasen. Ber. dtsch. keram. Ges. **52**, 105 − 110 (1975).

10. Zednicek, W.: Einflüsse des Zementbrennens auf basisches Auskleidungsmaterial. Ber. dtsch. keram. Ges. **52**, 111−117 (1975).
11. Martin, R., Schmitt, J. M.: Verschleißbestimmung basischer feuerfester Steine im Zementdrehrohrofen. Ber. dtsch. keram. Ges. **52**, 120−122 (1975).
12. Treffner, W. S.: Deterioration of Cement Rotary Kiln Linings by Alkali Sulfides and Sulfates. U. S. ceram. Bull. **47**, 634−636 (1968).
13. Barthel, H.: Beanspruchung und Verschleiß von magnesitischen Zustellungsmaterialien in Zementdrehrohröfen. Zement, Kalk, Gips **29**, 308−311 (1976).
14. Kühl, H.: Zementchemie, Bd. II, S. 128ff. Berlin: Verlag Technik. 1951.

3.4.3.2 Veränderung des Phasenbestandes der feuerfesten Baustoffe nach dem Einsatz bei der Branntkalkerzeugung

Branntkalk wird in Schacht- und Rotieröfen und in Kombinationen derselben erzeugt. Das Brenngut ist hochbasisch und reagiert natürlich mit den verschiedenen feuerfesten Auskleidungsmaterialien verschieden. Die Reaktionstemperaturen liegen jedoch sehr niedrig, unter etwa 1200°C. Als Auskleidungsmaterialien in der Brennzone kommen solche auf Basis Magnesia, Magnesiachrom, Dolomit und Kombinationen derselben in Betracht. Bei den verhältnismäßig niedrigen Reaktionstemperaturen treten Veränderungen in den feuerfesten Baustoffen nur an der Oberfläche im Kontakt zum Brenngut auf. Als Schmelzphasen beteiligen sich hiebei nur Alkalisulfate, die einerseits von Tonmineralen des Rohkalkes und andererseits vom Schwefelgehalt der Brennstoffe stammen. Es läuft daher der größte Teil der Reaktionen im festen Zustand ab, was wieder eine geringe Verschleißintensität mit sich bringt. Als erstes Beispiel dieses Kapitels sei die Veränderung eines Magnesitchromsteines aus dem Verbindungskanal eines Gleichstrom-Regenerativofens (Doppelschachtofen) geschildert. Im Verbindungskanal setzt sich CaO-Staub in lockeren Massen ab, der teilweise durch den SO_3-Gehalt der Ofengase oberflächlich zu Anhydrit = $CaSO_4$ umgesetzt wird, Abb. 172.

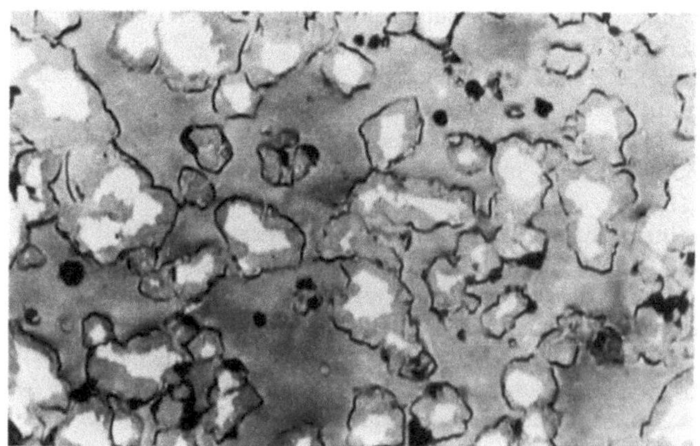

Abb. 172. 360 ×, Detail des Staubansatzes im Verbindungskanal. Lockeres Gefüge aus CaO (hell) und Anhydrit (graue Umsäumungen). Ebenfalls grau ist das zur Schliffpräparation unerläßliche Kunstharz. Schwarz sind Luftporen im Kunstharz

Im Anschliff (Ansatz bei Raumtemperatur) waren darüber hinaus Spuren von $3CaSO_4 \cdot AlkSO_3$ und $2CaSO_4 \cdot AlkSO_3$ festzustellen. Bei der im Verbindungskanal herrschenden Temperatur von etwa 900°C reagierte diese Phasengesellschaft mit der Chromerzkomponente und auch mit dem Forsterit $= M_2S$ der Sintermagnesia des feuerfesten Steines. Der Chromit wurde durch das CaO unter Mitwirkung der geringen Schmelzphasenanteile abgebaut nach der Gleichung

$$2Fe^{2+}Cr_2^{3+}O_4 + 6CaO + 3\tfrac{1}{2}O_2 \rightarrow Ca_2Fe_2^{3+}O_5 + 4CaCr^{6+}O_4.$$

Da der Chromit immer auch Al und Mg enthält, bildet sich aus dem Chromit ein Gemenge von Brownmillerit $= C_4AF$ + Periklas + Anhydrit, wobei das $CaCrO_4$ wegwandert, Abb. 173.

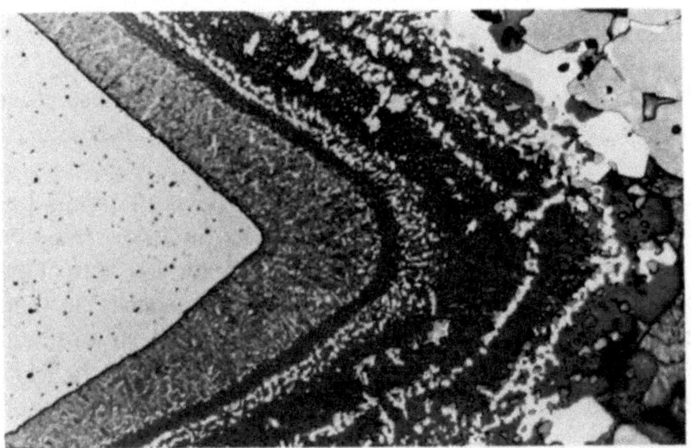

Abb. 173. 140 ×. Abbau des Chromites (weiß, links in der Abbildung). Reaktionsteilnehmer Anhydrit (grau), Reaktionsprodukt C_4AF (weiß, feinste Lamellen) + Periklas (in der Abbildung nicht ausnehmbar, max. 2 μm)

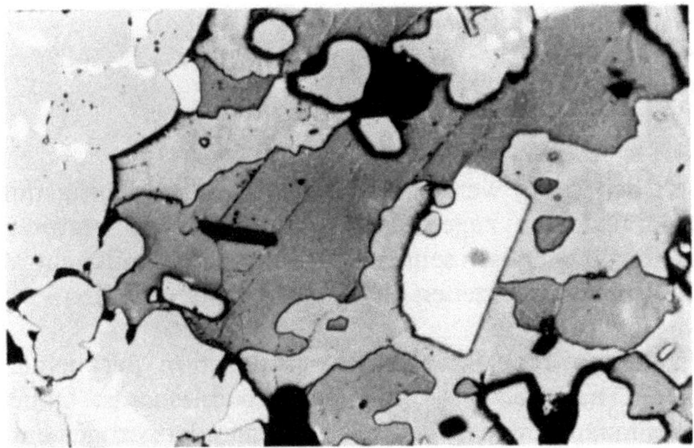

Abb. 174. 240 ×. $2Ca_2SiO_4 \cdot Ca(S, Cr)O_4$ (mittelgrau), C_4AF (chromfrei!) weiß, Periklas (links in der Abbildung hellgrau) und Anhydrit dunkler als die Silikat-Sulfat-Chromatphase mit Spaltrissen. Schwarz sind Luftporen des Kunstharzes

Das CaO setzt sich mit dem Forsterit des Chromerzes und der Sintermagnesia des Steines in Ca_2SiO_4 unter Freisetzung von MgO um. Das C_2S wieder reagiert mit $CaSO_4 + CaCrO_4$ zu einem Mischkristall der Zusammensetzung

$$2Ca_2SiO_4 \cdot Ca(S^{6+}, Cr^{6+})O_4 \qquad [1], [2], [3],$$

der im Durchlicht smaragdgrün gefärbt ist, Abb. 174.

Die optischen Eigenschaften des $2Ca_2SiO_4 \cdot Ca(S, Cr)O_4$ ergaben sich im Beispiel zu

$$n\alpha < 1,680$$

$$n\gamma > 1,680, < 1,703$$

$$-2V = 0 - 10°.$$

Die Werte entsprechen einem Atomverhältnis von $S:Cr = 5:3$ (siehe Abb. 13, Kapitel 2.5). Die smaragdgrüne Färbung verrät geringe Gehalte von Cr^{3+}, die als Ersatz von Ca^{2+} und vielleicht auch Si^{4+} eingebaut sind.

Die Zuordnung der optischen Daten erfolgte über ESMA und Synthese einer lückenlosen Mischkristallserie zwischen $2Ca_2SiO_4 \cdot CaSO_4$ und $2Ca_2SiO_4 \cdot CaCrO_4$ [1], [2], [3].

Die Dikalzium-Silikat-Chromat-Mischkristalle sind $> 1000°C$ nicht mehr beständig und würden in $Ca_2SiO_4 + CaCr_2O_4 + CaO$ unter Sauerstoffabgabe zerfallen. Sie sind daher auch ein mineralogisches Thermometer für den Verbindungskanal des Doppelschachtofens. Hinter der Kontaktseite tritt in den Sinterkörnern des feuerfesten Steines bis auf eine Tiefe von max. 5 mm ein allmählicher Übergang der Silikatphasen von C_2S, über $C_3MS_2 + CMS$ zu M_2S ein. Von Verschleißerscheinungen im Verbindungskanal kann nicht gesprochen werden, da der Ansatz stationär ist und auch einen guten Schutz gegen den Temperaturwechsel abgibt.

Literatur

1. Trojer, F.: Radex-Rundschau H. 2, 108 – 112 (1974).
2. Trojer, F.: Ber. dtsch. keram. Ges. **54**, 188 – 189 (1977).
3. Trojer, F.: Zement-Kalk-Gips H. 1, 40 – 43 (1977).

Kalkschachtöfen mit Koksbeheizung werden in ihrer Brennzone häufig mit keramisch gebundenen Dolomitsteinen zugestellt. Da die Brenntemperaturen relativ niedrig sind und das Ofengut chemisch sehr eng verwandt und damit neutral ist, kommt es erst bei langen Betriebszeiten zu größeren texturiellen Veränderungen:

1. Es tritt nach etwa 5 Jahren Laufzeit eine Rekristallisation der beiden Oxydkomponenten CaO + MgO auf, die aus Abb. 175 deutlich ablesbar ist. Dabei wird das ursprüngliche Größenmaximum von 8 μm stark auseinander gezogen und liegt später bei 20 – 40 μm, wobei das CaO häufig Spaltbarkeitsrisse erhält, Abb. 176. Parallel dazu verläuft eine Porositätsabnahme und Nachschwindung des Steines, die zu Verwerfungen im Futter führen kann.

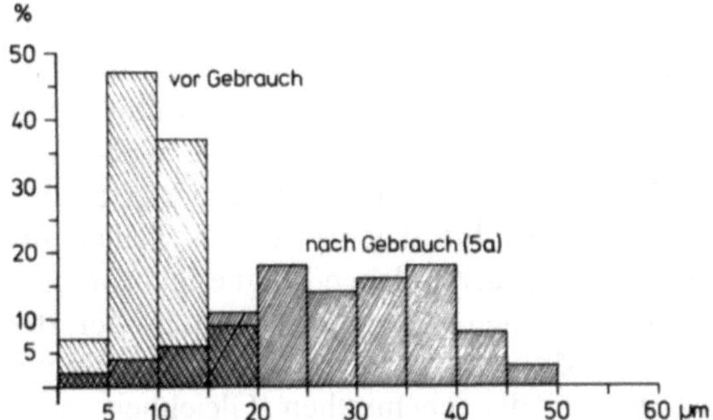

Abb. 175. Kristallitgrößenverteilung eines keramisch gebundenen Dolomitsteines vor und nach Gebrauch (5 Jahre) in der Brennzone eines Kalkschachtofens

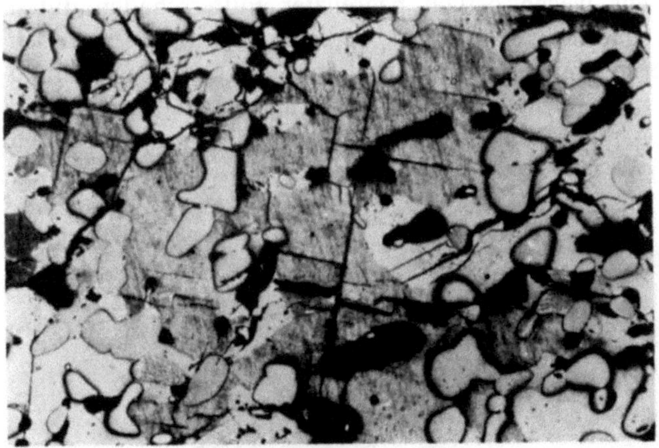

Abb. 176. 100 ×. Mikrogefüge eines Dolomitsteines nach 5 Jahren Laufzeit in einem Kalkschachtofen (Brennzone). Kristallitwachstum mit Spaltbarkeitsausbildung beim CaO

2. Im oberen Futterbereich Richtung Gicht nimmt das CaO des Dolomites Schwefel aus den Abgasen auf, was bei oxidierenden Bedingungen zur Bildung von β-$CaSO_4$ (Anhydrit) und bei reduzierenden Bedingungen zu CaS (Oldhamit) führt. Eine weitere Steinverdichtung ist die Folge.

3. Im unteren Futterbereich kann es bei zu hoher Lage der Brennzone vereinzelt zu Hydratationsschäden kommen. Die Feuchtigkeit stammt meistens aus der von unten zugeführten Verbrennungsluft. Es kommt zu Zermürbungserscheinungen bei Dolomitsteinen durch Bildung von Portlandit ($Ca(OH)_2$).

3.4.3.3 Bei der Sintererzeugung

Die Erzeugung von Sintermagnesia und Sinterdolomit erfolgt nach dem heutigen Stand der Technik überwiegend in Großdrehrohröfen bis zu einer Tagesleistung von etwa 600 t. Darin werden die stückigen oder brikettierten Ausgangskarbonate bei steigenden Temperaturen zunächst zu CaO und/oder MgO zersetzt und im weiteren Verlauf bei Maximaltemperaturen von etwa 1800–2000°C zu dichtem Sinter gebrannt. Die rasche Abkühlung erfolgt in Rohr- bzw. Fullerkühlern auf etwa 500–200°C. Ähnlich wird bei Seewassermagnesia verfahren, wobei das Aufgabegut jedoch aus brikettiertem MgO-Kauster besteht. Die feuerfeste Auskleidung des Drehrohres besteht in den stark hitzebeanspruchten Teilen aus keramisch gebundenen Dolomit- bzw. aus direkt gebundenen Magnesiachromsteinen. Die Laufzeit solcher Steine liegt zwischen 3 und 6 Monaten bei der Dolomiterzeugung und zwischen 6 und 12 Monaten bei der Magnesiaerzeugung. Als Verschleißfaktoren wirken hier wegen der chemischen Gleichheit bzw. Verwandtschaft von Auskleidung und Brenngut die sehr hohe Temperatur und, durch Ofenstillstände, der Temperaturwechsel. Die Kondensation und Infiltration von Ofengasen oder -dämpfen, wie sie z. B. bei Zementöfen auftreten können, scheiden brenngutbedingt aus.

Die Öfen werden meistens wegen örtlich begrenzter Futterschäden durch Abplatzungen in der Sinterzone stillgesetzt. Die abgeplatzten Steinpartien weisen dabei starke Texturveränderungen auf. Charakteristisch sind völlige Auslöschung der ehemaligen Korntextur und eine neu entstandene Gefügeregelung in Richtung des Temperaturgefälles, die sowohl Steinsubstanz (CaO und MgO) als auch Poren

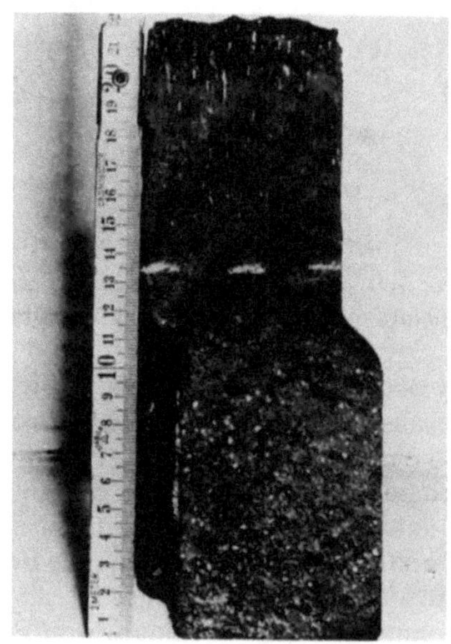

Abb. 177   Abb. 178

Abb. 177. Keramisch gebundener Dolomit/Magnesiamischstein nach 2monatigem Einsatz. Feuerseitig starke Längung der Kristalle und Poren

Abb. 178. Magnesiachrom-Hochbrandstein nach 3monatigem Einsatz. Feuerseitig starke Längung der Kristalle und Poren

erfaßt. Außerdem tritt feuerseitig so starkes Kristallwachstum auf, daß die Kristalle mit freiem Auge zu erkennen sind (Abb. 177 und 178).

Häufig sind auch Risse senkrecht zum Temperaturgefälle zu beobachten, die teils innerhalb der umkristallisierten Zone, teils zwischen dieser und dem unveränderten Reststein verlaufen. Sie sind Ausgangsorte für die starken Abplatzungen, die bei Ofenabkühlung und thermomechanischer Belastung auftreten. Eventuell vorhandene Ansätze sind sehr unterschiedlich stark und wechseln im Laufe der Ofenreise. Die Übergänge Ansatz/Stein sind häufig nach kurzer Laufzeit schwer zu erkennen, da sich beide Teile materialmäßig gleichen. Die Veränderungen im physikalischen und chemischen Bereich sind folgende:

Es entsteht ein Wechsel von dichteren und poröseren Zonen in bezug auf die Ausgangsporosität. Da die poröseren Zonen meistens feuerseitig und die dichteren Zonen mehr kaltseitig lokalisiert sind, hat ein Stofftransport im Temperaturgefälle zur kalten Seite (Thermodiffusion) hin stattgefunden. Dafür sprechen auch millimeterdicke Wülste, die mehr in der Steinmitte auftreten.

Bei der chemischen Zusammensetzung der Dolomitsteine ist die Betrachtung auf das CaO/MgO-Verhältnis zu legen. Ausgehend von einem Gewichtsverhältnis von 1,6 steigt es in manchen Zonen bis 2,1 an, sinkt dafür innerhalb der Wülste erheblich unter den Ausgangswert, was einer MgO-Anreicherung entspricht (Abb. 179).

Die schmalen, dichten Wülste in der Steinmitte bestehen hauptsächlich aus großen Periklaskristallen. Hier hat eine vollständige Differentiation zwischen MgO und CaO stattgefunden. Der Magnesiachromstein zeigt in der feuerseitigen Zone eine Verarmung an Cr_2O_3 und Fe_2O_3 und dadurch bedingt eine Zunahme an MgO. Mikroskopisch sind die Texturveränderungen — nämlich durch Thermotaxie — jedoch so augenfällig, daß sie die stattgefundenen Veränderungen am besten

Abb. 179. Keramisch gebundener Dolomitstein nach 3monatigem Einsatz mit Wulstbildung (erhöhte MgO-Gehalte) senkrecht zum Temperaturgefälle

beschreiben (Abb. 177 und 178). Es haben sich im Temperaturgefälle lang-
gestreckte Periklase und Kalziumoxidkristalle gebildet, wobei die Ausgangsgröße
je nach Laufzeit von etwa 8 μm auf 80 μm bis 800 μm, also auf die 10- bis 100fache
Größe gewachsen ist. Eine infolge fehlender Entmischungen, Spaltbarkeit und
Begrenzungsflächen bevorzugte kristallographische Richtung ist nicht zu erkennen, Abb. 180.

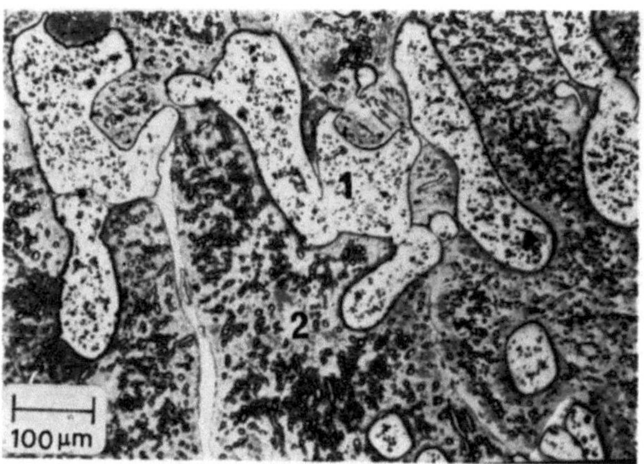

Abb. 180. 71 ×. Keramisch gebundener Dolomit/Magnesiamischstein. Gefüge nach einer
Einsatzzeit von 3 Monaten. *1* MgO, *2* CaO, beide mit Entmischungen, daher ihre
„Rauhigkeit"

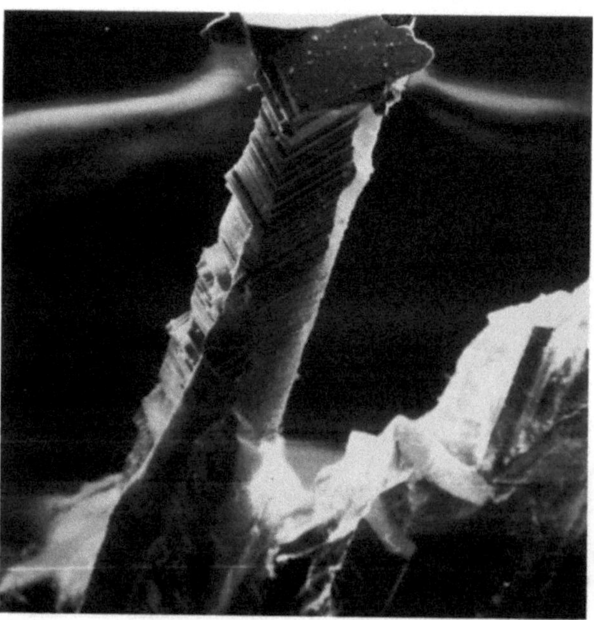

Abb. 181. 70 ×, REM. Neubildung von Periklaswhiskern aus der Gasphase in einer Pore

Nach Kienow und Naefe [3] soll bei ähnlichen Thermotaxien in Zementdreh-rohröfen und Tunnelöfen die Rhombendodekaederfläche (110) der CaO- bzw. MgO-Kristalle in Richtung des Temperaturgefälles liegen.

Periklasneubildungen sind aber auch im porösen Teil anzutreffen, weil sich durch wechselnde Ansatzdicke die Verdampfungs- und Kondensationsbereiche ständig verschieben. Die in größeren Poren entstandenen Periklasneubildungen lassen sich sehr eindrucksvoll im REM darstellen (Abb. 181).

Man kann von einem whiskerförmigen Wachstum sprechen, wobei sich der Whisker stufenförmig aus der Dampfphase aufbaut. Stofftransport und Differen-tiation über die Dampfphase beruhen auf Reduktion, Verdampfung und Rück-oxidation von MgO und CaO. Bei Betriebstemperaturen von 2000°C ist mit größeren Mengen von Erdalkalidämpfen zu rechnen, die zur kälteren Seite hin abwandern, weil dort geringere Dampfdrücke herrschen. Wegen der unter-schiedlichen thermodynamischen Stabilität von CaO und MgO

$$\Delta G^*CaO - \Delta G^*MgO = 168\,kJ\,(40\,kcal),$$

erreicht der Kalziumdampf eine Stelle im Stein, an der das CaO bereits die stabile Form ist, während das MgO noch in der Gasphase bleibt. So entsteht dort ein Niederschlag von CaO und damit eine Anreicherung an CaO. Weiter zur kalten Seite hin wird dann auch der Mg-Dampf wieder zu MgO reoxidiert und bildet so eine Anreicherung an diesem Oxid. Ähnliche Vorgänge beschreiben Baker u. a. [4] bei gebrauchten Magnesiasteinen aus Aufblaskonvertern.

Bei den Magnesiahochbrandsteinen mit vollständiger Diffusion zwischen Peri-klas und Chromspinell liegen als Endprodukt nur noch gelängte Mischspinelle mit wechselnden Cr-, Fe- und Mg-Gehalten vor. Vereinzelt sind noch Silikatschnüre zwischen den Spinellen zu erkennen.

Literatur

1. Münchberg, W.: Ber. dtsch. keram. Ges. **54**, 327–364 (1972).
2. Zednicek, W.: Ber. dtsch. keram. Ges. **52**, 111–117 (1975).
3. Kienow, S., Naefe, H.: Tonindustrie-Ztg. **98**, 267–272 (1974).
4. Baker, B. H., Brezny, B., Shultz, R. L.: Amer. Ceram. Soc. Bull. **54**, 665–666 (1975).

3.4.3.4 Veränderung des Phasenbestandes der feuerfesten Baustoffe nach dem Einsatz bei der Glaserzeugung

Magnesiasteine besitzen infolge ihrer hohen Rohdichte ein höheres Wärmespei-chervermögen als beispielsweise Schamottesteine und werden deshalb in Gitterwer-ken verschiedener Regeneratoren, wie z. B. von Wannenöfen der Glasindustrie, verwendet. Dabei muß auf den SO_3-Gehalt der Ofenabgase Rücksicht genommen werden. Das MgO bzw. Periklas reagiert mit SO_3 unter etwa 1150°C zu $MgSO_4$, wodurch die Magnesiasteine zerstört werden. Daher verwendet man Magnesiastei-ne in den oberen Lagen der Gitterwerke oberhalb etwa 1000°C, während die unteren Lagen gewöhnlich aus Schamottesteinen bestehen, die gegen SO_3 weitgehend stabil sind. Die Magnesiasteine werden zum besseren Verband des Gitterwerkes mit Mörtel verlegt. Diese Mörtel binden sehr gut, wenn man sie mit intermediär schmelzenden Zusätzen, wie Natriummetaphosphat, versieht. Phosphorsäure verursacht im Unterofen von Glasschmelzöfen keinerlei Nachteile.

Natriumphosphathaltige Mörtel reagieren mit den Steinen nur in beschränktem Maße. In der zweiten oder dritten Lage der Gitterung, also dort, wo nur wenig Gemengestaub auf die Steine trifft, ergeben sich unter Bezug auf die erwähnten Vorgänge nach längerer Verwendungsdauer etwa die folgenden Verhältnisse.

Im Steininneren, wo weder der Mörtel noch der Gemengestaub Zutritt haben, war die ursprüngliche Steinzusammensetzung anzutreffen, die im gegebenen Fall sehr arm an Eisenoxid (hohe TWB) und ebenso arm an Silikatphasen (nur Dikalziumsilikat) war, Abb. 182.

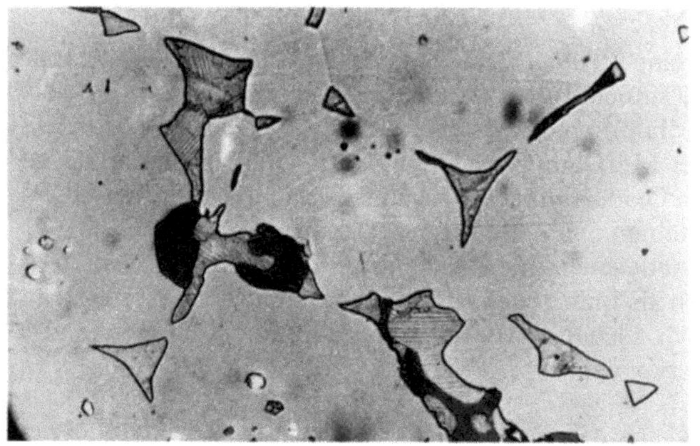

Abb. 182. 600 ×, ungeätzt. Detail des unveränderten Magnesiasteines (C_2S zwillingslamelliert), große entmischungsfreie Periklase und kunstharzerfüllte Poren (dunkel)

In Richtung Mörtellage wird dieses Dikalziumsilikat schrittweise in C_3MS_2 umgesetzt. Dieses C_3MS_2 hält sich vornehmlich im Feinkornbereich des feuerfesten Steines auf ($n\alpha' \sim 1{,}708$, $+2V \sim 60°$). Das noch verbliebene Dikalziumsilikat erleidet eine bemerkenswerte Veränderung. Es nahm vom Mörtel P_2O_5 auf und enthielt überdies deutliche Mengen an MgO, Abb. 183.

Diese Silikatphase entmischte in eine Merwinitphase mit Spuren von P_2O_5 (Abb. 184) und eine phosphorreiche Dikalziumsilikatphase mit Spuren von MgO (Abb. 185). Abb. 186 zeigt anhand einer REM-Aufnahme die Merwinitentmischungen in der phosphatreicheren Umgebung (Wirtkristall).

Schließlich befindet sich an der Oberfläche des Steines im Mörtelbereich eine homogene entmischungsfreie und nicht verzwillingte Silikatphase auf Basis $C_2S + C_2NP$ (Abb. 187).

Man sieht also, was sich aus dem steineigenen C_2S und dem NP des Mörtels ohne Zuwanderung von SiO_2 und CaO bildete, nämlich eine Phase mit etwa $C_2S : C_2NP \sim 3:2$ und der Optik $n\gamma \sim 1{,}661$ und $+2V \sim 20°$. Die Zusammensetzung dieser Silikatphase schwankt etwas (ESMA) und folglich auch ihre

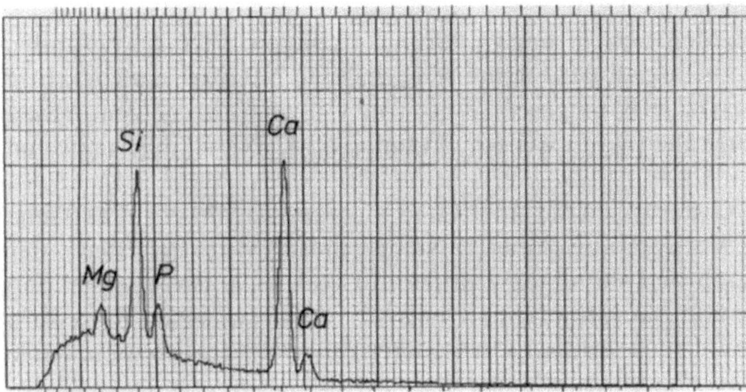

Abb. 183

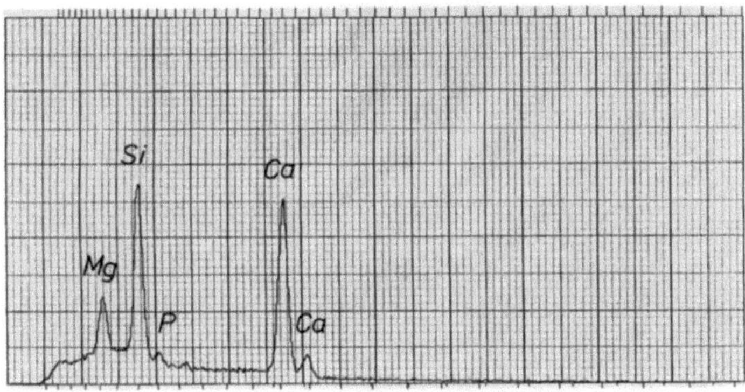

Abb. 184

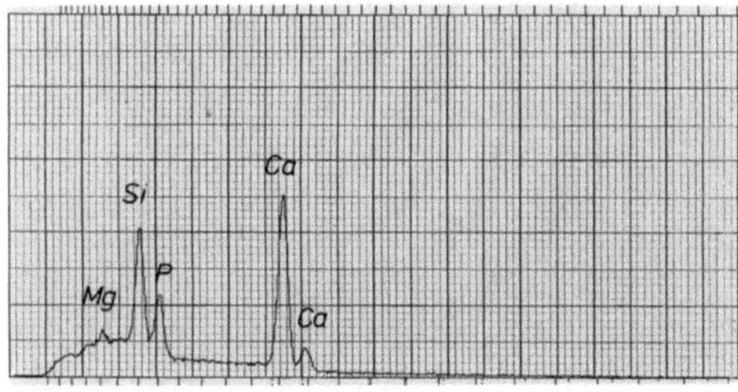

Abb. 185

Abb. 183, 184, 185. ESMA-Diagramme mit 10 kV Beschleunigungsspannung (Flächenscanning 10×20 μm), C_3MS_2-Entmischungen und phosphathaltiger Dikalziumsilikat-Wirtkristall

optischen Eigenschaften. Kleine MgO-Gehalte sind auch in dieser Silikatphase in fester Lösung enthalten (Abb. 187).

Sämtliche Phasen werden sich in der Gitterung im festen Zustand befunden haben. Das im Mörtel zu Beginn der Ofenreise enthaltene NP war nur kurzzeitig geschmolzen, alsbald zu C_2NP umgesetzt und von C_2S in Lösung genommen worden. Durch den Verbrauch von CaO zur Bildung von C_2NP ist das Auftreten von C_3MS_2 erklärlich.

Allgemein werden in Gitterungen die feuerfesten Steine senkrecht zur Preßfläche verlegt. Nach längerer Verwendungsdauer entstehen in der Mitte der Steine der oberen Gitterlagen, durch den ständigen Temperaturwechsel, zuerst parallel den Preßflächen Längsrisse und daraufhin auch Querrisse. Diese typischen Risse sind auf die lagige Preßtextur zurückzuführen. In weiterer Folge öffnen sich diese Risse durch Treibwirkung der Phasenneubildung über Zuwanderung der unausbleib-

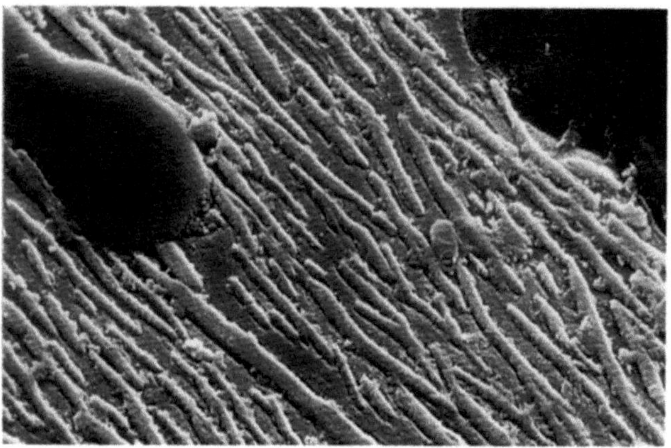

Abb. 186. 2000 ×, REM-Aufnahme, kohlenstoffbedampft. Lamellare C_3MS_2-Entmischungen im phosphorreichen Wirtkristall. Dunkelgrau ist Periklas

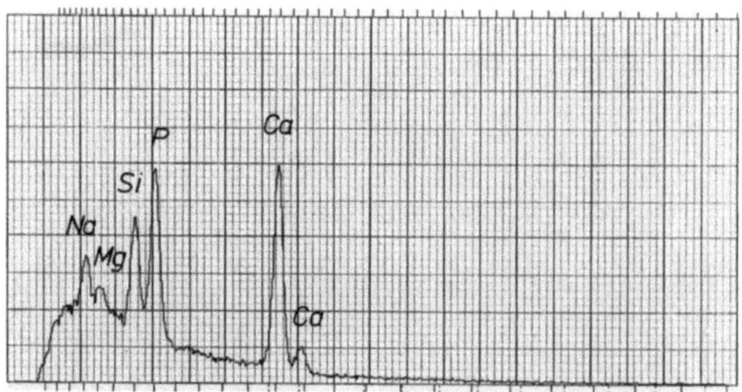

Abb. 187. Punkt-Analyse der entmischungsfreien Silikatphase vom Steinkontakt zum Mörtel. 10 kV-Beschleunigungsspannung

lichen Schmelztröpfchen, Staubteilchen und flüssigen Bestandteile aus dem Ober-
ofen.

Über diese Zuwanderung und Neubildung von Mineralphasen durch die
Rauchgase berichten ausführlich H. Barthel [1] und G. Mörtl und W. Zednicek
[2]. Als kennzeichnend wird ein starkes Periklaswachstum herausgestellt, eine
Kondensation von Alkalisulfaten, wie K_2SO_4, $K_2SO_4 \cdot 2MgSO_4$, Na_2SO_4, die
Bildung von Anhydrit aus Flugstaub + SO_3 oder Reaktion von SO_2 + $\frac{1}{2}O_2$ mit den
Ca-führenden Silikat- und Ferritphasen der Sintermagnesia-Komponente der
Steine. Es werden weiter erwähnt die Bildung von $MgSO_4$, die Ablagerung von
$Ca_3(BO_3)_2$, $Ca_3(VO_4)_2$, $Ca_3(SbO_4)_2$, $Mg_3(BO_3)_2$, $Mg_3(SbO_4)_2$, Mg_2FeBO_5, bei
Bleiglaswannen die Ablagerung von α- und β-PbO und die Entstehung von
Plumboferrit = $Pb_2(Fe, Cr, Al)_2O_5$ bei chromerzhaltigen Gittersteinen, Abb.
188.

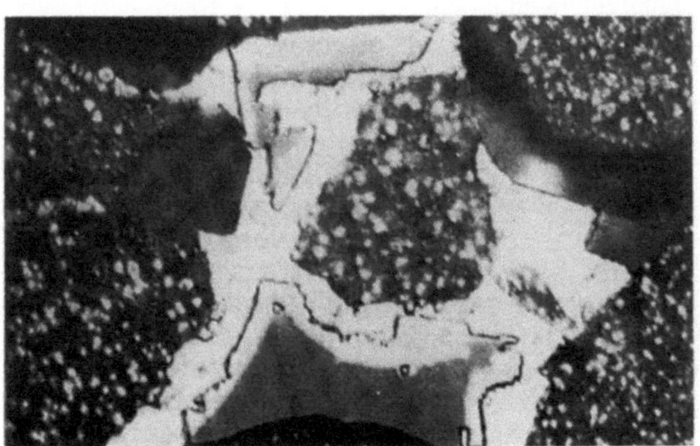

Abb. 188. 1120 × (Photo W. Zednicek). Detail eines Magnesiachrom-Gittersteines aus einer
Bleiglaswanne mit Plumboferrit-Ablagerungen entlang der Kristallgrenzen zwischen Periklas und Chromit. Plumboferrit ging auch in Chromit (Bildmitte unten) randlich in Lösung,
was man an einer Erhöhung des Reflexionsvermögens der Chromitränder erkennt

Selbstverständlich bevorzugen diese Phasen bestimmte Temperaturen und auch
Gitterhöhen.

Die einzelnen Steine weisen in sich praktisch kein Temperaturgefälle
auf, gleichwohl werden diese Phasen vor allem an der Steinoberfläche angereichert.

Es gibt wesentlich einfachere Verhältnisse, in denen die Gittersteine praktisch
nur mit SiO_2 und CaO beaufschlagt werden. Wenn die Temperatur der Gittersteine
genügend hoch liegt, werden auch kaum Alkalien absorbiert. Hierzu mögen von
einem Stein aus der 5. Gitterlage eines Querflammofens nach sechsjähriger
Betriebszeit 2 Flächenanalysen über 6 × 10 mm, einmal von der Aufprallfläche und
zum anderen Teil von der Seitenfläche, wiedergegeben werden, Abb. 189 und
190.

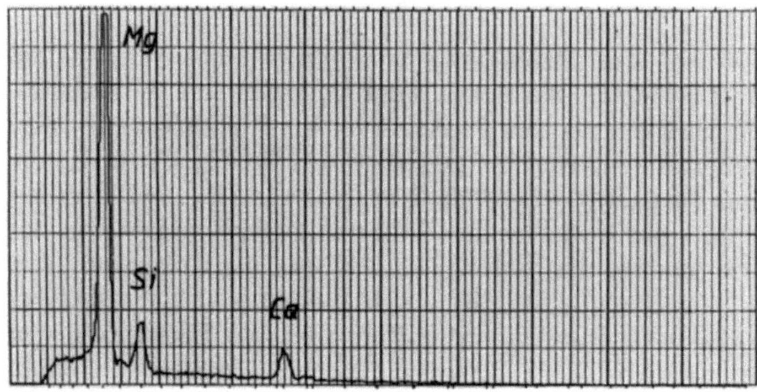

Abb. 189

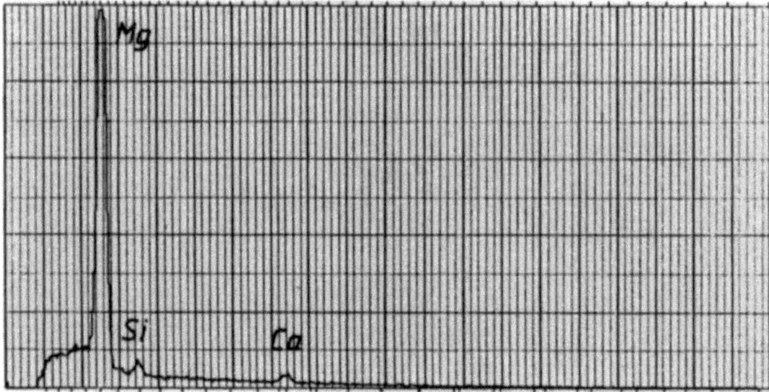

Abb. 190

Abb. 189 und 190. Flächenanalysen über 6 × 10 mm von Anschliffen der Aufprallfläche und der Seitenfläche eines Glaswannen-Gittersteines. Man erkennt deutlich die geringere Beaufschlagung der Seitenflächen

Der feuerfeste Gitterstein enthielt nach Angaben des Erzeugers:

SiO_2	1,0
Al_2O_3	0,2
Fe_2O_3	0,5
Cr_2O_3	—
CaO	2,5
MgO	96,0.

Demnach enthielt der Stein als Nebenphasen C_2S neben Spuren von C_2R. Auf der Aufprallfläche, die im erwähnten Sinne aufgeklüftet war, befanden sich als Silikatphasen relativ viel CMS und wenig M_2S ($n\beta = 1,646$ bzw. $1,651$, $2V \sim 90°$, daher praktisch rein), Abb. 191.

An den Seitenflächen kam es bei geringerer Beaufschlagung zur Bildung von C_3MS_2 ($n\beta \sim 1,711$, $+2V$ mittel) und CMS. Der Flugstaub enthielt viel mehr SiO_2

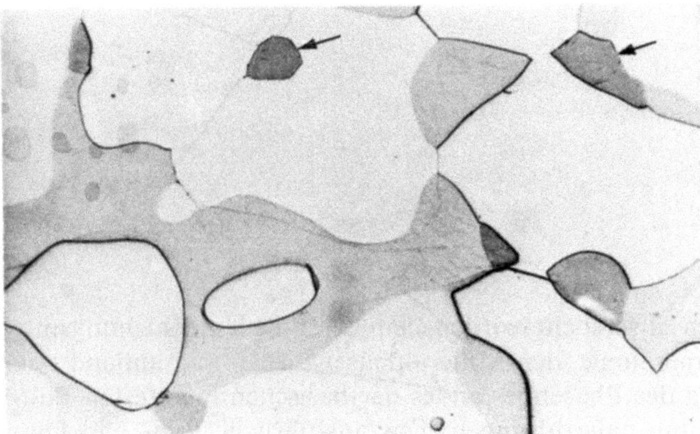

Abb. 191. 200 ×, ungeätzt. Detail von der Aufprallfläche mit stark gewachsenen Periklaskristallen (weiß), relativ viel CMS (mittelgrau) und etwa polygonal begrenzte Poren ∠, die mit grau reflektierendem Kunstharz erfüllt sind

als CaO und wandelte dadurch das steineigene C_2S in $CMS + M_2S$ bzw. $C_3MS_2 + CMS$ um. Es war eine beträchtliche Vermehrung der Silikatphasen, hauptsächlich an der Aufprallfläche, eingetreten. Hier würde der Flugstaub einem Stein mit niedrigerem C:S-Verhältnis, etwa $< 0,9$, weniger zugesetzt haben. Am Rande sei vermerkt, daß die Periklase in diesem gebrauchten Stein das Fe_2O_3 als gelöstes MF ($n \sim 1,740$) und das Al_2O_3 als reine MA-Entmischungen enthielten.

Literatur

1. Barthel, H.: Glastechnische Berichte **46**, 134 – 140 (1973).
2. Mörtl, G., Zednicek, W.: Radex-Rundschau 113 – 126 (1974).

Schlußwort

In dem vorliegenden Buch ist versucht worden, dem Leser die Untersuchungsmethoden der technischen Mineralogie, den Mineralphasenaufbau und anhand von Beispielen die Veränderung des Phasenbestandes der basischen feuerfesten Baustoffe nach ihrer Verwendung nahezubringen. Das ausführliche Bild- und Diagrammaterial soll veranschaulichen, welche Möglichkeiten zur Lösung der Probleme die Mineralogie, insbesondere die technische Mineralogie, hat.

Die Zukunft der feuerfesten Baustoffe für die Metallerzeugung, für die Zementindustrie und die Reakortechnik hat bereits begonnen. Durch die Entwicklung neuer Verfahren und die weitere Aufgliederung bereits erprobter Verfahrenstechniken in metallurgisch wirksame und betriebswirtschaftlich vorteilhaftere Teilprozesse, besonders im Bereich der Eisen und Stahl erzeugenden Industrie, ist die Feuerfestindustrie bestrebt, ein der jeweiligen Verfahrensmetallurgie angepaßtes und leistungsfähiges Produkt zu erstellen. Dabei muß jedoch mehr denn je der feuerfeste Werkstoff höchsten Anforderungen standhalten und eine kostengünstige Verfügbarkeit des zugestellten Behandlungsgefäßes gewährleisten.

Während früher beim technischen Einsatz die Oxyde SiO_2 and Al_2O_3 als Silika-Schamotte- und Hochtonerdesteine den Hauptteil der feuerfesten Stoffe stellten, sind es heute überwiegend die basischen Oxyde CaO, MgO und Chromite in Form von Magnesia-, Dolomit- und Magnesia-Chromsteinen. Die metallurgisch-verfahrenstechnische Leistungssteigerung führt zwangsläufig zu der Notwendigkeit, sowohl langfristig auf feuerfeste Rohstoffe höchster Reinheit und damit bester Gütekriterien aus neu zu erschließenden Lagerstätten sowie aus Syntheseprozessen zurückzugreifen als auch durch intensivierte Forschungstätigkeit das feuerfeste Produkt dem Stand der Technik in der Industrie anzupassen. In diesem Zusammenhang sei auf die große Bedeutung der mineralogischen Beurteilung für die Bewertung eines feuerfesten Stoffes und damit insbesondere für die Rohstoffauswahl hingewiesen. Eine ausgereifte und für die chemischen und physikalischen Eigenschaften des feuerfesten Endproduktes optimale Herstellungstechnik muß dabei als selbstverständlich vorausgesetzt werden. Diese Überlegungen führen jedoch zu weiteren Problemen. Lagerstätten mit feuerfesten Rohstoffen höchster Qualität sind nur noch in geringer Zahl neu zu erschließen, einzelne Rohstoffe wie Magnesite und Chromerze werden deutlich knapper, und die Verarbeitung reinster Rohstoffe wird teilweise nur mit gesteigertem Energieaufwand möglich. Sicher werden durch die vielfältigen Forschungsbemühungen der feuerfesten Industrie im zunehmenden Maße synthetische Oxide eingesetzt.

Die Bedeutung der technischen Mineralogie für die Untersuchung und Beurteilung der feuerfesten Stoffe sowie für die Ermittlung der Verschleißvorgänge an benutzten Produkten, also post mortem, ist unbestritten. Sie bedient sich dabei sowohl der klassischen Auflichtmikroskopie als auch der modernen Verfahren, wie der Durch- und Auflichtelektronenmikroskopie, der Texturanalyse per Bildschirm, der Röntgenemissionspektralanalyse und der Elektronenstrahlmikroanalyse. Diese ausgereiften Untersuchungsmethoden versetzen den Mineralogen in die Lage, den Zusammenhang bei der Reaktion des feuerfesten Produktes mit dem angreifenden Medium zu erfassen und zu interpretieren. Außerdem ist jedoch die Kenntnis der betrieblichen Verfahrensweisen, der erreichten Gleichgewichtszustände und der Kinetik eine unabdingbare Voraussetzung. Chemische Zonenanalysen am verschlackten feuerfesten Stoff geben ebenso wie die physikalischen Prüfungen in bezug auf Rohdichte, Festigkeit, Porosität und Porengrößenverteilung zusätzliche Hinweise und ermöglichen eine weitergehende Deutung der Reaktionsmechanismen. Zusammen mit einer genauen Kenntnis der metallurgischen Prozeßführung bietet die technische Mineralogie die Möglichkeit, sowohl den Verschleißablauf eines feuerfesten Produktes nachzuvollziehen als auch aus dieser gewonnenen Kenntnis die gezielte Entwicklung eines verbesserten oder eines neuen Produktes einzuleiten. Voraussetzung dazu ist eine enge Zusammenarbeit zwischen dem Feuerfesthersteller und dem Verbraucher, um die Prozeßführung zu diskutieren und für die Herstellung eines entsprechenden feuerfesten Produktes bewerten zu können. Da die feuerfeste Zustellung an der Prozeßführung teilnimmt, sollte sie in ihrer Zusammensetzung dem Chemismus des angreifenden Mediums weitgehend entsprechen.

Die Untersuchung eines feuerfesten Produktes mit den erwähnten Untersuchungsmethoden der technischen Mineralogie, Chemie und Physik nach Beendigung einer Ofenreise erlaubt zwar die Beurteilung über einen langen Zeitraum und damit über die Summe der auf den feuerfesten Stoff einwirkenden Einflüsse. Diese Methode stellt jedoch nur ein statisches Untersuchungsmodell dar. Eine konsequente Beurteilung des Verschleißablaufes würde hingegen ein dynamisches Untersuchungsmodell ermöglichen. Voraussetzung dafür ist, daß während einer Schmelze Versuchssteine in die Wand eines Reaktionsgefäßes ein- und ausgebaut werden, so daß man den Ablauf des Verschleißes während unterschiedlicher metallurgischer Verfahrenszustände an der feuerfesten Zustellung erfassen kann. Bei diesem Verfahren kann der fortschreitende Verschleiß z. B. mit radioaktiven Drähten, gekoppelt mit den Innenwandtemperaturen, kontinuierlich gemessen werden. Es ist somit möglich, z. B. den Angriff von Metall und Schlacke auf das Mauerwerk auch von Schmelze zu Schmelze zu erfassen und die Einwirkung von Stillstandszeiten, geänderter Prozeßführung und Temperatureinflüsse zu beurteilen.

Zur theoretischen Untermauerung der Verschleißvorgänge von feuerfesten Materialien sollten in Ergänzung zu den statischen und dynamischen Untersuchungsmodellen Hochtemperaturuntersuchungen durchgeführt werden, um gesicherte Erkenntnisse über mögliche Phasenumwandlung beim Herstellungsprozeß und während der Reaktion des feuerfesten Stoffes mit dem angreifenden Medium zu erhalten. Diese Hochtemperaturuntersuchungsmethoden sollten weiter intensiviert werden, zumal durch die enorme Entwicklung auf der apparativen Seite neue, vielversprechende Möglichkeiten gegeben sind.

Die beschriebenen Untersuchungsmethoden lassen deutlich erkennen, daß eine alleinige Normung nach den gültigen Normbedingungen nicht ausreicht, den Verschleiß von feuerfesten Produkten und damit ihre Haltbarkeitserwartungen zu beurteilen, sondern eine solche Normung fast ausschließlich nur als Richtlinie zur Produktionskontrolle zu sehen ist.

Die angesprochenen Veränderungen in den Prozeßführungen, insbesondere durch die Entwicklung neuerer Verfahrenstechniken und Verfahrensgliederungen, sollte noch mehr als bisher berücksichtigt werden. Die Einführung neuerer Verfahrensabläufe beruht auf der Überlegung, für jeden Reaktionsteilschritt optimale metallurgische Bedingungen zu schaffen und somit unabhängig von parallel verlaufenden Reaktionen die treffsichere Einstellung der gewünschten Endzustände zu gewährleisten. Zum Beispiel bemüht man sich in der Stahlindustrie um die Vorentschwefelung von Roheisen, die es ermöglicht, Stähle mit geringen Endschwefelgehalten zu erreichen. Höchst interessant sind die Vakuumbehandlungen von Rohstählen zur Einstellung niedrigerer Gaslöslichkeiten und niedrigster Kohlenstoffendgehalte, aber auch die Spülbehandlung in Stahlpfannen zur gezielten Analysen- und Temperaturhomogenisierung des zu vergießenden Stahls.

In Zukunft wird eine noch weitergehende Aufgliederung der Prozesse stattfinden und damit zwangsläufig die Entwicklung entsprechender feuerfester Stoffe und verbesserter Untersuchungsmethoden einleiten. Das gilt z. B. für die teilweise Entfernung des Siliziums aus dem Roheisen durch Aufblasen von Sauerstoff in die Roheisenabstichrinne oder in die Roheisentransportpfannen, für die Vorentphosphorung des Roheisens sowie für eine wirksame Nachentschwefelung des Rohstahles. Auch im Bereich der Stranggießanlagen muß die Entwicklung neuerer Feuerfestmaterialien verstärkt werden, wobei mehr als bisher der Einfluß des Sauerstoffs und des Wasserstoffes zu berücksichtigen ist. Durch die Einführung von Schattenrohren und Tauchrohren ist der Zutritt von Sauerstoff zum Gießstrahl und damit die Oxidation von Aluminium weitgehend eingeschränkt worden, während die Aufnahme von Wasserstoff aus der Tundishzustellung und dem Gießpulver den Feuerfesthersteller vor weitere Entwicklungsarbeiten stellt. Die aufgezeigten Überlegungen lassen erkennen, daß von der Feuerfestindustrie noch sehr viel Entwicklungsarbeit zu leisten ist, die unter Einbeziehung aller Untersuchungsmethoden, aber auch und insbesondere durch die Kenntnis der technologischen Verfahren mit Erfolg zu bewerkstelligen ist.

Namenverzeichnis